海水养殖微生物学概论

丁 君 王 莘 编著

常亚青 审校

海洋出版社

2024年·北京

图书在版编目(CIP)数据

海水养殖微生物学概论/丁君,王荨编著. -- 北京:
海洋出版社,2024.6

ISBN 978-7-5210-1244-6

Ⅰ.①海… Ⅱ.①丁… ②王… Ⅲ.①海水养殖-海
洋微生物-概论 Ⅳ.①Q939

中国国家版本馆 CIP 数据核字(2024)第 058856 号

责任编辑:苏 勤

责任印制:安 淼

海洋出版社 出版发行

http://www.oceanpress.com.cn

北京市海淀区大慧寺路 8 号 邮编:100081

鸿博昊天科技有限公司印制 新华书店经销

2024 年 6 月第 1 版 2024 年 6 月北京第 1 次印刷

开本:787 mm×1 092 mm 1/16 印张:15

字数:284 千字 定价:198.00 元

发行部:010-62100090 总编室:010-62100034

海洋版图书印、装错误可随时退换

前　言

20世纪末,在分子生物学、遥感和深海探测等新技术的推动下,海洋微生物学迅速发展,目前已成为最活跃的自然学科门类之一。随着对海洋微生物多样性和功能认知的不断加深,人们逐步意识到海洋微生物不但在维持地球生态系统平衡中扮演着重要角色,而且与人类面临的气候变化与环境污染、渔业资源过度开发、人类健康等重大问题密切相关;同时,海洋微生物还能够为人类提供种类繁多、分子结构新颖、化学组成复杂和生理活性特异的海洋天然产品,是海洋药物、保健食品和生物材料的巨大宝库;另外,海洋微生物在水产养殖领域中的应用研究虽然起步较晚,但在水产动物健康养殖中发挥的作用日益凸显,受到学界和业界的广泛关注。

为了积极推动海洋微生物资源开发及在水产养殖中的应用,适应水产学科和海洋学科的发展,本书编者在课题组前期研究工作的基础上,参考国内外出版的相关学术专著和研究论文编写了本书。书中系统阐述了海洋微生物的特点、分类及生物学效应,全面概括了海洋微生物采样、分类及鉴定的相关技术,详细介绍了海洋微生物在水产养殖环境污染治理和健康养殖中应用的典型案例。

本书分为基础篇、技术篇和应用篇三个部分,共8个章节,集知识性、系统性和前瞻性于一体，不但可以作为高等院校水产与海洋相关专业、学科的教科书或教辅书，也可以作为水产健康养殖培训的辅助教材，还可以作为水产从业者和广大读者的参考资料及科普读物。

在本书的编写出版过程中，编者参阅并引用了国内外的相关文献和资料，在此向这些文献和资料的作者表示深深的感谢和敬意！同时感谢谢佳慧、李元鑫、刘安政、裴泓霖、夏兴龙、陈宇辰、董昌坤等同学，他们在本书的编写过程中查阅了大量的文献材料，编写了部分章节，并对全书进行了校对。还要感谢为本书的出版付出辛勤劳动的出版社领导和编辑。

本书受到大连金石湾实验室示范项目（Dljswsf202401）、国家重点研发计划项目重点专项项目（2018YFD0901600、2017YFC1404500）、国家自然科学基金项目（31902395）、大连市高层次人才创新支持计划项目（2020RD03）和大连市青年科技之星项目（2020RQ115）的支持，在此一并致以深深的谢意！

编者才疏学浅，如若书中存在不足或欠缺，殷切希望广大读者不吝赐教。

编　者

2022 年 1 月

目　　录

第一篇　基础篇

第二篇 技术篇

第三篇 应用篇

第一篇　基础篇

第1章 海洋微生物学概论

海洋约占地球表面积的71%，平均深度约为3 800 m。微生物是海洋生态系统的重要组成部分，占海洋总生物量的95%以上。

海洋微生物分离自海洋环境，其正常生长需要海水，可在寡营养、低温条件(也包括海洋中高压、高温、高盐等极端环境)下长期存活，并能够持续繁殖子代。有一些来源于陆地的耐盐或广盐种类，在淡水和海水中均可生长，被称为兼性海洋微生物。

20世纪末，海洋微生物学发展迅速，成为目前最为活跃和发展最快的学科之一。新的研究手段(尤其是分子生物学技术、遥感技术和深海探索技术)使人们对海洋环境中微生物的丰度、多样性及其在整个地球生态中的作用有了一系列重大的发现。这些发现使人们意识到海洋微生物在维持地球生态系统平衡中具有重要的作用，并且与人口增长、渔业资源过度开发、气候变化和环境污染等问题密切相关。通过对海洋微生物及其他生物相互作用的研究，人们了解到海洋微生物在食物网、共生现象及致病性等方面有重要作用。一些海洋微生物可引起疾病并带来损失，因而有必要研究这些过程以发现对其控制的新方法。此外，海洋微生物对正在发展的海洋生物技术领域中的新产品加工和新工艺开发也有重要的影响。

现在，海洋微生物学已发展成为一门独立的学科，也是一门与其他许多学科密切相关的交叉学科。截至2014年年底，共有1.17万个原核生物物种被正式命名，其中有约1/3分离自海洋。据估计，地球上存在4万~35万个原核生物物种，因此还有大量的海洋微生物有待发现。

1.1 海洋微生物基本特征

微生物多为单细胞，以无性繁殖为主，任何环境因素的异常变化对微生物来说都是"致命"的，但"易变异"的特性使其产生了形式多样的、较强的适应环境变化的能力。微生物的大小、形态、结构、生理功能及其物质与能量代谢的多样性是其长期对所处环境的适应变化而自然选择的结果。海洋微生物虽与陆生类群有许多共性，但是特殊、复杂多变的海洋环境使其产生许多不同的特性，尤其是海洋细菌，具有极强的适应性与多样性。[1]

1.1.1 海洋微生物大小

即使是按照通常的微生物学标准，海水中发现的多数微生物的细胞大小也要比陆生的小得多。多数海洋原核生物细胞体积小、表面积/体积比值大，多数细胞直径小于 0.6 μm，部分种类直径小于 0.3 μm，细胞体积仅为 0.03 μm³。在海洋环境中相互作用的微生物有高度的多样性，经常无法定义和人工分类。在本书中，所指的微生物包括所有微小的生命形式，如细菌、古菌、真菌、原生生物（原生动物和单细胞藻类）及病毒。

虽然大多数海洋细菌非常小，但有一些明显例外（表 1-1），如费氏刺骨鱼菌（*Epulopiscium fishelsoni*）和纳米比亚珍珠硫菌（*Thiomargarita namibiensis*）是目前已知的最大的原核生物，其细胞比一些真核细胞还大。研究显示，费氏刺骨鱼菌具有特殊的细胞膜表面，以某种方式折叠，使表面积显著增加。纳米比亚珍珠硫菌具有大量的硫颗粒，并且细胞中含有一个大液泡，使表面积明显增加。[2-3]

表 1-1 代表性的海洋原核生物的大小[4]

生物	特征	大小[a]/μm	体积[b]/μm³
舒氏气单胞菌（*Aeromonas schubertii*）	二十面体状 DNA 病毒，感染虾类	0.02	0.000 04
海洋球石藻病毒（*Coccolithovirus*）	二十面体状 DNA 病毒，感染海洋球石藻	0.17	0.003
热盘菌（*Thermodiscus*）	盘状，极端嗜热古菌	0.08×0.2	0.003
远洋杆菌（*Pelagibacter*）	新月形，普遍存在的海洋浮游细菌	0.1×0.9	0.01
原绿球蓝细菌（*Prochlorococcus* sp.）	球形，占优势的海洋光合细菌	0.6	0.1
Ostreococcus	球形，绿藻纲藻类，已知的最小真核生物	0.8	0.3
弧菌（*Vibrio* sp.）	弯曲杆状，近岸海区中常见，并与动物组织相关的细菌	1×2	2
Pelagomonas calceolata	光合具鞭毛以适应低光照环境	2	24
拟菱形藻（*Pseudo-nitzschia*）	具翼硅藻，产有毒的软骨藻酸	5×80	1 600
海生葡萄球嗜热菌（*Staphylothermus marinus*）	球形，极端嗜热古菌	15	1 800
Thioploca araucae	丝状，硫细菌	30×43	40 000
多边舌甲藻（*Lingulodinium polyedrum*）	发光，鞭毛藻，可引发赤潮	50	65 000
贝日阿托氏菌（*Beggiatoa* sp.）	丝状，硫细菌	50×166	1 000 000
费氏刺骨鱼菌（*Epulopiscium fishelsoni*）	杆状，鱼肠内的共生细菌	80×600	3 000 000
纳米比亚珍珠硫菌（*Thiomargarita namibiensis*）	球菌，硫细菌	750[c]	200 000 000

注：a. 直径×长度，只给出一个值的表示球形细胞的直径；

b. 估算值，计算中假设形状为球形或圆柱状；

c. 已发现的最大直径可达 750 μm。

1.1.2　海洋微生物特征

1.1.2.1　形态特征

根据大量来自太平洋、大西洋和北极区等多个海域的调查报道发现，海洋微生物的形态是多种多样的，海洋细菌也呈多形性。早期用人工培养法获得的微生物还不到自然条件下栖生细菌的 1%。随着滤膜过滤水样的超滤法、落射式荧光显微镜直接计数技术及流式细胞技术等的发展，为研究海洋中所蕴含的微生物多样性提供了强有力的手段。

1.1.2.2　结构特征

1) 海洋细菌的染色特性

海洋细菌多为革兰氏染色阴性，这反映了其细胞壁的结构成分。从任意检验可培养生长的细菌菌落或直接镜检革兰氏染色的含菌水样发现，海水中约 95% 的细菌是革兰氏阴性菌，海底沉积物中的革兰氏阴性菌比例低于海水，而土壤中革兰氏阴性菌尚不足 50%。

2) 海洋细菌的芽孢

海洋中产休眠体芽孢的细菌种类较少，而土壤中的较多细菌是产芽孢的。但是自 1980 年徐怀恕等首次发现活而非可培养(viable but nonculturable，VBNC)态细菌以来，大量研究表明 VBNC 状态可能是海洋细菌抗逆性休眠体存活形式，目前对 VBNC 的形成和恢复性等机制尚不清楚。

3) 海洋细菌的鞭毛

大多数海洋细菌具有活跃的运动性，海洋中具鞭毛的细菌种类较多(75%~85%)。海洋细菌的鞭毛是适应水环境产生的具运动性与趋避性的结构。与陆生种类相比，海洋细菌的鞭毛呈多样性。例如，虽然多数海洋弧菌仅具单一的鞘极鞭毛(即基部外面由细胞壁外膜相连的鞘包被)，但有时也可见 3 条极生鞭毛，有些是以 3~12 条成束的鞭毛出现，如费氏弧菌(*Vibrio fischeri*)、火神弧菌(*Vibrio logei*)和哈维氏弧菌(*Vibrio harveyi*)。海洋螺菌属(*Oceanospirillum*)可借助胞质流动作旋转运动，有利于降低海水阻力，且菌体两端各具一束鞭毛，形成双动力，可极为灵活地进行趋避。[5]海洋蓝细菌尽管没有鞭毛，但却能借细胞质动力和胞外黏液行滑行运动，螺旋蓝细菌则行旋转运动。

1.1.2.3 生理特征

1）温度耐受性

大多数海洋细菌具有热敏感性，不适于在30℃以上的环境下生长。通常，处于远洋中的细菌的最适生长温度为18~22℃，陆缘海域中及海洋生物的病原菌多适合于25~28℃的温度下生长，陆生细菌的最适生长温度一般为30~37℃，堆肥中的细菌可耐受42~45℃的温度，通常称其为高温细菌。

相较于海洋细菌，人们对于海洋古菌的研究与认识过程则恰恰相反。由于古菌最早是从极端环境中分离成功的，因此最初认为它们一般生活在极端环境中。例如，分离自2 000m深的加利福尼亚湾的甲烷火菌属（*Methanopyrus*）古菌，它们生活在温度为80~110℃的海底黑烟囱壁上，并可以在最高122℃的环境下生长繁殖，然而在温度下降到80℃时则停止生长。此外，热变形菌纲（Thermoprotei）、古丸菌目（Archaeoglobales）、热球菌目（Thermococcales）、甲烷球菌目（Methanococcales）、SMTDHV（Crenarchaeota group2）等古菌是深海热液口所特有的类群。在低温环境中，古菌在深海冷泉、北极冰川及南北极海域的发现也证实了低温海洋古菌的存在。[6]随着分子微生物学的发展，人们发现古菌其实广泛存在于各类海洋环境中，并非仅仅生长在极端环境中。

2）产色素性

海洋透光层水域中有半数以上是产色素细菌，而在深层海水中很少发现产色素细菌。产色素细菌目前产生的最常见的色素是黄色、橙黄色、棕色、红色或浅红色、绿色、深蓝色和黑色等。色素的种类包括光合色素和保护性色素（如类胡萝卜素和藻蓝素等）。除光合细菌外，海洋中常见产生色素的种类主要有黄杆菌属（*Flavobacterium*）、假交替单胞菌属（*Pseudoalteromonas*）、假单胞菌属（*Pseudomonas*）、交替单胞菌属（*Alteromonas*）和弧菌属（*Vibrio*）等。产色素的非光合细菌多生活在表层水域，而表层水域的细菌很容易受到阳光辐射的直接伤害，色素显然对其具有保护作用。许多产色素的海洋细菌在实验室暗处长期培养则会失去产色素的能力。

3）需盐性

海洋细菌的基本特征就是需要在海水环境中才能生长，在淡水环境中一般不能生长。钠离子是海洋细菌生长所必需的，但不是唯一的必需成分，海洋细菌的生长还需要钾、镁、钙、磷、铁等其他成分。因此，不能仅用NaCl溶液的浓度来表示海洋细菌所需的海水盐度。一般来说，无论海水盐度的大小如何，各主要成分之间的浓度比例基本恒定，即"海水组成恒定性"原则。实际上，不同海区和不同海水深度中，海水的某些成分会存在一定的差异，海水的盐度也不完全一致。多数海洋细菌在添加必需有机物的盐度为 30 的海水培养基中生长良好。在盐度为 40 以上的环境中生长的微生物可视为嗜盐种类，一些极端嗜盐菌甚至可在盐度为 150~300 的死海中生长。分离自河口环境、红树林区的细菌宜在盐度为 15~20 的海水中培养。

4）需氧性

绝大多数分离自海洋环境的细菌是兼性厌氧菌，表层水域中还存在少数专性好氧菌，而海底或深海中则存在较多的专性厌氧菌。近些年发现的海洋趋磁细菌，在好氧与厌氧的环境中均不生长，仅能在微氧条件下生长，称为微好氧菌。海洋细菌对氧需求的差异，是其能量代谢类型多样性的反映，也是其适应环境多样性的体现。

5）营养类型多样性

微生物营养类型的划分，通常是将利用有机物的微生物称为异养型，利用无机物的微生物称为自养型，一些行捕食生活的则称吞噬营养型。然而，海洋微生物中有许多种类是混合营养型的，很难用一种营养型的标准将其严格区分开来。有些自养菌也能异养生活，反之有些异养菌也兼有自养型。有些蛭弧菌可营异养腐生，但却多以"吃"细菌为生，营吞噬营养的寄生生活。进行光能自养的单细胞甲藻类群中有许多是兼营异养型生活，如原多甲藻属（*Protoperidinium*）和裸甲藻属（*Gymnodinium*）等。

6）发光性

发光现象并非海洋细菌的普遍生理特性，但是已知的发光菌绝大部分分离自海洋生物的体表或海水中。目前，报道的淡水发光菌仅有霍乱弧菌（*Vibrio cholerae*）的易北（*Albensis*）生物型，其在含有 1.2% NaCl 的培养基上发光，但这种性状在重复传代后可能会丧失。海洋发光菌最早由 Fischer（1887—1894 年）记载，包括印度发光杆菌（*Photobacterium indicum*）、磷光发光杆菌（*Photobacterium phosphorescens*）、费氏发光杆菌（*Photobacterium fischeri*）等 9 种，后来又陆续从海洋生物的体表和海水中分离出多种发光细菌。

7）共附生性

海洋微生物的附着性与互利共栖是相互关联的，有利于其占据生存的营养环境。海洋细菌的附着性尤为显著，能在非生物表面附着，同时还可吸引藻类、真菌、原生动物等共同附着，以形成生物膜而互利共存。海洋细菌也可以附着在生物体表，多为直接互利。另外，藻类的培养多是带菌培养，在海藻类群中很容易分离到海洋酵母，这也是它们之间互利共栖的有力证明。

互生关系如果达到相互依赖、密不可分的程度则可称为共生现象。"共生"是海洋细菌的另外一个显著特征。海洋中许多细菌能与其他生物形成共生关系，如海洋软体动物瓣鳃类中的船蛆能钻穿海水中的木材居住其中，并以食木为生，但其却不能直接消化木纤维，而是靠与之共生的纤维素分解菌（Cellulose decomposingbacteria）为其加工成可利用的食物。已有许多研究表明，一些海洋动物的闪烁体之所以能够发光，实际上是与之共生的发光细菌的作用。海洋红树根部有许多与之共生的内生真菌，有助于红树对养分的吸收利用。海洋中的共生菌较多，但是难以分离培养。

1.1.2.4　海洋细菌生物被膜和密度感应

1）细菌生物被膜

海洋细菌的生理特性通常是受到种群密度及与其他微生物相互作用的影响，附着性是其显著特征之一。自由存在的浮游细菌与形成生物被膜的细菌和海洋雪等颗粒中的细菌的生理特性显著不同。尽管在一个多世纪前已经认识到生物被膜是如何形成的，但是最近几年人们才在生物被膜的生理学研究领域取得了重大突破，这在很大程度上得益于激光共聚焦扫描显微镜和荧光原位杂交技术取得的长足进步。细菌和硅藻类都能够在环境（尤其是营养物的可获取性）的诱导下，启动生物被膜的形成机制。细菌从浮游状态到附着状态转变的过程中，其形态和生理上都发生了较大的变化。单种细菌在生物被膜形成过程中所发生的变化，已经在实验室中得到研究和验证，并被认为是一种由单细胞向多细胞生活方式发展的形式。

有机分子（主要是多糖和蛋白质）会在几分钟之内覆盖于任何置于海水中的物体表面，形成一层膜，细菌在物体表面定植的起始步骤，通常包括细菌向物体表面的移动和微黏度的改变，而微黏度的改变会引起细菌在靠近表面时移动性下降。这时，细菌在静电引力和范德瓦耳斯力的作用下，会短暂地、可逆地趋向表面。通过构建生物被膜缺陷型突变的遗传学研究显示，细菌为了与其他细胞接触以形成微菌落，其穿过表面的运动非常重要，而细菌的运动主要归功于鞭毛和Ⅳ型纤毛。细菌在与物体表面的接触过程中，经历了细胞形态和鞭毛合成的巨大变化，这涉及基因表达调控的变化，细菌一旦固着，其鞭毛合成可能完全被抑制。[7]特定基因的表达与基底物质的性质密切相关。实验研究发现，细菌会在惰性体表面（如浸入海水的塑料、玻璃或不锈钢块）迅速定居，其表达的基因与在有机物覆盖（如几丁质）的表面定居时表达的基因明显不同。一些海洋异养细菌遇到几丁质时，就会选择性地表达几丁质酶，以利用几丁质作为营养来源。当细菌在甲壳类动物表面定居时，这一特性显得尤为重要。

附着后，最重要的生长变化是胞外多聚物的大量表达。这些多聚物提供了一个坚固而有黏性的骨架，将细胞固定在一起。胞外多聚物的化学和物理特性是多变的，其特性和分泌量取决于细菌的种类、特定底物的浓度及环境条件。如果有酸(如 D-葡萄糖酸、D-半乳糖醛酸和 D-甘露糖醛酸)、丙酮酸盐类物质、磷酸盐或者硫酸盐残基存在时，则分泌的胞外多聚物绝大多数为多聚阴离子。胞外多聚物通常以互相交叉的长链形成的复杂网状结构包围着细胞，也称为糖被。由于胞外多聚物形成的二级结构及其与其他分子(如蛋白质和脂类)之间的相互作用，可能会形成一种凝胶状结构，使生物被膜具有刚性和柔韧性。成熟的生物被膜通常具有由柱状物和孔道组成的复杂结构。当有柄的细菌和硅藻生长在密实的生物被膜上时，其柄的长度可能会增加。生物被膜一旦建立，细菌便密集排列并产生胞外多聚物，细胞代谢活跃，但分裂速度较低。

当海洋雪颗粒在水体中沉降时，雪花中的细菌分泌的胞外酶活性使雪花颗粒上的有机质溶解，溶解有机物又被其他浮游生物所利用。胞外酶活性可能对低密度自由生活的细菌提供很少的"回报"。定居于颗粒上的细菌群落可通过分解作用产生可溶性有机物，对于营养物的释放和随后的利用有着十分明显的作用。通常在土壤或动物肠道等密集群落处微生物间存在着广泛的拮抗作用，一些细菌可以产生抗生素和细菌素以抑制其他种细菌的生长，但是很少有人研究海洋微生物之间的拮抗作用。最近的一些研究表明，已分离到的许多颗粒相关微生物对其他浮游微生物有拮抗活性。这种拮抗作用，很可能广泛存在于沉积物、微生物及动植物表面的生物被膜中。

2) 细菌密度感应

细菌密度感应与生物被膜的形成关系密切，对细菌密度感应系统的研究，使人们对营附着生活的海洋微生物群落的生理学和生态学有了更为深刻的了解。在生物被膜形成过程中，密度感应参与细胞密度的自我监控、化学信号分子的分泌及调控基因的表达，这使得生物被膜中的微生物形成一个整体，能够同时表达大量的酶或毒素，如一些腐生微生物对有机物的快速降解和病原菌的侵染现象。[8]通过对单种细菌生物被膜的实验研究发现，酰基高丝氨酸内酯的产生对决定成熟生物被膜的三维结构十分重要。酰基高丝氨酸内酯突变株产生的密集堆积型生物被膜，则很容易从表面去除。然而，目前对由多物种构成的海洋生物被膜的密度感应知之甚少。在成熟的生物被膜中，细菌、藻类、原生动物和病毒之间均会有相互作用，越来越多的证据表明生物被膜内不同微生物间的水平基因转移大大加强，而水平基因转移在进化过程中有极为重要的意义。

1.1.2.5 海洋环境中活的非可培养(VBNC)状态细菌

1)细菌活的非可培养状态

细菌活的非可培养(VBNC)状态,是某些细菌处于不良环境条件下形成的休眠状态。细胞常缩小成球形,在常规条件培养时不能繁殖,但它们仍然保持代谢活性,是细菌的一种特殊存活形式。

进入 VBNC 状态的细菌,其形态、生理生化、遗传机制等都会发生变化,但 VBNC 状态的细菌在适宜条件下可以复苏为可培养形式并恢复其正常功能,有些致病菌复苏后仍具有很强的毒力。由于 VBNC 状态的细菌在常规培养基上失去了生长能力,采用常规检测方法可能被漏检。尽管进入 VBNC 状态的细菌已无法通过传统培养方法检测到,但是它们仍能够继续摄取营养,产生新的生物量,并且能够维持活跃的代谢活动、呼吸作用,进行细胞膜的整合以及通过产生特殊的 mRNA 进行基因的转录。近年来,越来越多的研究表明,VBNC 状态是细胞遭遇不利环境的一种存活机制,而这种观点也开始逐渐被人们接受。当处于不利环境时,细菌已无法在培养基上正常地生长并形成菌落,但其细胞仍能够保持完整性,并且仍能够维持呼吸作用、基因转录及蛋白质的合成等生理过程,只不过其形态、细胞壁的组成会发生改变。

2) VBNC 状态的主要细菌类群

迄今为止,已报道能进入 VBNC 状态的细菌有 80 余种,其中弧菌约 20 种。大多数已报道的存在 VBNC 状态的细菌为革兰氏阴性菌,且属于变形菌门的 γ-变形菌纲,少数属于 α-变形菌纲(如根瘤菌和土壤杆菌等)和 ε-变形菌纲(如螺杆菌和弯曲杆菌等)。已发现的大多数 VBNC 状态的细菌都是革兰氏阴性菌的原因可能是革兰氏阳性菌对活菌直接计数时最常用的抗生素(如萘啶酮酸、头孢氨苄)有很强的抗性,因此在酵母膏存在时,革兰氏阳性菌细胞不能生长。有研究者发现,在饮用水中,革兰氏阳性菌中的化脓性链球菌(*Streptococcus pyogenes*)和藤黄微球菌(*Micrococcus luteus*)的可培养能力迅速下降(25℃,7 d),但当时并没有检测以上两种菌是否进入了 VBNC 状态。枯草杆菌在培养 25 d 以上仍不失去培养能力。现在已报道的可进入 VBNC 状态的细菌主要是微生物学家感兴趣的对公共卫生或在生态上比较重要的细菌,所以这并不能反映细菌群体在自然界中实际发生的存活过程。

3)诱导细菌进入 VBNC 状态的环境因素

在复杂多变的海洋环境中,海洋细菌的生长受到各种理化因子和生物因子的影响；有些类群(如弧菌)在不良的环境条件下可进入 VBNC 状态。已知能诱导细菌进入 VBNC 状态的环境因素有：高/低温、寡营养、盐度或渗透压、射线、氧浓度、生物杀伤剂、干燥、pH 值的剧烈变化及其他环境因子等。[9]这些环境因素都可能引起细菌的一系列变化，包括细胞形态变化、主要大分子的密度与结构变化及其在固体或液体培养基中生长能力的改变等，这可能最终导致细菌进入 VBNC 状态。

4) VBNC 状态细菌的生物学特性

大多数细菌进入 VBNC 状态后，细胞体积变小，缩成球状。在寡营养条件下，进入 VBNC 状态的细菌由于体积缩小，其表面积与体积比增加，提高了它们对营养物质的亲和能力，这样不但可以使细菌能忍受饥饿的营养环境，而且可增强它们对其他环境胁迫因子如温度、氧化还原电位、渗透压改变等的抵抗能力。VBNC 状态细菌对底物吸收减少，大分子物质的合成大幅度下降，核糖体及染色质核酸物质的密度明显降低，细胞质浓缩，蛋白质和脂质总量下降，但是细菌质粒不会丢失，ATP 一般维持较高水平。另外，细菌在开始进入非可培养环境时，一般会合成一些新的蛋白质。若在此阶段加入抑制蛋白质合成的抗生素，细菌则无法维持其在非可培养环境中的长期存活，因此推测这些蛋白质是细菌为适应非可培养环境而进行重组所产生的。

病原微生物进入 VBNC 状态并不代表它们失去致病能力。注射 VBNC 状态的霍乱弧菌仍能导致受测试人员腹泻，同时发现霍乱弧菌进入 VBNC 状态 28 d 后仍能产生霍乱毒素，PCR 检测结果说明产生霍乱毒素的基因仍然存在。利用半套式 RT-PCR 检测到进入 VBNC 状态 133 d 后的创伤弧菌中仍有细胞毒素——溶血素 VVHA 的 mRNA 存在；分别以 PCR 和 ELISA 检测 VBNC 状态的痢疾志贺氏菌 (*Shigella dysenteriae*)，并进行组织培养发现其不但保留着志贺氏菌毒素 *stx* 基因及具有生物活性的 ShT 毒素蛋白，而且对小肠表皮细胞还具有吸附能力。

1.1.3　海洋微生物功能

1.1.3.1　海洋微生物产生的活性物质

海洋微生物具有产生生物活性物质的巨大潜力。目前已发现的海洋生物活性物质主要产自海洋微生物中的细菌、放线菌、真菌和微藻，尤其是蓝细菌和放线菌能产生多种具有药效生物活性的次级代谢产物。这些化合物化学结构丰富多样，主要有糖类、内酯类、肽类、酮类、生物碱类等，许多分子结构新颖独特，是陆地生物所不具有的。这些海洋生物活性物质大多具有很强的生理活性，作为抗菌、抗肿瘤、抗病毒、抗菌、抗凝血、降压等药物与药物先导化合物，具有广阔的药用前景。[10]

1）抗生素

海洋生态环境的多样性和复杂性造就了丰富及独特的海洋微生物代谢产物，从海洋微生物中分离潜在的抗生素一直是热门研究领域。有关海洋微生物产生抗生素的报道文献很多，但真正达到临床应用的却少之又少。这些抗生素主要分离自放线菌和霉菌，也有些分离自革兰氏阴性菌。

放线菌是高 G+C 含量的革兰氏阳性菌，属放线菌门。在海洋环境中，放线菌是一类研究相对较少的微生物，但已知它具有代谢的多样性并能产生多种生物活性物质，尤其是抗生素。陆生放线菌产生的抗生素超过天然来源抗生素的 2/3，其中包括许多在医药上有重要作用的抗生素。在海洋生态系统中，放线菌不是主要的微生物区系（G⁻细菌是最重要的微生物种群）。近年来，有报道表明海洋环境可能是放线菌和放线菌代谢产物的重要新来源。另外据报道，我国福建沿海海泥中鲁特格斯链霉菌鼓浪屿亚种（*Streptomyces rutgersensis* subsp. *gulangyuensis*）含有 Minobiosamin 糖苷和由 3 个氨基酸残基组成的小肽，属春日霉素类，尤其对绿脓杆菌和一些耐药性革兰氏阴性菌具有强的抑菌活性。有研究者从 α-变形菌纲中的 *Ruegeria* SDC-1 菌株中分离到两种环肽类化合物，对枯草杆菌均有抑制作用。

美国马里兰生物工程研究所海洋生物工程中心的研究人员研究出一种有效地从海洋样品中分离放线菌的方法，并发现在切萨皮克湾（Chesapeake Bay）的沉积物中有许多罕见的放线菌，这些放线菌与陆生样品中典型的放线菌有很大的不同。考虑到在过去的几十年中从陆生放线菌中分离到大量的重要化合物，因此从海洋环境中密集分离和筛选放线菌是有必要的，而且我们有理由相信从海洋环境中分离的放线菌可能另有价值。有研究者从海洋放线菌链霉菌 B8251 中分离到一种吩嗪生物碱，能显著抑制大肠杆菌（*Escherichia coli*）、枯草芽孢杆菌（*Bacillus subtilis*）及白色念珠菌（*Candida albicans*）的生长。

2）抗病毒和抗肿瘤化合物

虽然大多数研究集中于抗菌物质，也有少量研究描述了抗病毒和抗肿瘤化合物的产生菌。1967 年 Magnussen 等详细地描述了海洋细菌尤其是海产弧菌（*Vibrio marinus*，现在被划归为 *Moritella marinus*）对肠道病毒的杀伤作用。1978 年，Katzenelson 报道了海洋黄杆菌属细菌的抗病毒活性。Gustafson 等从深海的一种 G⁺菌中分离出一组新的抗病毒和细胞毒活性的大环内酯物质，这种从深海沉积物中分离的特殊细菌不能用常规的分类方法进行鉴定。将这种细菌进行液体培养，可产生系列新的活性产物大环内酯 macrolactins A~F。其主要的代谢物 macrolactin A 在体外能抑制 B16-F10 鼠黑素瘤细胞，对哺乳动物疱疹病毒（Ⅰ型和Ⅱ型）有显著的抑制作用，并能抑制人类 HIV 病毒在 T 淋巴母细胞中的复制。Robert 等从浅海水区采集的海泥中分离到一株稀有放线菌盐孢菌（*Salinospora* sp. ）CNB-392 菌株，其产生的一个内酯类化合物对一系列细胞系均显示出很强的细胞毒性，其中对结肠癌 HCT116 细胞系的半致死浓度为 11 ng/mL。Katja 等从海洋链霉菌 B6007 菌株中分离到两个己内酯类化合物，具有较强的抗肿瘤活性，其中对肝癌细胞的半致死浓度为 2~5 μg/mL。

3）抗心血管病化合物

二十碳五烯酸（eicosapentaenoic acid，EPA）是哺乳动物体内不可缺少的一种不饱和脂肪酸，它具有抗凝血的功能，可有效预防和治疗血栓的形成、动脉硬化及其引起的血液循环性疾病。EPA 在体内能转化成前列腺素 I_3，能有效降低血脂。因此，EPA 在医学上的特殊作用越来越受到人们的关注。

EPA 在海洋鱼类的鱼油中和浮游微生物中广泛存在。鱼油中 EPA 含量较低，而且由于鱼油的不饱和脂肪酸除 EPA 外尚有其他种类，分离纯化比较困难。此外由于鱼类的生长周期较长，体内可能累积大量的重金属和其他有害物质。而浮游微生物中 EPA 含量较高，并且由于生长周期短，不会累积大量的有害物质。同时，人们还发现许多微生物、一些植物和动物可以通过改变脂类中饱和脂肪酸与不饱和脂肪酸的组成比例来调节细胞的功能，保证膜的流动性，以适应环境中温度和静压力的变化。

二十二碳六烯酸（docosahexaenoic acid，DHA）是属于 n-3 系列高度多聚不饱和脂肪酸（polyunsatarated fatty acid，PUFA）的一种。原来的 DHA 来源——鱼油被发现存在痕量污染物，且污染程度有加重的趋势，所以逐渐被新来源寇氏隐甲藻（*Crypthecodinium cohnii*）所代替。由于不饱和脂肪酸对于微生物适应高压低温的重要作用，深海嗜冷菌也成为多聚不饱和脂肪酸的新来源。

4）海洋生物毒素

河豚毒素（tetrodotoxin，TTX）是一种毒性很强的海洋生物毒素，为典型的神经 Na^+ 通道阻断剂。最初从鲀科（Tetraodontidae）鱼中发现，故被命名为 tetrodotoxin。TTX 具有镇痛、镇静、降压、解痛等功效，在临床上可作局部麻药，并用于治疗多种疾病。近年来人们发现许多海洋细菌也可以产生 TTX。可产生 TTX 的细菌种类主要有弧菌属、假单胞菌属、发光菌属、气单胞菌属、邻单胞菌属（*Plesiomonas*）、芽孢杆菌属、不动杆菌属（*Acinetobacter*）、微球菌属（*Micrococcus*）等属的细菌。放线菌中主要是链霉菌属细菌。

5) 酶

酶在工业中用途广泛，而海洋微生物是开发新型酶制剂的重要来源。来自深海、盐湖、极地等极端环境的酶具有耐低温、耐酸、耐碱、耐高盐、耐高压等特性，在开发工业酶制剂方面有很多用途。其中弧菌是已报道的产酶种类最多的菌，来自弧菌的酶有蛋白酶、卡拉胶酶、琼脂酶等。蛋白酶有特别重要的作用，现已被广泛应用于洗涤剂配方的组分中。弧菌产生的蛋白酶有多种，如溶藻胶弧菌可产生 6 种蛋白酶，其中一种是比较罕见的、可抗洗涤剂破坏的碱性丝氨酸蛋白酶。溶藻胶弧菌还可产生胶原酶，其在工业中和医药中均有多种应用价值，如胶原酶能有效地溶解髓核和纤维环，因此被用于治疗腰椎间盘突出症。

1.1.3.2 参与生物地球化学循环

1) 参与碳循环过程

碳素是构成生命体的重要基本要素之一，也是生物圈物质与能量循环的主体，碳循环在整个地球生物化学循环系统中占据着重要的地位。海洋(除沉积物以外)是最大的生物活性碳的储库，约含碳 4×10^{13} t(是大气中含量的 47 倍多，是陆地生物圈中含量的 23 倍多)。海水中碳主要以溶解无机碳和溶解有机碳的形式存在。此外，浮游植物和微生物组成了另一有机碳库。

海洋碳循环是一个复杂的过程。除由物理因素影响而形成的溶解度泵外，生物泵也在海洋碳元素大规模重新分配中扮演着重要角色。

海洋动植物以及浮游生物死亡后会被海洋微生物分解为有机物，或以溶解物的形式释放出来。异养微生物不仅可以通过同化有机物及重新矿化为 CO_2 而为固定的碳提供"接收站"，而且还可与更高一层的营养级相联系。尽管生活在海洋上层水域(真光层或称透光层)的浮游植物的光合作用是海洋初级生产力的最主要来源，但在真光层以下的更大区域，包括在深海底的微生物垫、热液喷口及冷泉处的光能自养菌和化能自养菌在初级生产力中也起着极为重要的作用。传统上，研究初级生产力时仅考虑到"食物网"中的浮游生物(主要为浮游植物)，现在发现光能营养型原核生物和混合营养型原生生物(贡献较光能营养型原核生物稍低)对初级生产力的贡献也很大。

已知具有同化二氧化碳能力的微生物以变形菌门(Proteobacteria)、放线菌门(Actinobacteria)、厚壁菌门(Firmicutes)等为代表，这些微生物都具有不同的碳固定方式。有研究发现，隶属于变形菌门中的 γ-变形菌纲下的弧菌属(*Vibrio*)可以利用多种大分子有机化合物，并且大多数可参与其代谢的过程，弧菌属细菌对海洋有机碳循环产生巨大的影响。拟杆菌门（Bacteroidetes）还能在发酵碳水化合物的同时有效分解纤维细胞壁的多糖，常常与脂质、蛋白质等有机物的代谢转换有关，而这些有机物是水体碳循环的重要组成部分。

2）参与氮循环过程

氮循环是生物地球化学系统中重要的循环之一，是整个生物圈物质与能量循环的关键组成部分，其主要包括固氮作用、氨化作用、硝化作用和反硝化作用四个过程，微生物是氮循环的主要驱动者。固氮过程是固氮微生物利用固氮酶打开氮气分子的三键，生成氨态氮的过程。氨化作用通过氨化细菌和氨化古菌将氨氧化为亚硝酸盐来完成。硝化作用是硝化细菌将亚硝酸盐氧化为硝酸盐。反硝化作用或由厌氧微生物通过无氧呼吸完成，或在有氧条件下通过将亚硝酸盐还原为一氧化氮，进而还原为氮气。有机质降解时氨的释放和氨化作用也是细菌参与氮循环的过程。

变形菌门在水体脱氮、固氮、除磷及有机物降解过程中均具有重要的作用。其中，β-变形菌包含很多好氧或兼性微生物，通常都具有降解氮的能力；δ-变形菌包括一些严格厌氧的细菌种类，如硫酸盐还原菌，这类细菌通常具有固氮作用。拟杆菌门是另一比较重要的固氮菌，其门下微生物可以将蛋白质等大分子含氮有机物进行降解，从而产生氨基酸，氨基酸可在脱氨基酶的作用下进一步释放出氨，并参与到水体氮素循环的过程中。拟杆菌门包含了拟杆菌纲（Bacteroidia）、黄杆菌纲（Flavobacteria）、鞘脂杆菌纲（Sphingobacteriia）。鞘脂杆菌纲中的噬胞菌属（Cytophaga），在海洋细菌中占有较高的比例，其功能可以降解纤维素。

3）参与硫循环过程

硫是自然界常见的营养元素之一，大部分存在于沉积岩和海水中。硫循环是最复杂的元素循环之一，它是在全球规模上进行的。在海洋环境中，硫循环主要包括硫的同化作用、脱硫作用、硫化作用、硫酸盐还原作用，微生物在整个硫循环的过程中都起着重要的作用。

在硫的同化作用过程中，微生物利用硫酸盐作为硫源，将其转化为硫化物，随后硫化物再结合到氨基酸等细胞物质中去，这一过程称为同化性硫酸盐还原作用。有研究发现，硫杆菌属（Thiobacillus）、红球菌属（Rhodococcus）等能够分解含硫有机物并参与脱硫作用过程。嗜酸菌（Acidianus）、硫化叶菌（Sulfolobus）等微生物可以进行硫化作用，一部分异养细菌，例如假单胞菌（Pseudomonas）、节杆菌（Arthrobacter）等细菌也可以参与硫化作用。水体中微生物主要通过异化硫酸盐还原作用和亚硫酸盐、硫代硫酸盐及元素硫的歧化反应生成硫化物，同时蛋白质等含硫有机物的分解过程也会产生硫化物，由硫氧化细菌将硫化物部分氧化为硫烷、亚硫酸盐或硫代硫酸盐等中间产物，或完全氧化生成硫酸盐的过程来参与水体中硫循环的过程。有研究发现，水体中异养细菌的异化型硫氧化作用，对水体中微生物参与硫循环具有重要作用，硫氧化细菌在进化过程中，形成了极其多样的系统发育和代谢特征，在不同的海洋环境中起到了重要的生态作用。硫的同化作用是指生物利用硫酸盐或硫化氢组成自身细胞物质的过程。脱硫作用是指蛋白质或其他含硫有机物被微生物分解释放有机硫的过程。硫化作用过程是指在有氧气的条件下，将还原态的硫化氢、单质硫或硫化亚铁等氧化形成硫酸的过程。硫酸盐还原作用是指将硫酸盐还原为硫化氢等硫化物的过程。

4）参与其他物质的化学循环

海洋微生物在磷、铁等循环中也起到了一定程度的作用。在磷循环中，微生物主要参与磷同化作用、有机磷的矿化和磷的有效化作用。磷同化作用是指溶解性无机磷通过生物转化作用转化为有机磷的过程。有研究表明，水体中异养浮游细菌可与浮游植物竞争吸收无机磷酸盐，进而抑制浮游植物的生长繁殖，对防治水体富营养化有重要的意义。有机磷的矿化作用是指有机磷化合物转化为溶解性无机磷的过程。在水体中，如假单胞菌（*Pseudomonas*）、芽孢杆菌（*Bacillus*）、青霉（*Penicillium*）、根霉（*Rhizopus*）、链霉菌（*Streptomyces*）等可以产生水解酶，催化水解核酸、核苷酸和磷脂等，进而参与水体磷循环。磷的有效化作用是指通过微生物将不溶性磷酸盐转化为可溶性磷酸盐的过程。水体中微生物通过产生有机酸和无机酸来促进不溶性含磷物质的溶解。

海水中的铁主要来源于大气沉降，在海洋中铁主要以 Fe^{2+}、Fe^{3+} 的形式存在，二者之间可以相互转化。含铁元素的物质通过微生物分解以后，以 Fe^{3+} 的形式释放，而 Fe^{3+} 又可以作为微生物的电子受体进行能量代谢参与铁循环。

1.1.3.3 具有生态修复功能

1）石油污染物的降解

石油及其产品的污染是海洋污染中最主要的污染源之一。近年来，随着大陆、海洋石油资源的开发及沿岸石油化工产业的发展，海上溢油事故和战争原因致使局部海域受到严重的石油污染。目前清除海上石油污染主要有物理、化学和生物等方法。运用物理方法消除油污染，主要靠吸油船和运用吸附材料等手段；用化学消油剂实际上是向海洋中投入人工合成的化学污染物，造成了新的污染；运用生物方法，主要是利用海洋微生物将烃降解成一般对环境无害的产物如 CO_2 和 H_2O，具有安全、效果好、费用低、处理彻底、无二次污染等优点，已成为一种经济效益和环境效益俱佳的解决石油污染最有效的手段，因而受到人们的普遍重视。

自 20 世纪 70 年代起，美国率先开展了用细菌消除石油污染的研究。早期的研究内容主要是筛选能氧化石油烃的海洋细菌，进行石油降解能力的测定和加速消除油污的生态环境条件的研究。据报道，人们已从全世界的水体中分离出许多种不同的石油降解微生物（至少有 160 个属），其中细菌是最重要的石油降解微生物，一些酵母菌和丝状真菌也能降解石油烃。大多数能降解烃类的异养细菌属于变形菌门（Proteobacteria），如假单胞菌属、不动杆菌属、解环菌属（Cycloclasticus）、食烷菌属（Alcanivorax）、产碱杆菌属、弧菌属、气单胞菌属等。革兰氏阳性菌有棒状杆菌属（Corynebacterium）、节杆菌属、芽孢杆菌属、葡萄球菌属（Staphylococcus）、微球菌属（Micrococcus）和乳杆菌属（Lactobacillus）等。光合自养细菌蓝细菌门（Cyanobacteria），如 Agtnenellum、席蓝细菌属（Phormidium）也与烃类的降解有关；有些种类可以在液泡中积累烃类化合物，却不能降解它们。有些蓝细菌可能与一些异养菌形成集合体，最终将烃类降解。一些古菌也可以降解烃类，作为其唯一的碳源和能量来源。在无氧环境中，硫酸盐还原菌和产甲烷古菌是烃类降解的主要参与者。对石油的降解往往是多种石油烃降解菌协同完成的，每种微生物降解不同类型的烃分子。一般来说，能降解石油的微生物只占海水中微生物区系很小的比例（小于 1%），但当海水被石油污染后，石油降解菌迅速增殖，其数量可高达种群的 10%。在生物膜中的混合微生物群落，可能在有效的生物降解中起着非常重要的作用。[11]

2）持久性有机污染物的降解

持久性有机污染物（persistent organic pollutants，POPs），一般被描述为由人为原因造成的具有亲脂性、毒性，在环境中难以降解的一类化学物质，其对光化学、生物学和化学的降解有很强的抗性。大多数 POPs 是卤化物，在油脂中有很高的溶解性，主要聚集在脂肪组织中。它们具半挥发性质，能够蒸发或被吸附于空气的颗粒中，因而能传播很远的距离。海洋上层水域的浮游生物获得的 POPs 微生物循环，在海洋食物网的分配中起着重要的作用。浮游细菌为吸收 POPs 提供了很大的表面积。浮游生物的碎片和有机颗粒在沉积过程中会向水体中释放 POPs，而一些吸收有 POPs 的颗粒会被埋入沉积物中并产生聚集。由于潮汐、海流、拖网及底栖动物的活动可使沉积物被搅起，而使其中的大量化学物质进入水中。其中，聚氯联苯很难被降解，因此许多研究者都在积极寻找能破坏氯键的微生物，以提供一个生物修复的潜在方法。许多好氧细菌可以降解聚氯联苯中的联苯环，但不能降解氯键。现已发现有些相关微生物能够在厌氧条件下降解聚氯联苯，但对其进行分离和鉴定还有一定的难度；不同种细菌的脱氯酶截然不同，其作用类型也不尽相同。目前，通用的方法是通过对群落中获得的 rRNA 进行 DGGE 分析，并结合以选择性富集培养法来分离新的聚氯联苯降解菌。硫酸盐还原菌与氯降解菌的共生聚合体可能可以降解聚氯联苯。[12]

3) 可防治海洋生物污损

在海水养殖产业不断发展的情况下，海洋生物污损现象愈加严重。海洋生物污损是指海洋固着生物(如藤壶、贻贝、盘管虫及海藻等)在人工设施表面积聚并附着的现象。海洋生物污损现象会对水产养殖业的产量和质量产生严重的影响，海洋污损生物会与水产养殖生物抢夺附着基和饵料，造成水产养殖生物的减产。有研究发现，海洋里的微生物能够产生抗海洋生物污损蛋白酶类，这些蛋白酶类可以降解污损生物附着时所分泌的胶黏物质，使污损生物不能牢固附着于附着基，从而达到防污目的。此外，海洋里的微生物是海洋天然产物的重要来源，是最具潜力的新型防污剂的原料，海洋微生物可以分泌抗污的物质，进而可以做防污剂的原料。在海洋生物膜中提取到的微生物，产生具有较高防污活性的脂肪酸可以防止海洋污损生物对海洋微生态进行破坏，并且有希望成为替代有毒防污剂的新型环境友好型防污剂。[13]

4) 其他污染物的治理

微生物中，尤其是一些硫酸盐还原菌、芽孢杆菌属和假单胞菌属中的一些细菌，对清除污染的沉积物中的重金属(包括放射性物质)非常有效。当然，金属不能被降解，但是它们能被转化成非生物可用状态或者弱毒性形式，细菌可介导可溶性的二价锰离子氧化成不可溶性的三价或五价锰离子。从海洋沉积物中分离出的芽孢杆菌，其休眠芽孢表面的蛋白质可以催化锰等金属的氧化。这种细菌介导的金属氧化物沉淀也非常重要，因为经过几千年，它导致了锰结核在海底的形成。除了锰以外，结核中还含有大量有价值的其他金属，尤其是镍和钴。锰结核发生的地域很广，但是采集它们非常困难，因为这些资源通常在深度为 5 000m 以上的深海，且离大陆很远。如果能够解决采集技术的难题，那么在南太平洋岛屿的细菌群落将有相当大的经济价值。人们在沉积物中也发现有二价铁的氧化物，这主要是由厌氧细菌包括厌氧光能自养菌和硝酸盐还原菌完成的。

真菌(如 *Flavodon*)可有效地产生木质素变构酶，已被应用于处理造纸厂排放到沿岸海水中的废水。酵母菌，如德巴利氏酵母(*Debaryomyces* sp.)和星状丝孢酵母(*Trichoporon* sp.)已被用来处理鱼类加工厂排放出的废水中的有机聚合物。

1.1.3.4　海洋微生物在生物附着中的作用

生物附着现象是生活在海洋环境中的微生物较为普遍存在的一种生物学特征。电镜技术与生化技术相结合的研究证实，微生物附着时都会产生黏着性的胞外产物进行固着。尤其是海洋细菌，相当多的种类是在多种生物和非生物表面营附着生活，这些种类附着时比浮游时生长得明显要好。一些有极细菌是通过极的末端分泌的黏着性物质在附着基上不可逆地附着，而更多的细菌种类则是可逆性附着。近 20 年来，对海洋细菌附着机理的研究有了较大的进展。影响细菌附着的因素不仅是其胞外黏多糖（多糖和糖蛋白的聚合物），细菌鞭毛的有无和数量也直接影响其在非生物表面的附着。同时，表面的物理、化学特性，如亲水性、电荷、极性基团的有无以及营养物的丰富度也影响到这一过程。端生鞭毛既是细菌在水体或液体中生活的运动"器官"，也是细菌在附着过程中与物体表面接近的桥梁。端生鞭毛细菌附着时，先是鞭毛一端接触并附着在物体表面，此时细菌的附着是可逆的，接着菌体平卧其上，然后逐渐地从细胞壁上伸出许多黏多糖的纤丝或称侧生鞭毛，使菌体在表面上牢固地附着，即便流速很大的水流也不易将其冲刷下来。

在自然环境中，生物被膜的形成是一个相互依存、不间断的连续过程，因此人们最初认为，生物被膜是大型生物附着的先驱，就是强调一些大型生物附着对生物被膜有依赖性。最早 ZoBell 认为，生物被膜是靠物理性黏附作用并使表面颜色变深而吸引幼虫或孢子固着，并对其提供了一个立足点。后来的许多研究表明，生物被膜的作用不仅是这些，更重要的是一些微生物产生的胞外活性物质能对浮游的幼虫或孢子表现为一种化学诱导作用。生物膜中微生物的生长代谢，可为幼虫提供食物，也为孢子的生长发育创造了条件。生物被膜中，一些微生物的生长过程会改变微环境中的氧化还原电位，提高 pH 值，促使 $CaCO_3$ 沉淀，有助于利用石灰质的幼虫的变态。生菊等从能促进扇贝幼虫附着的菌株中筛选分离出 1 株黑美人弧菌（*Vibrio nigripulchritudo*），该菌能产生水溶性蓝黑色素，对扇贝幼虫附着有明显的促进作用。另外还分离出 3 株抑制幼虫附着的细菌，经鉴定为需钠弧菌（*Vibrio natriegens*）、航海假单胞菌（*Pseudomonas nautica*）和豚鼠气单胞菌（*Aeromonas caviae*），这些菌有望作为有益菌在防治大型污损生物中得到应用。[14]

1.1.4　海洋微生物动态变化的控制因素

微生物在海洋中的动态变化过程是理解海洋生态动力学的基础。海洋是一个复杂的系统，微生物在海洋环境中的生长受到物理（温度、光照）、化学（溶解有机物、无机物)、生物(竞争、协同)等多重因素的综合影响。[15]因此，系统地研究某种或某类微生物的生长控制因素是十分困难的，目前大多数研究更着重关注单一或少数几种环境参数的交互影响。

1.1.4.1 物理因素

1)温度

温度对微生物的生长有很大影响，生理变化对温度的响应通常用 Q10 表示，它是指当温度升高 10℃时的代谢速率变化，海洋细菌的 Q10 值为 1~3。细菌在低温的环境下，细胞整体表达水平降低，各种物质转运酶水平下降，此时细胞需要更高浓度的底物基质以弥补转运酶水平的下降，同时满足自身生长的需要。细菌代谢对温度的依赖比浮游植物更严格，在高纬度的海洋区域，低温导致细菌的代谢活性受到抑制，使得该区域的细菌生产显著低于温热和热带海洋。此外，细菌代谢活性的降低促使很大一部分初级生产力流向更高的营养级，而非进入微食物网被消耗掉。然而，也有报道对高纬度和低纬度间的细菌生长进行比较，发现温度并没有明显的调控细菌生长的作用。

2)光照

以往的研究表明溶解有机物(DOM)是异养微生物的主要能量来源。然而，越来越多的证据表明，许多异养微生物能同时利用光能和化学能获取能量。多达 80%的水生细菌能编码一类称为变形菌视紫红质的蛋白质。其所形成的质子泵能促进海洋拟杆菌门类群的生长，而对水生 α−变形细菌(SAR11)的研究却没有得到类似的结果，但光照能显著延长 SAR11 对饥饿的耐受时间。随着 Na^+ 和 Cl^- 等新型视紫红质蛋白的鉴定，人们发现视紫红质蛋白在海洋中表现出丰富的遗传多样性。研究表明，同一种海洋细菌能编码不同类型的视紫红质蛋白，可能在其适应复杂多变的海洋环境的过程中起到重要作用。好氧不产氧光合细菌(aerobic anoxygenic photosynthesis bacteria, AAPB)是另外一类光能异养微生物，主要由玫瑰杆菌类群组成，能通过合成细菌叶绿素 a 吸收光能。有研究报道称，光强是 AAPB 分布的重要影响因素。

除了这些异养微生物，光照的强弱也能显著影响一些自养微生物的分布，并形成不同的生态位。例如，根据对光强的适应能力，蓝细菌门(Cyanobacteria)的聚球蓝细菌(*Synechococcus*)和原绿球藻菌(*Prochlorococcus*)均可分为高光型和弱光型两种生态型，不同的生态型展现出不同的遗传特征和生理特性。此外，海洋奇古菌门(Thaumarchaeota)可分为浅水和深水两大生态类群，单细胞基因组分析表明这两大生态型在光适应方面具有较大的遗传差异。

1.1.4.2　化学因素

1）溶解性有机物

太阳能是海洋中最重要的能量来源，浮游植物和以蓝细菌为主的光合微生物能通过光合作用将光能转化为化学能，是海洋溶解性有机物（DOM）的根本来源。海洋微生物主要以异养型为主，它们的生长依靠外部能源和营养的支持。DOM 不仅能为微生物提供碳源和能源，还能提供其生长所需的氮、磷、硫、铁等营养元素。海洋中的DOM 多种多样，不同类型的微生物能利用不同的 DOM，因此，DOM 在很大程度上影响微生物的分布模式。温度可与 DOM 对细菌生长产生交互影响，当细菌所处的温度较低时，它们对底物基质的需求并没有增加，推测生长在适宜温度中的细菌可能对底物浓度的增加有着更快的反应速度。在不同的温度下，DOM 的添加对细菌生产的贡献也没有明显变化。关于温度对细菌生长及细菌对底物利用的影响仍然需要进一步研究。

2）无机物

海洋中影响微生物分布的无机营养元素主要为氮、磷、硫、铁等元素。

海洋中的氮有多种不同的存在形式，主要以氨氮（NH_4^+-N）、硝酸盐（NO_3^--N）、亚硝酸盐（NO_2^--N）的形式存在，氮不仅是一种基本的营养物质，还能为微生物的生长提供能量。一般来说，海洋中的营养盐如 NO_3^- 在真光层区域浓度较低（0.01～10 mmol/L），而在深海浓度较高（30～40 mmol/L）。海洋表层的低 NO_3^- 浓度往往使其成为浮游生物生长的限制因子。NO_2^- 也可能成为某些微生物的限制因子。NO_2^- 在有氧的情况下很快被氧化，因此在大洋中的浓度很低（0.1～60 nmol/L）。某些原绿球蓝细菌的菌株能够合成亚硝酸盐还原酶，表明 NO_2^- 可能提供了它们生长所需的部分氮源。厌氧氨氧化反应在海洋深海大洋最小含氧带（OMZ）中频繁发生，它以 NO_2^- 和 NH_3 为底物产生 N_2，具有氮移除效应，已发现 NO_2^- 的浓度是厌氧氨氧化细菌丰度和活性的制约因素。此外，NH_3/NH_4^+ 作为硝化反应第一步及厌氧氨氧化反应的底物，其浓度是这些反应的重要限制因子。

磷元素参与生命活动中非常重要的代谢过程，是核酸、ATP 和膜磷脂等的重要组成成分，在储存、细胞膜结构及遗传交换等过程中发挥重要作用。海洋中磷酸根（PO_4^{3-}）的分布特征与 NO_3^- 类似，在垂直交换弱的海域，PO_4^{3-} 的浓度往往低于30 nmol/L，磷元素也可作为细菌生长的限制因子，有报道称 PO_4^{3-} 可得性的提高对细菌的生长及溶解性有机碳（DOC）的消耗具有明显的刺激作用。为了适应磷限制，很多细菌能够编码高亲和力的磷转运蛋白，与浮游植物竞争环境中的磷元素。此外，在磷营养匮乏的环境下，某些细菌能够改变其细胞膜的脂质组成，在减少磷脂质的同时增加无磷脂质的含量，从而达到适应环境的目的。

硫元素是构成生命物质所必需的元素，主要以溶解性硫酸盐及沉积矿物的形式在海洋中存在。海洋中硫元素浓度很高，但却不是微生物生长的营养限制因子，硫酸盐还原微生物可利用烃类、有机酸、氨基酸等多种不同的电子供体进行硫酸盐还原作用，而有机态的硫可以为上层水体中的微生物提供能源，其不同有机态间的转化过程，影响着浮游植物及浮游细菌的群落结构。

铁元素是地壳中继碳、氮、磷之后丰度第四高的元素。大气沉降和底层水中的铁是大洋表层铁元素的两个主要来源，因此大洋中铁的浓度极低，且诸多报道已指出铁是海洋生产的主要限制因素。一个典型的例子是包括南大洋、亚北极北太平洋和赤道太平洋地区在内的高营养低叶绿素（HNLC）生态系统，虽然具有较高的氮、磷营养，但这些区域中的浮游植物生物量很低，营养测试和中尺度的原位富集实验证明，铁的可得性是造成这一现象的重要因素。相比浮游植物，当还原性铁的浓度降低时，细菌的生长效率明显降低。与此同时，细菌的碳需要增加，将导致铁和DOM对细菌生长的双重限制。

1.1.4.3　生物因素

海洋中不同的微生物种群间既有相互依存、互利共生的协同作用，又有相互拮抗的竞争关系。一个种群要长期稳定地存在就一定会有营养物质、生存空间等方面的竞争，因此海洋微生物之间往往存在各式各样的竞争关系，例如有的细菌产生细菌素，可杀死其亲缘关系相近种。海洋微生物的协同作用，例如硝化和反硝化反应，亚硝化细菌——亚硝化毛杆菌属（*Nitrosomonas*）、亚硝化囊杆菌属（*Nitrosocystis*）等将铵根氧化成亚硝酸根，硝酸细菌——硝酸细菌属（*Nitrobacter*）、硝酸刺菌属（*Nitrospina*）等将亚硝酸根氧化成硝酸根，反硝化细菌（如假单胞菌）在缺氧的状态下进行无氧呼吸，将硝酸盐还原成氮气或一氧化二氮。除此之外，还包括由硝化聚磷菌和反硝化聚磷菌主导的海水脱磷反应等。

1.2　海洋微生物研究发展概述

1.2.1　海洋微生物研究历史

1.2.1.1　国外海洋微生物研究历史

现代微生物学的研究发展时间跨度很长，从对小型生物或微生物的描述，到创造出"微生物"一词并引入文献之间跨越了 200 年。微生物学研究界一致认为，现在所产生的微生物学的累积知识，大部分是在 19 世纪下半叶应用多学科方法研究地球上的各种微生物活动所获得的。海洋微生物学作为微生物学研究的一个分支，依托于现代微生物研究的发展而不断进步，海洋微生物学的起源可以追溯到 19 世纪末陆地微生物生态学与新兴的深海生物学的融合，来自陆地微生物生态学和实验生理学的实验室技术当时首次应用于海洋环境的研究，以确定微生物的全球分布。

20 世纪初期，海洋微生物的初步发展是基于微生物学的发展而进行的。1903 年，Antonie van Leeuwenhoek 发明了光学显微镜，发现了微型生物的世界。20 世纪初，Beijerink 开始在实验室分离海洋生物发光细菌。与此同时，原生动物学家 Kofoid 与著名的生物海洋学家 Alexander Agassiz 通过在东太平洋历时几个月的观察经历，发表通过实践观察的原生动物海洋分布结果。这两种研究形式逐渐被人们所接受，由此，通过实验室实验提供的观点和在自然环境中观察微生物的观点成为海洋和医学微生物学的特征。"野外工作和实验室工作之间更密切合作的必要性"在 20 世纪得到充分验证，成为今天海洋微生物研究的理论基础。

海洋微生物学领域的成熟始于 1912 年，在这一阶段，海洋微生物呈现出研究方向逐步扩展的发展态势。海洋生物学家 Ritter 用"微浮游生物"一词来描述海洋细菌。美国微生物学家 Claude E. ZoBell 被称为"海洋微生物学之父"。他在 20 世纪 30 年代和 40 年代在斯克里普斯(Scripps)海洋研究所进行了开创性的研究，帮助该领域成为海洋研究的一个独特分支，并于 1976 年创办了《国际地球微生物学杂志》，他是现代海洋微生物学经典的教科书《海洋微生物学：水生细菌学》专著的作者。ZoBell 开创了深海微生物学研究，这项研究的深入发展主要是由他与他的学生 Carl H. Oppenheimer 和 Richard Y. Morita 一起进行的。Morita 为在饥饿条件下海洋细菌生存方向的研究方面做出了卓越贡献。Edward F. DeLong 和 Steven Giovannoni 开发了用于检测和计数环境样本中细菌的荧光标记核酸探针，革新了海洋微生物生态学。1947 年，Andrew A. Benson 与加利福尼亚大学伯克利分校的几位科学家合作，使用 ^{14}C 标记的二氧化碳作为示踪剂，发现了植物从阳光和二氧化碳中制造糖的过程，这种生化途径被称为卡尔文−本森循环。卡尔文−本森循环为使用 ^{14}C 标记的二氧化碳来确定世界海洋的初级生产力奠定了基础。海洋微生物学的研究在此时进入了新的阶段。Richard W. Eppley、Osmund Holm Hansen、Robert D. Hamilton 等进行了关于海洋学性质的微生物学研究，关注了深海中自养和异养微生物的问题，这些研究为理解深海生物多样性做出了重大贡献。

20 世纪 70 年代末热液喷口动物群的发现引起了全世界科学家的兴趣，1981 年，

Horst Felbeck 报道了热液喷口管蠕虫的组织中含有卡尔文-本森循环的关键酶，可以通过二氧化碳和硫化氢的氧化来制造碳化合物。Felbeck 发现热液喷口的细菌拥有这些酶并栖息在热液喷口动物的组织中，这项研究结果对热液喷口共生细菌的生理学和生物化学做出了根本性的贡献。与此同时，海洋病毒的研究也在不断发展，Lewin 在 1960 年描述了一种海洋噬菌体(即细菌病毒)。

20 世纪 60 年代后，海洋微生物的研究技术得到了发展。始于 1953 年的 Watson-Crick DNA 功能模型揭开了基因组革命。1958 年，海洋微生物学者在斯克里普斯海洋研究所举行了一次研讨会，"为可能即将到来的海洋生物学发展领域提出明确的建议"。自 1985 年 Pace 等利用核酸序列的测序来研究微生物的进化问题以来，对微生物多样性的研究便进入了一个崭新的阶段。从那以后，基于脱氧核糖核酸的分析技术稳步发展，渗透到了古老的系统发育、进化和生物地理学领域，将它们置于巨大的信息爆炸的门槛。至此，为即将到来的 21 世纪的基因组技术时代奠定了基础。在这一时代，微生物领域和实验室不断发展，理论生物学逐渐转变为成熟学科。数学和计算机科学的理论应用于生物学，生物信息学领域诞生。

进入 21 世纪，海洋微生物的发展依托于科技与高通量测序的发展，海洋微生物学进入蓬勃发展期。在这一时期，海洋微生物结构多样性、新陈代谢途径、生理生化反应、代谢产物等方面的研究如火如荼。在基因组技术的不断发展下，海洋微生物的多样性研究有了较大的发展。2007 年 Sorcerer Ⅱ Global Ocean Sampling（GOS）expedition 项目，海洋学家从采集的 41 份样品中发现了大量未知的海洋微生物资源，2013 年 Tara Oceans expedition 项目对 210 个位点的 3.5 万份海水样本进行分析，发现了约 3.7 万种微生物。与此同时，海洋微生物的代谢、生理反应、功能等方面也受到了重视。2015 年，将高压培养技术与组学和基因重组方法相结合，以检查嗜压电海洋微生物的生理变化，这是将现代科技研究与海洋微生物研究相结合。至此，海洋微生物学研究揭开了新的篇章。

1.2.1.2　我国海洋微生物研究历史

中国海洋微生物学的研究开始于 20 世纪 60 年代前后，薛廷耀教授是中国海洋微生物学的最早开拓者。他 1956 年先在中国科学院海洋生物研究室(中国科学院海洋研究所前身)建立起海洋微生物研究室并兼任室主任，最早研究的是硫杆菌及海洋小球菌，其中的研究人员有孙国玉、丁美丽及陈骉，他们后来在拓展中国的海洋微生物学研究和人才培养方面都做了大量工作。其后 1958 年薛廷耀又在山东海洋学院(中国海洋大学前身)建立了微生物实验室并主持教学和科研工作，最先研究的是海洋发光细菌和铁细菌，当时的助教人员为纪伟尚和徐怀恕。薛廷耀于 1962 年编译出版的《海洋细菌学》，是中国最早的一本系统阐述海洋微生物基础知识的论著。他还在"东方红"号调查船上建立了海洋微生物调查实验室，为微生物的资源开发创造了条件。

20 世纪 70 年代中期后 10 年左右的时间，国内微生物学家着重开展了环保及与养殖病害有关的研究工作。自 1979 年起，陈骎开展了海带栽培区在异养菌特别是褐藻酸降解菌的一系列研究。1979 年丁美丽等在国内首次报道有关石油烃降解菌生态研究结果，从胶州湾分离出 300 余株具有分解石油烃能力的微生物。1983 年，沈世泽等在青岛近海发现有还原菌存在。1983 年，王文兴等从青岛太平角及即墨沿海养殖场水样及泥样中分离出弧菌属（Vibrio）、假单胞菌属（Pseudomonas）、不动杆菌属（Acinetobacter）、棒状杆菌属（Corynebacterium）、微球菌（Micrococcus）等属的细菌，还从对虾体内分离出一批菌株。值得一提的是，此间孙国玉等积极倡议海洋微生物的相关基础研究及各种标准方法的推广和建立，这些是此后开展中国微生物海洋学工作的基础。徐怀恕和美国马里兰大学的著名海洋微生物学家 R. R. Colwell 教授一起首次提出了"细菌活的非可培养状态"（VBNC）理论，在国际上引起了很大的反响并负有盛名。归国后，徐怀恕教授对开拓、发展中国海洋微生物学的研究做出了重要贡献，在海洋细菌腐蚀与附着的机理、VBNC 状态细菌的检测、海水养殖动物细菌性病害的诊断与免疫、有益菌的开发与利用等方面进行了大量开拓性研究。

进入 20 世纪 90 年代以后，中国海洋微生物学科呈现井喷式的发展态势，这期间进行了大量的关于海洋微生物多样性、资源、环境以及新技术方法的研究。徐洵于 1991 年创立了我国第一个海洋分子生物学实验室，在国内率先开展了海洋病毒的研究。1997 年第一个海洋病毒（对虾白斑杆状病毒）的分离与基因组测序分析被列入中国十大科技进展之一。在此基础上，建立了我国第一个深海微生物实验室，标志着我国海洋微生物研究由近海拓展到深海。"九五"期间于 1997 年启动的"863 计划海洋生物技术领域"项目指南增列 818（海洋监测）和 819（海洋生物技术）主题，内容涉及微生物应用，吸引了更多学者。2004 年，建立了国内第一个海洋微生物菌种保藏管理中心，目前保藏海洋、极地来源的各类微生物菌种 23 000 余株，是世界菌种保藏联盟（World Federation for Culture Collections，WFCC）内海洋微生物菌种保藏量最多的菌种保藏机构（www. mccc. org. cn）。我国已经成为海洋微生物分类鉴定与系统进化的主要贡献国之一。2006 年"十一五"期间"863 计划资源与环境技术领域"项目规划涉及深海极端环境微生物的资源研究开发，具有极大的前瞻性。

2010 年以后，我国的海洋微生物学科的发展呈现百花齐放的态势，在这期间，大批学者运用基因组技术进行研究。新一代高通量测序技术为海洋微生物菌种多样性和菌种功能结构的研究做出了卓越贡献。2015 年前后，我国的海洋微生物研究更多聚焦于海洋微生物在群落结构、新陈代谢途径、生理生化反应、代谢产物等方面。例如，2013 年，李祎进行了海洋微生物多样性及其分子生态学的相关研究。2015 年，贺凤等进行了水霉拮抗菌的筛选及其拮抗活性物质稳定的研究。这些研究为我国海洋微生物的丰富性和多样性添砖加瓦。2010—2021 年，我国海洋微生物的研究百花齐放，论文发表数量达到了年均 350 篇，展示了极大的发展潜力。2017 年，海洋微生物菌种库建设成果入选中国十大重大工程进展。

1.2.2 海洋微生物研究热点

海洋微生物是海洋药物、保健食品和生物材料的巨大宝库，能够为人类提供种类繁多、分子结构新颖、化学组成复杂和生理活性特异的天然海洋活性物质，海洋微生物还参与地球物质循环，在海洋生态保护中具有重要的作用。作为一种生物修复的生态治理方法，利用海洋微生物的新陈代谢能力及基因的多样性，把污染物转化为无污染的终产物重新进入生物地球化学循环，受到了研究者们的重视。近年来随着科学技术的进步，海洋微生物的研究方向不断扩大，成为国内外学者们的研究重点[16]。

1.2.2.1 海洋微生物研究技术方法

20 世纪 40 年代开始，科学家采用传统的分离培养的方法研究海洋微生物的多样性，即将海洋微生物从环境中分离纯化，然后通过一般的生物化学性状或者特定的表现型来分析其多样性。19 世纪 70 年代人们建立无菌操作技术、细菌培养技术和纯种分离技术，随着人们对海洋微生物特性和营养类型等的了解不断深入，开发出了多种典型培养基，使得越来越多的海洋微生物被分离。然而，由于许多微生物常常处于"活的非可培养状态"，而且培养微生物的培养基会有很强的选择作用，导致传统的研究方法反映出的微生物生态功能有限。因此人们开始尝试寻找其他的区别于传统分离方法的研究方式。例如，荧光显微镜法、扫描电镜法、透射电镜法、荧光染料法等。但以上方法仍或多或少存在一定的局限性。

自 1985 年 Pace 等利用核酸序列的测序来研究微生物的进化问题以来，对微生物多样性的研究便进入了一个崭新的阶段。采用聚合酶链式反应（PCR）、16S rRNA 序列分析以及 DNA 限制性分析（amplified rDNA restriction analysis，ARDRA）等现代分子生物学技术在基因水平上研究海洋微生物多样性，可以克服微生物培养技术的限制，能够对样品进行比较客观的分析，较精确地揭示海洋微生物的多样性。20 世纪 70 年代发展起来的核酸杂交分析技术是一种崭新的分子生物技术，由于具有高度的特异性和灵敏性，而被广泛地应用于微生物多样性的研究。目前用于海洋微生物多样性研究的探针主要有双链 DNA、单链 DNA 和 RNA 以及寡核苷酸探针三类，可对海洋微生物在特定环境中的存在与否、分布模式和丰度情况进行研究，并且取得了很大的成功。

近代以来随着高通量测序技术的飞速发展，利用测序技术进行海洋微生物群体结构分析成为可能。例如，利用基于 16S rRNA/18S rRNA 分析和新一代测序技术的系统分类标记的方法研究微生物群落组成及结构。利用宏转录组、宏蛋白质组学及代谢组学等技术研究群落的功能、真实的代谢情况及其在药物和食物成分代谢方面的影响，或是利用单细胞基因组测序及组装技术结合参考基因组进行同源聚类探究微生物分布特性的原因。

1.2.2.2　海洋微生物多样性分析

海洋微生物多样性是所有海洋微生物种类、种内遗传变异及其生存环境的总称，包括生活环境的多样性、生长繁殖速度的多样性、营养和代谢类型的多样性、生活方式的多样性、基因的多样性和微生物资源开发利用的多样性等。海洋微生物多样性自身的特点和当前研究的手段，决定了目前海洋微生物多样性的研究通常集中于以下几个水平，即分类多样性、功能多样性、遗传多样性和系统发育多样性。微生物系统学和高通量测序技术的快速发展促进了研究人员对海洋微生物多样性的认识。Tara Oceans Expedition 项目于 2009 年启动后，Sunagawa 等用宏基因组学技术分析了 Tara 计划 243 个样品的宏基因组数据，生成一个含有 4 000 万以上非冗余序列的海洋微生物参考基因库，大多数新序列主要是来自病毒、原核生物以及微型真核生物，为海洋微生物多样性做出了较大的贡献。

通过高通量测序和宏基因组学等方法发现海洋中极低丰度微生物和不可培养微生物，功能宏基因组学还有助于开发具有某种潜能的功能基因资源。2000 年以来，世界范围内一共发表了约 2 411 个海洋细菌新物种，占该期间全部原核微生物新种的 24.7%。从门水平上分析，鉴定发表的海洋细菌主要类群是变形菌门（1 187 个，占总海洋细菌新种的 49.2%），拟杆菌门（519 个，占比 21.5%），放线菌门（249 个，占比 10.3%）和厚壁菌门（175 个，占比 7.2%）。研究发现，海洋环境中数量上占前 5 位的门类分别是变形菌门、拟杆菌门、放线菌门、蓝细菌门和浮霉菌门。

1.2.2.3　海洋微生物与环境污染治理

海洋微生物影响着其生存的生态系统大环境，同样的环境对海洋微生物也有作用，二者相互依存，相互影响。海洋微生物作为海洋生态系统的基本组分，扮演着主要分解者的角色，是物质循环和能量循环的关键，推动着自然界养分元素的生物地球化学循环过程，是大自然元素的平衡者。与此同时，环境对海洋微生物也有着不同的作用，例如在污染严重的区域，大多数海洋微生物都不能存活，但总有一些海洋微生物能继续生长甚至喜好这种环境，海洋微生物的这两种情况也反映了其在环境中担任的角色不同。在生态环境中，由于海洋微生物与环境关系的不同，微生物能在各个方面发挥作用，例如对于赤潮的防治、石油的降解、重金属的污染治理、微塑料的降解、病虫害的生物防治、农药污染的降解等[17]。

赤潮是指在一定环境条件下，海水中的某种浮游植物、原生动物或细菌在短时间内突发性繁殖或高度聚集而引发的一种生态异常，使海水变色并造成危害的现象。赤潮现象的出现对近海的海洋资源利用和渔业发展活动造成了极其巨大的负面影响，近年来细菌杀藻现象的发现为微生物防治赤潮提供了可能途径，菌藻关系研究已经成为当前赤潮研究的重点和热点，通过海洋微生物治理赤潮受到研究者们的关注。微生物防治赤潮主要是通过释放杀死藻的物质、释放酶类溶解藻类、进入藻细胞内杀死藻细胞等方式进行。研究表明，海洋放线菌是潜在的抑杀藻微生物，对于有毒赤潮藻的调控有重要作用；变形细菌门和拟杆菌门可能在赤潮的生消过程中起着重要的调控作用。

运用生物方法治理海洋石油污染主要是利用海洋细菌，它们可有效地消除表面油膜和分解海水中溶解的石油烃，而且克服了化学方法的弊端，因而受到人们普遍重视。自20世纪70年代起，美国率先开展了用细菌消除油污染的研究。早期的研究内容主要是筛选能氧化石油烃的海洋细菌，进行石油降解能力的测定和加速消除油污的生态环境条件的研究。近年来的研究除了对降解机制、代谢途径的继续深入外，大多运用分子生物学技术深入研究降解质粒，运用基因工程进行质粒的分子育种，培养具有降解原油中多种石油烃能力的超级石油降解菌。研究表明，能够降解石油的微生物有200多种，分属于70多个属，其中细菌约40个属。常见的革兰氏阴性菌如假单胞菌属、弧菌属、不动杆菌属等，革兰氏阳性菌如棒状杆菌属、芽孢杆菌属等，霉菌如青霉属、曲霉属、枝孢霉属等，海洋酵母如假丝酵母属、红酵母属、德巴利酵母属等都有很强的降解石油能力。

许多重金属是生命活动中必需的物质，但是它们在环境中的浓度过高就变成了污染物，微生物可以通过固定、移动或转化的方式，改变它们在环境中的环境化学行为，降低环境中的重金属含量，从而达到生物修复的目的。重金属污染的微生物修复原理主要包括生物吸附和生物转化两个方面。真菌对重金属的吸附方式有两种：

一是真菌细胞壁上的活性基团与重金属离子发生定量化合反应（如离子交换、配位结合或络合等），达到吸收的目的；二是将重金属污染物沉积在真菌自身细胞壁上，这种吸附方式是通过形成无机沉淀或物理性吸附来实现的。细菌对重金属的吸附主要是通过细胞壁上带有使整个细菌表面呈现阴离子特性的负电荷吸附带有正电荷的重金属离子来实现的。海洋微生物对重金属还具有生物转化作用。生物转化主要作用机理包括海洋微生物对重金属的生物氧化和还原、甲基化与去甲基化，在这些方式的作用下，重金属毒性发生改变，从而形成海洋微生物对重金属的解毒机制。海洋微生物能够氧化多种重金属元素，降低重金属的活性。比如某些自养细菌如硫-铁杆菌类能氧化砷、铜、钼和铁等，假单胞菌属能使砷、铁和锰等发生生物氧化。另外，通过这种作用使重金属的价态改变后，金属离子可与一些海洋微生物的分泌物发生络合作用，降低重金属毒性。

微塑料是海洋中塑料的主要存在形式，通过自然循环渗透进入人类足迹难以到达的深海等极端环境，由于塑料所具有的难以降解的特性，可能对深海的生态平衡以及深海海洋生物链构成无法预知的潜在威胁。在海洋塑料垃圾治理方面，海洋微生物降解被认为是可能的有效途径，海洋微生物对塑料的降解首先是与塑料接触，并在塑料表面形成生物膜，塑料聚合物主要是被生物胞外酶解聚成短链或小分子物质，随后被转运到细胞内被彻底氧化。细菌可产生多种胞外酶来降解塑料大分子，如脂酶、解聚酶、酯酶、蛋白酶 K、角质酶、脲酶和脱水酶等。海洋来源的假单胞菌可以部分降解聚碳酸酯，并释放出双酚 A 等产物，降解高密度聚乙烯。

随着化学农药的过度使用，化学农药的残留成为环境的另一杀手，影响人们的身体健康。为了保护自然生态环境，维护生态平衡和人类健康安全，开发和使用微生物农药成为现代农业发展的一个方向。使用海洋微生物对农业病虫害进行生物防治具有高效、环保的现实意义，逐渐受到人们的推崇。日本东京微生物化学研究所分离了 200 株放线菌，从中筛选得到 *Streptomyces sioyaensis*，它所产生的生物碱具有很强的杀螨虫活性。近年来，研究者采用活体昆虫浸渍法和细胞毒性测定法从 294 株海洋微生物供试菌株中筛选获得 7 株杀虫活性较好的菌株；采用卤虫生物检测法对来源于深海海泥和繁茂膜海绵的放线菌的发酵提取物进行生物活性检测，发现放线菌 S19 具有较强的杀卤虫活性以及杀线虫和杀甜菜夜蛾的生物活性。

由于水体及大气的传送作用，海洋环境在不同程度上也受到农药的污染，滩涂和沿岸水体尤其严重，经常被检出的有机氯农药主要有 DDT、六六六、艾氏剂等。据估计全世界生产的 DDT 大约有 25% 已被转入海洋，虽然有的国家已禁止使用或停止生产，但因其在环境中十分稳定，不易被分解，易被海洋生物吸收累积，毒性较大，污染也较严重。一些海洋微生物具有特殊的代谢途径，可将农药和POPs作为代谢底物，加以利用、降解。例如，微生物 *Stenotrophmonas* sp. 能以甲基对硫磷为唯一碳源，对高浓度甲基对硫磷（100 mg/L）的降解率超过99%，蜡样芽孢杆菌（*Bacillus cereus*）能高效降解海水中的甲胺磷，假交替单胞菌（*Pseudoalteromonas* sp.）能高效降解氯氰菊酯和溴氰菊酯，其降解效率分别为75.6%和90.9%。目前，大量具有有机物降解能力的海洋土著微生物已被筛选出来，这些微生物虽属不同的门类，但都具有相同的有机污染物去除能力，为利用微生物修复技术治理海洋有机物污染带来曙光。

1.2.2.4　海洋微生物与水产健康养殖

随着我国水产养殖产业的快速发展、养殖规模的扩大、集约化程度的提高和养殖环境的日趋恶化，水产养殖病害随之而来。海洋微生物在近年的养殖过程中以其高效、环保、效益好等优势在水产养殖实践中被广泛应用，其中具有代表性的是鱼用疫苗、益生菌微生态制剂和生物絮团。这些海洋微生物在水产养殖业中的使用极大地便利了水产养殖产业中生长免疫、病害治疗、疾病控制等方面的工作，对水产健康养殖具有积极作用。[18]

对于海产动物病害的诊断技术，近些年取得了明显的进展。鱼用疫苗在防病效果上具有不可替代的优点。它能有效地保护环境和食用鱼的品质，安全的鱼用疫苗使用后没有污染，在鱼体内没有残留，不会对鱼体产生耐药性；对有些难以用药物防治的鱼病，使用鱼用疫苗是有效的方法之一；随着研究的深入，多价疫苗及基因工程疫苗的应用，它们的防病效果将会大大超过化学药品等其他防治措施，提高经济效益。鱼用疫苗的种类主要有死疫苗（将病原体的感染性蛋白用某种方法灭活后而获得的疫苗）、活疫苗（用致病性大为减弱的减毒株制备的疫苗）、亚单位疫苗（通过提取病毒的亚单位如蛋白质、血凝素等而制成）、化学疫苗（用化学方法提取细菌的有效成分如脂多糖而制成）和基因工程疫苗（将某一病原的主要免疫原性蛋白的密码基因DNA转移、重组后而获得）。弧菌疫苗是水产养殖业中最早应用的鱼用疫苗，目前在虹鳟、鳗鲡和多数鲑科鱼类弧菌病的免疫防治方面应用广泛并已取得良好的效果。

益生菌是一类对宿主有益的活性微生物，又被称为促生剂、微生态调节剂等。随着集约化养殖的扩大，水产养殖中开始频繁暴发各种疾病，传统防治措施是使用大量抗生素，虽然在一定程度上控制了疾病的发生，但是其导致的病原菌耐药性问题和药物残留问题引发了新一轮的挑战。益生菌具有应用后在体内无残留也无耐药性产生的特质，在水产养殖实践中可以替代抗生素用于水产疾病的防治。从海洋中选育可以促进水产动物生长的菌种制成复合益生菌微生态制剂，应用于水生生物的养殖中，成为了学者们的研究热点。根据研究结果已经筛选出芽孢杆菌、红酵母菌、乳酸菌等复合益生菌微生态制剂。

生物絮团是以异养菌为主体，同时与原生动物、藻类等成分混合形成的具有调节水质功能的絮状悬浮物。近年来，添加絮凝性藻类、细菌、真菌或从微生物中提取的絮凝性物质的生物絮凝采收法被视为一种很有前景的低成本微藻采收方法。它可以对养殖水环境污染进行自我修复，清洁水环境，减少换水次数；提高饲料的利用率，节约资源；具有生物防治作用，增强养殖生物的抵抗力，降低其患病的几率，减少药物的使用。能够产生絮凝物质的微生物种类繁多，包括细菌、放线菌、真菌及藻类，最有代表性的是用酱油曲霉($Aspergillus\ sojae$)生产的絮凝剂 AJ7002；用拟青霉属($Paecilomyces$ sp. I-1)微生物生产的絮凝剂 PF101 及用红平红球菌研制成功的微生物絮凝剂 NOC-1。

1.2.2.5　海洋微生物产生活性物质的生理生化作用

海洋的特殊环境如高压、低营养、低温(特别是深海)、无光照以及局部的高温和高盐等造成了海洋微生物的多样性和特殊性。国内外学者已经从海洋微生物中分离出大量结构新颖、活性独特的物质，已被证实具有各种各样的生理作用，如抗肿瘤、抗癌变、抗 HIV 等。

随着研究的深入，海洋中发现能产生抗肿瘤物质的微生物数量日益增多，种类包括放线菌、真菌和细菌。例如，从海洋放线菌 $Streptomyces$ sp. (BL-49-58-005)中分离得到 3 个新的吲哚生物碱，对其进行了 14 种肿瘤细胞群细胞毒性测试，发现这些物质活性最强的对白血病 K2562 细胞的 GI_{50}(50%生长抑止浓度)值为 8.46 μmol。在筛选新免疫抑制剂的过程中，从海洋青铜小单孢菌 $Micromonospora\ chalcea$ FIM02-523，发酵液提取到脂肽类化合物 FM523，经纯化得到 5 个组分，其中组分 3 (FM523-3)与抗肿瘤抗生素同质，但它具有与紫杉醇相当的抗肿瘤活性和与环孢菌素相当的免疫抑制活性。从黏细菌($Myxo$-$spore$)纤维堆囊菌中分离出 epothilones 系列化合物，研究发现它们是一类 16 元环大环内酯类细胞毒化合物。

在抗癌变微生物方面，研究发现，从海洋微生物中提取的醌环素对人骨髓性白血病 U937 细胞有明显的细胞毒性，并对 21 种人类癌细胞具有抑制作用，其 IC_{50} 小于0.1 μmol。从约 1m 深的红树林淤泥中分离得到 1 株新海洋细菌 $Salinospora$ CNB-392 并从其培养液中发现骨架全新、活性很强的抗癌物。在 Gokasyo 海湾的海底沉积物中分离得到了真菌 *Emericella variecolor* GF10 并从其发酵产物的醋酸乙酯浸提物中分离鉴定了 8 个蛇孢菌素类化合物。其中 ophiobolin K 对多种癌细胞株具有较强的细胞毒活性。

在抗 HIV 方面，抗药物的筛选和研究仍然主要依赖于各种体外的活性研究，从 1 株未经分类鉴定的深海细菌纯化出几个次级代谢产物 MacrolactinesA-F，Macro-lactinesA-F 共同结构是一个 24C 的大环内酯。其中，MacrolactinesA 表现较强的抗 HIV 活性，保护淋巴细胞的最高浓度为 10 μg/mL。目前，已在海藻中发现了不少具有抗 HIV 活性的天然产物，以蓝藻门(Cyanophyta)的鞘丝藻(*Lyngbya* sp.)、纤细席藻(*Phormidium tenue*)和钝顶螺旋藻(*Spirulina platensis*)为代表。

1.2.3 海洋微生物研究展望

1.2.3.1 微生物研究技术方法改进

据国际海洋微生物普查(ICoMM)计划研究人员保守估计，海洋微生物至少有 2 000 万种，丰度总量可达 10^{30} 数量级，目前所研究和鉴别过的海洋微生物种类微乎其微，其中用于人类药物开发的更是少之又少。海洋微生物天然产物的发展缓慢主要是受研究技术方法的限制，因此提高海洋微生物分离技术，优化海洋微生物培养技术，发展海洋微生物高通量筛选技术，加强基因编辑、高通量测序、宏基因组、生物信息学等新一代生物技术的应用，在海洋微生物获取及其天然产物资源开发中至关重要。现已有的微生物研究技术正在不断进步，但已探索得到的微生物种类与未知的微生物种类相比，仍有极大的未知空间等待人类发现。对于微生物的分离培养等的生物技术的进步是海洋微生物研究道路上不可或缺的重要一环。

1.2.3.2 海洋微生物的开发与探索

海洋微生物多样性的研究对于微生物资源的开发利用具有强大的推动作用，深入了解海洋微生物多样性才能更好地开发和利用微生物资源，创造出更大的价值。海洋微生物因其独特的生存环境以及代谢途径，可产生多种结构新颖、活性显著的化合物，具有潜在的开发利用前景。相比海洋动物和植物，海洋微生物易于采集、保存和放大培养，更便于开发利用。目前，海洋环境中已分离获得 30 000 多个结构新颖的化合物，其中，来源于海洋细菌(包括海洋放线菌)、海洋蓝细菌和海洋真菌的新颖化合物所占比例逐渐增多，而来源于海洋动植物的新化合物有减少的趋势。海洋微生物包括可培养微生物和非可培养微生物，对于可培养微生物的研究在很早就已经开展。然而海洋微生物中绝大多数还是非可培养微生物，对于海洋非可培养微生物的研究才刚刚展开，非可培养微生物的开发与利用是海洋微生物多样性研究的重中之重，借助海洋分子生态学的研究手段从分子水平上深入、透彻地开展不同海洋生境微生物的研究，将会为人类在基因、细胞、个体和群落水平上利用和调控海洋微生物提供理论依据，对于维持海洋生态平衡和保护海洋环境有至关重要的作用。

与此同时，人类现阶段对于极地、深海等极端地区的微生物物种多样性以及其功能作用的研究仍处于发展阶段，由于深海沉积物中营养源的多样性和深海物理、化学因子的复杂性，深海中应存在多种多样的代谢类型。深海微生物生理的研究无疑是全面评价其生物地球化学功能的基础，它可揭示深海微生物对生物地球化学循环的影响潜力，从而为追溯地球历史提供依据，也为深海生物圈对整个生物圈现代生态格局的影响评价以及未来人类活动影响下深海微生物对环境变化的响应评价奠定基础。然而，目前各方面的资料还相当贫乏，深海微生物生态学研究的推进依赖于研究方法的改进以及相关技术支撑体系的建立，对于极端地区的海洋微生物的了解仍需不断深入，对于极端地区海洋微生物的开发和控制仍需不断探索。

1.2.3.3　海洋微生物药用价值开发

随着陆栖微生物在抗生素、酶、酶抑制剂等生物活性物质方面的大量开发和应用，寻找新种属或特殊性状的微生物及其代谢产生新型药物的难度越来越大。于是最近几年人们把目光转向更具有药物开发前景的海洋微生物——海洋药物的重要资源。海洋微生物在抗菌抗病毒类药物方面的开发和应用，是陆栖微生物药物研究开发的延续和扩展。药物的直接来源是从海水、海泥中筛选出的微生物代谢产物，可直接开发成新药或经修饰后成为新药，也可作为新药开发的先导化合物。海洋微生物药物开发和应用的重点在抗肿瘤药物方面。人们期望从筛选的海洋微生物代谢产物中得到所需新型抗肿瘤药物成为研究开发的重点领域。短短几年便得到许多具有抗肿瘤活性的化合物，如日本冈见分离到一株黄杆菌属的海洋细菌代谢产生一种杂多糖，它能够增强免疫功能和抑制动物移植肿瘤并成为化疗药物治疗肿瘤的佐剂，具有抗肿瘤、抗病毒、抗菌等功能。这表明开发海洋微生物医疗保健品前途广阔。总之，海洋微生物药物的开发虽取得了巨大成绩，但研究开发尚处于初级阶段，还有更多的海洋微生物药物等待进一步开发以提供给临床上更多的治疗和预防用新型特效药。海洋微生物药物的研究开发需要依靠现代科技的进步和各门学科的协同作用，目前海洋微生物药物的迅速开发和应用是新技术不断涌现并推广应用的必然结果。

1.2.3.4　海洋微生物抗菌价值应用

在当今抗生素普遍应用的时代，社会和科学界对细菌的耐药性迅速出现显得措手不及，因此迫切需要新类型的抗生素快速和持续地开发，以适应细菌抗生素敏感性改变的速度。由于海洋环境的特殊条件，使海洋微生物具有丰富的生物多样性，近年来的研究发现，海洋微生物及其代谢产物的活性成分具有化学结构的多样性、生物活性的多样性、高生物活性、特殊作用机制等一些非常值得注意的特点。日本近年来对海洋微生物进行了广泛研究，发现约有27%的海洋微生物具有抗菌活性。许多成分是陆地生物中不存在的，这为人工合成抗菌药物提供了新颖的先导化合物。在过去的10年中，通过微生物筛选来寻找抗菌素和其他具有医疗和保健价值的活性化合物的开发研究正在迅速展开，许多具有新分子结构的抗菌、抗病毒化合物已被分离和鉴定，其活性成分是多种多样的，包括萜烯、脂肪酸、大环内酯类、醌类、肽类、生物碱、醚类及杂环化合物等，其中有些成分的结构、性质已被阐明。也有许多含尚未鉴定其活性分子结构的微生物萃取物，用于预防和治疗水产养殖动物的病害。海洋微生物作为一个极其重要的、不可取代的具医药价值的生物活性物质的来源，其意义还在于所含生物活性分子结构较简单的化合物可作为人工合成的模式，而所含大量的结构复杂的化合物，人类目前尚无法合成，只能依赖从微生物细胞中提取。因此，用微生物发酵法生产海洋天然化合物的前景非常广阔。

第 2 章　海洋微生物主要类群

2.1　海洋细菌

海洋微生物种类繁多，且相对于陆地微生物而言，它们能够耐受海洋特有的高盐、高压、低营养、低光照等极端条件，因而在物种、基因组成和生态功能上具有多样性，是整个生物多样性的重要组成部分。[1] 目前细菌域共分为 30 个门，这些门中又有一些重要分支，多数分支的代表种类都能在海洋生境中发现。由于海洋独特的环境，包括高盐、高压、低营养、低温等，造就了海洋微生物有别于陆生微生物的许多特异性(如不易培养，形态多变且在保藏和移种过程中很容易死亡等)导致对它们种类区分的困难。因此，对环境样品采用 16S rRNA 基因序列来分析海洋细菌的多样性可以鉴定出海洋细菌的更多种类，其主要分支的数目可能超过 40 个，其中许多分支只含有尚不能被培养的种类。

2.1.1　变形菌门

变形菌门(Proteobacteria)是细菌域中最大的一个门，该门内的细菌种类多，形态、生理、生活史多样化。在形态上有杆状、球状、弯曲状、螺旋状、出芽状、丝状等；在营养方式上，有光能自养型、化能自养型和化能异养型。

根据 16S rRNA 基因序列，将变形菌门分为 6 个系统发育分支(即 6 个纲)，依次是 α-变形菌纲、β-变形菌纲、γ-变形菌纲、δ-变形菌纲、ε-变形菌纲和 ζ-变形菌纲。[2]

2.1.1.1　α-变形菌纲

α-变形菌纲的细菌绝大多数是寡营养类型。有些种类能够进行光合作用，如玫瑰杆菌属(*Roseobacter*)和赤杆菌属(*Erythrobacter*)；有些种类具有独特的代谢类型，如代谢 C1 化合物[甲基杆菌属(*Methylobacterium*)]、无机化能营养型[硝化杆菌属(*Nitrobacter*)]、固氮菌[根瘤菌属(*Rhizobium*)]；有些种类是重要病原菌，如立克次氏体属(*Rickettsia*)等。另外，该纲中许多类群在形态上具有明显的特征，如柄杆菌属(*Caulobacter*)和生丝微菌属(*Hyphomicrobium*)。

1)SAR11 和 SAR116 类群

如前所述,α-变形细菌(SAR11)类群的 16S rRNA 基因序列几乎分布于所有的浮游环境中,SAR11 细菌被认为是海洋中最丰富的微生物,在表层海水中占细菌种群的 30%~40%。SAR11 是 α-变形菌纲中高度分支的类群,在系统发育上与这个纲中所有能够培养的种类均有较大差异。SAR11 类群的成员如远洋杆菌(*Pelagibacter ubique*),已被培养出来,其生理和形态特征已被陆续研究。

2)玫瑰杆菌类群

玫瑰杆菌类群,简称玫瑰杆菌(*Roseobacter*),是 α-变形菌纲中的单系分支。目前已经有超过 60 个属被分离鉴定。玫瑰杆菌类群中一个属的名字也称玫瑰杆菌(*Roseobacter*),国际上通常提及的玫瑰杆菌是指前者。玫瑰杆菌是全球表层海水中分布最广、数量最多的浮游细菌类群之一。据估计,在表层海水中一半以上的玫瑰杆菌在海水中自由生活,其余附着在浮游植物和碎屑颗粒的表面,另外,在深海和沉积物中也经常被发现。

玫瑰杆菌比传统意义上的异养细菌具有更加多样化的能量代谢途径,在海洋碳和硫的循环中扮演着重要的角色。它们是海洋中好氧不产氧光合细菌(aerobic anoxygenic phototrophic bacteria,AAPB)的主要类群,可通过一系列的光合色素来吸收光能,是一种好氧生长,但其光合作用不产氧的代谢方式。玫瑰杆菌在海洋硫循环中作用重大。部分玫瑰杆菌类群的细菌可将某些浮游藻类分泌的 β-二甲基巯基丙酸内盐(dimethyl sulfbnio propionate,DMSP)转化成二甲基硫(dimethyl sulfide,DMS)。后者是一种活性气体,能促进云的形成,从而起到有效调节气候的作用。此外,很多玫瑰杆菌携带 *coxA* 和 *soxB* 基因,使得它们可以通过氧化低价态的无机物包括一氧化碳和硫来获得能量。很多玫瑰杆菌都含有异化型硝酸盐还原酶和异化型亚硝酸盐还原酶,使得细菌能够在海洋缺氧的微环境中进行无氧呼吸。部分玫瑰杆菌还拥有编码同化型硝酸盐还原酶和同化型亚硝酸盐还原酶的基因,使得这些菌能够利用氧化态的硝态氮作为营养源,从而缓解了海水中铵态氮的限制。

对不可培养的玫瑰杆菌多样性的研究主要从宏基因组学和单细胞基因组学两个方面开展。基于宏基因组学研究表明,纯培养的玫瑰杆菌的基因组序列与其在海水宏基因组中所含的玫瑰杆菌的同源序列差异很大。某些有重要生态功能的基因差异性分别富集于宏基因组中的玫瑰杆菌和可培养的玫瑰杆菌基因组中,而这些基因恰好可作为区分贫营养型与富营养型海洋细菌的标志基因。这暗示了海洋中未培养的玫瑰杆菌趋向于贫营养型，而可培养的玫瑰杆菌趋向于富营养型。

3）立克次氏体

立克次氏体（*Rickettsia*）是介于细菌与病毒之间，接近于细菌的一类原核生物，革兰氏染色阴性，一般呈球形或杆状，多在动物细胞中营专性细胞内寄生。立克次氏体活跃地穿入宿主细胞，并在细胞质内繁殖，导致宿主细胞裂解。鲑鱼立克次氏体（*Piscirickettsia salmonis*）是鲑鱼的一种主要病原，在海水养殖的病虾中也分离出了几种立克次氏体。值得指出的是，鱼立克次氏体属（*Piscirickettsia*）与立克次氏体属（*Rickettsia*）在系统分类上相距甚远，前者归入 γ-变形菌纲，而后者归入 α-变形菌纲。鱼立克次氏体在形态上与埃里希氏体属（*Ehrlichia*）相似，但是埃里希氏体在分类上也归入 α-变形菌纲。

4）出芽和有柄的细菌

这类细菌的独特之处是其细胞质可突起形成附属物，称为菌柄。几乎与其他所有细菌不同，这一类细菌成员在生活周期中，细胞并不进行二均分裂，而是"母细胞"保持其形状和形态特性，以出芽的方式脱落一个小的"子细胞"。这是由细胞的极化作用引起的，即新的细胞壁物质是从一个点长出的，而不像其他细菌是从中间插入形成的。

有一些细菌如生丝微菌属（*Hyphomicrobium*）和红微菌属（*Rhodomicrobium*）是从菌丝体上出芽脱落于母细胞，而另一些细菌如柄杆菌属（*Caulobacter*）和团聚潮汐杆菌（*Aestuariibacter aggregatus*）则有独特的菌柄。这些突起在水环境中具有优势，可使这些细菌牢固地附着在藻类、石头或其他物体的表面上。有柄细菌的表面积与体积比增加，可使它们在营养贫乏的水体中繁衍，菌柄也可使这些好氧细菌停留在氧气充足的环境中避免沉入沉积物中。柄杆菌属和生丝微菌属是化能异养型，而红微菌属（*Rhodomicrobium*）和红假单胞菌属（*Rhodopseudomonas*）是兼性光能营养型。这些细菌通常首先占据物体光秃的表面，在生物被膜的形成上有特别重要的作用，对幼虫的固着和生物污损有非常重要的影响。

2.1.1.2　β-变形菌纲

β-变形菌纲重要属包括产碱菌属（*Alcaligenes*）、无色杆菌属（*Achromobacter*）、丛毛单胞菌属（*Comamonas*）、伯克霍尔德氏菌属（*Burkholderia*）、亚硝化单胞菌属（*Nitrosomonas*）、嗜氢菌属（*Hydrogenophilus*）、嗜甲基菌属（*Methylophilus*）、硫杆菌属（*Thiobacillus*）和奈瑟氏菌属（*Neisseria*）等。硫杆菌属于化能自养菌，也是主要的无色硫杆菌（*Achromatium*）。

β-变形菌纲的细菌在代谢类型上与 α-变形菌纲的细菌存在相似之处，这两个纲的多数细菌趋向于利用海洋缺氧环境中有机质降解后释放出来的小分子物质作为营养物质。有些细菌可利用氢、氨、甲烷和挥发性脂肪酸作为营养物质。β-变形菌纲细菌在海水中的丰度与盐度密切相关，适应于低盐水体。其可存在于海洋、废水或土壤当中，该纲的致病菌有奈氏球菌目(Neisseriales)中的一些细菌(可导致淋病和脑膜炎)和伯克氏菌属(*Burkholderia*)。β-变形菌包括很多好氧或兼性细菌，通常其降解能力可变。但也有一些无机化能种类，如可以氧化氨的亚硝化单胞菌属(*Nitrosomonas*)和光合种类红环菌属(*Rhodocyclus*)和红长命菌属(*Rubrivivax*)。

2.1.1.3　γ-变形菌纲

γ-变形菌纲是变形菌门中最大的一个纲，许多重要的属是化能异养型及兼性厌氧型细菌，另一些属则是好氧的化能异养型、光能自养型、化能自养型或甲基营养型。

1)弧菌科

(1)弧菌科分类

弧菌科(Vibrionaceae)是海洋环境中最常见的细菌类群之一，广泛分布于海洋环境和海洋生物体中，是海洋生物体表和肠道的优势菌群。弧菌是目前研究最多、了解较为清楚的海洋细菌，其分类学研究进展较快，表 2-1 介绍了部分弧菌的种类名称。

表 2-1　弧菌属的种类名称[3]

学名	中译名	标准演株	来源	发表年份
Vibrio aerogenes	产气弧菌	LMG19650	中国，海草覆盖的海底	2000
V. aestivus	夏季弧菌	KCTC23860	西班牙，海水	2013
V. aestuarianus	河口弧菌	LMG7909	美国，牡蛎	1983
V. agarivorans	食琼脂弧菌	DSM13756	西班牙，海水	2001
V. alfacsensis	阿尔法克斯弧菌	DSM24595	西班牙，比目鱼	2012
V. alginolyticus	溶藻弧菌	LMG4409	日本，变质的竹荚鱼	1961
V. anguillarum (→*Listonella anguillarum*)	鳗弧菌	LMG4437	挪威，病鳕鱼	1909
V. areninigrae	黑砂弧菌	KCTC22122	韩国，黑砂	2008
V. artabrorum	阿尔塔布里亚弧菌	LMG23865	西班牙，蛤蜊	2011
V. atlanticus	大西洋弧菌	LMG24300	西班牙，蛤蜊	2011
V. atypicus	非典型弧菌	LMG24781	中国，对虾肠道	2010

续表2-1

学名	中译名	标准演株	来源	发表年份
V. azureus	天青蓝弧菌	KCTC22352	日本，海水	2009
V. brasiliensis	巴西弧菌	LMG20546	巴西，双壳类幼虫	2003
V. breoganii	布雷奥干弧菌	LMG23858	西班牙，蛤蜊	2009
V. calviensis (→*Enterovibrio calviensis*)	卡尔维湾弧菌	LMG21294	法国海水	2002
V. campbellii	坎贝氏弧菌	LMG11216	美国，海水	1971
V. carchariae (→*V. harveyi*)	鲨鱼弧菌	LMG7890	巴哈马，鲨鱼	1985
V. caribbeanicus	加勒比弧菌	DSM23640	库拉索岛，海绵	2012
V. casei	奶酪弧菌	LMG25240	法国，奶酪	2010
V. celticus	凯尔特弧菌	LMG23850	西班牙，蛤蜊	2011
V. chagasii	查格斯氏弧菌	LMG2I353	挪威，大菱鲆幼鱼肠道	2003
V. cholerae	霍乱弧菌	ATCC14035	亚洲，患者	1854
V. cincinnatiensis	辛辛那提弧菌	LMG7891	美国，人的血液和脑脊髓液	1986
V. comitans	伴弧菌	LMG23416	美国，鲍鱼肠道	2007
V. communis (→*V. owensii*)	普遍弧菌	LMG25430	巴西，珊瑚	2011
V. coralliilyticus	溶珊瑚弧菌	LMG20984	印度洋，病珊瑚	2003
V. cortegadensis	科尔特加达岛弧菌	LMG27474	西班牙，蛤蜊	2014
V. costicola (→*Salinivibrio costicola*)	肋生盐弧菌	LMG11651	西班牙，盐田及腌肉	1938
V. crassostreae	大牡蛎弧菌	LMG22240	法国，病牡蛎的血淋巴	2004
V. crosai	科萨弧菌	DSM27145	墨西哥，牡蛎	2015
V. cyclitrophicus	食环芳弧菌	ATCC700982	美国，杂酚油污染的沉积物	2001
V. damsela (→*Photobacterium damselae*)	美人鱼弧菌	LMG7892	美国，水鲷皮肤溃疡部位	1982
V. diabolicus	恶魔弧菌	CNCMI-1629	东太平洋，多毛类	1997
V. diazotrophicus	双氮养弧菌	LMG7893	加拿大，海胆	1982
V. ezurae	井面氏弧菌	LMG19970	日本，鲍鱼肠道	2005
V. fischeri (→*Aliivibro fischeri*)	费氏弧菌	LMG4414	美国，死乌贼	1889
V. fluvialis	河流弧菌	LMG7894	孟加拉国，人粪便	1981
V. fortis	强壮弧菌	LMG21557	厄瓜尔，凡纳滨对虾幼体	2003
V. furnissii	弗氏弧菌	LMG7910	日本，人的粪便	1984

续表2-1

学名	中译名	标准演株	来源	发表年份
V. gallaecicus	加利西亚弧菌	LMG24045	西班牙，蛤蜊	2009
V. gallicus	高卢弧菌	LMG21878	法国，鲍鱼内脏	2004
V. gazogenes	产气弧菌	ATCC29988	美国，盐沼泥	1980
V. gigantis	巨大弧菌	LMG22741	法国，牡蛎	2005
V. halioticoli	鲍肠弧菌	LMG18542	日本，鲍鱼肠道	1998
V. hangzhouensis	杭州弧菌	JCM15146	中国，东海沉积物	2009
V. harveyi	哈维氏弧菌	LMG4044	美国，死的片脚类动物	1936
V. hemicentroti	海胆弧菌	DSM26178	韩国，海胆肠道	2013
V. hepatarius	肝弧菌	LMG20362	厄瓜多尔，凡纳滨对虾消化道	2003
V. hippocampi	海马弧菌	LMG25354	西班牙，海马粪便	2010
V. hispanicus	西班牙弧菌	LMG13240	西班牙，养殖水体	2004
V. hollisae (→Grimontia hollisae)	霍利斯弧菌	ATCC33564	美国，腹泻患者	1982
V. ichthyoenteri	牙鲆肠弧菌（鱼肠道弧菌）	LMG19664	日本，病牙鲆的肠道	1996
V. iliopiscarius (→Photobacterium iliopiscanus)	鱼肠弧菌	LMG19543	挪威，肠道	1995
V. inhibens	约束弧菌	DSM23440	西班牙，海马粪便	2015
V. inusitatus	罕见弧菌	LMG23434	美国，鲍鱼肠道	2007
V. jasicida	杀龙虾弧菌	LMG25398	新西兰，发病龙虾	2012
V. kanaloae	夏威夷海神（卡那罗）弧菌	LMG20539	法国，病牡蛎幼体	2003
V. lentus	缓慢弧菌	DSM13757	西班牙，牡蛎	2001
V. litoralis	海滨弧菌	DSM17657	韩国，潮滩	2007
V. logei	火神弧菌	LMG19806	美国，扇贝肠道	1980
V. madracius	非六珊瑚弧菌	LMG28124	巴西，健康石珊瑚	2015
V. mangrovi	红树林弧菌	LMG24290	红树林，植物根系	2011
V. marinus (→Moritella marina)	海产弧菌	ATCC15381	北太平洋，120 m 海水样	1892
V. marisflavi	黄海弧菌	LMG25284	中国，黄海海水	2011
V. maritimus	海生弧菌	LMG25439	巴西，六放虫	2011
V. mediterranei	地中海弧菌	LMG11258	西班牙，近岸海水	1986
V. metoecus	外来弧菌	LMG27764	美国，牡蛎池塘	2014
V. metschnikovii	梅氏弧菌	LMG11664	亚洲，病的家禽	1888
V. mimicus	拟态弧菌	LMG7896	美国，感染了的人耳	1982
V. mytili	贻贝弧菌	LMG19157	西班牙，贻贝	1993

续表2-1

学名	中译名	标准演株	来源	发表年份
V. natriegens	需钠弧菌	LMG10935	美国，盐沼泥	1961
V. navarrensis	纳瓦拉弧菌	LMG15976	西班牙，污水	1991
V. neonatus	新生儿弧菌	LMG19973	日本，鲍鱼肠道	2005
V. neptunius	海神弧菌	LMG20536	巴西，双壳类幼虫	2003
V. nereis	沙蚕弧菌	LMG3895	美国，海水	1980
V. nigripulchritudo	黑美人弧菌	LMG3896	美国，海水	1971
V. ordalii	病海鱼弧菌(奥氏弧菌)	LMG13544	美国，发病大马哈鱼	1982
V. orientalis	东方弧菌	LMG7897	中国，海水	1983
V. ostreicida	杀牡蛎弧菌	DSM21433	西班牙，发病牡蛎	2014
V. owensii	欧文氏弧菌	LMG25443	澳大利亚，龙虾	2010
V. pacinii	帕希尼氏弧菌	LMG19999	中国，健康对虾幼体	2003
V. parahaemolyticus	副溶血弧菌	LMG2850	日本，患者	1951
V. pectenicida	杀扇贝弧菌	LMG19642	法国，病的扇贝幼体	1998
V. pelagius(→*Listonella pelagia*)	海弧菌	LMG3897	美国，海水	1971
V. penaeicida	杀对虾弧菌	ATCC51841	日本，病的日本对虾	1995
V. plantisponsor	植物根弧菌	LMG24470	印度，红树林水稻根部	2012
V. pomeroyi	伯麦罗氏弧菌	LMG20537	巴西，健康双壳类幼体	2003
V. ponticus	黑海弧菌	DSM16217	西班牙，海水	2005
V. porteresiae	水稻弧菌	LMG24061	印度，红树林水稻根部	2008
V. proteolyticus	解蛋白弧菌	LMG3772	美国，等足类动物肠道	1964
V. quintilis	七月弧菌	KCTC23833	西班牙，海水	2013
V. rarus	稀有弧菌	LMG23674	美国，鲍鱼肠道	2007
V. rhizosphaerae	根际弧菌	LMG23790	印度，红树林根际	2007
V. rotiferianus	轮虫弧菌	LMG21460	比利时，轮虫	2003
V. ruber	红色弧菌	JCM11486	中国台湾，海水	2003
V. rumoiensis	留萌弧菌	FERM-P-1453	日本，鱼加工厂排水池	1999
V. sagamiensis	相模原弧菌	KCTC22354	日本，海水	2011
V. salmonicida(→*Aliivibrio salmonicida*)	杀鲑弧菌	LMG14010	挪威，病的大西洋鲑鱼	1986
V. scophthalmi	大菱鲆弧菌	LMG19158	西班牙，大菱鲆幼体	1997
V. shilonii(→*V. mediterranei*)	施罗氏弧菌	LMC19703	以色列，病珊瑚	2001
V. sinaloensis	锡那罗亚州弧菌	CECT7298	墨西哥，真鲷	2008
V. splendidus	灿烂弧菌	LMG4042	中国北海，海鱼	1900
V. stylophorae	柱珊瑚弧菌	LMG25357	中国台湾，珊瑚	2011
V. succinogenes(→*Wolinella succinogenes*)	产琥珀酸弧菌	LMG7466	牛科动物瘤胃液	1961

续表2-1

学名	中译名	标准演株	来源	发表年份
V. superstes	幸存弧菌	LMG21323	澳大利亚，鲍鱼肠道	2003
V. tapetis	蛤仔弧菌	LMG19706	法国，蛤仔	1996
V. tasmaniensis	塔斯马尼亚弧菌	LMG20012	塔斯马尼亚岛，大西洋鲑	2003
V. thalassae	海滩弧菌	KCTC32373	西班牙，海水	2014
V. trachuri(→*V. harveyi*)	竹荚鱼弧菌	LMG19643	日本，发病的竹荚鱼	1996
V. tubiashii	塔氏弧菌	LMG10936	美国，文蛤	1984
V. variabilis	易变弧菌	LMG25438	巴西，六放虫	2011
V. viscosus(→*Moritella viscosa*)	黏丝弧菌	NVI88478	挪威，大西洋鲑	2000
V. vulnificus(→*Aliivibrio wodanis*)	创伤弧菌	LMG13545	美国人的伤口感染	1980
V. wodanis	沃丹弧菌	LMG21011	挪威，鲑鱼冬天溃疡	2000
V. xiamenensis	厦门弧菌	DSM22851	中国，红树林土壤	2012
V. xuii	徐氏弧菌	LMG21346	中国，对虾养殖水体	2003

注:"→"意为该种弧菌已被归并到括号中的菌种之中。

（2）弧菌的分布

海洋弧菌广泛分布于各类河口、沿岸和大洋水域，通常占沿岸和大洋海水中可培养异养细菌总数的10%~50%。各种海洋弧菌在海水中的分布，大多不受地理区域限制，却受水体深度影响而发生生境分离的现象。此外，大多数浅水层海洋弧菌生长较快，普遍具有降解酪蛋白、几丁质、DNA等高分子有机物的能力。相对来说，深水层海洋弧菌一般生长较慢，大多不能降解上述高分子有机物。海洋弧菌具有丰富多样的生理生化机能，对海洋生物和海洋生态系统产生重要影响，如有些海洋弧菌具有致病性、发光现象、固碳作用及降解几丁质和琼脂等复杂多糖类的能力。

（3）病原性海洋弧菌

已知能感染鱼类或人类，造成病害的病原性海洋弧菌已超过20种。其中能感染人类引起疾病者超过10种，以霍乱弧菌（*Vibrio cholerae*）、副溶血弧菌（*V. parahaemolyticus*）和创伤弧菌（*V. vulnificus*）三者对人类危害较大。

有些海洋弧菌是海洋动物的致病菌，已发现的海洋动物的病原弧菌有溶藻弧菌（*V. alginolyticus*）、鳗弧菌（*V. anguillarum*）、坎贝氏弧菌（*V. campbellii*）、辛辛那提弧菌（*V. cincinnatiensis*）、溶珊瑚弧菌（*V. coralliilyticus*）、费氏弧菌（*V. fischeri*）、哈维氏弧菌（*V. harveyi*）、牙鲆肠弧菌（*V. ichthyoenteri*）、火神弧菌（*V. logei*）、拟态弧菌（*V. mimicus*）、病海鱼弧菌（*V. ordalii*）、副溶血弧菌（*V. parahaemolyticus*）、杀扇贝弧菌（*V. pectenicida*）、杀对虾弧菌（*V. penaeicida*）、解蛋白弧菌（*V. proteolyticus*）、海弧菌（*V. pelagius*）、杀鲑弧菌（*V. salmonicida*）、灿烂弧菌（*V. splendidus*）、蛤仔弧菌

（*V. tapetis*）、塔氏弧菌（*V. tubiashii*）、创伤弧菌（*V. vulnificus*）、霍氏格里蒙菌（*Grimontia hollisae*）和美人鱼发光杆菌（*Photobacterium damselae*）等。根据目前掌握的文献资料，大部分致病弧菌能够同时感染多种海水养殖动物，只有少数几种仅感染某一类或两类水产养殖动物，至于这些病原菌是否对其他种类的生物具有致病性，目前尚未见报道。

2）肠杆菌科

肠杆菌科（Enterobacteriaceae）是 γ-变形菌纲中较大的、定义明确的一个科。它们常在温血动物的肠道中作为偏利共栖菌和病原菌存在，其中包括埃希氏菌属（*Escherichia*）、沙门氏菌属（*Salmonella*）、沙雷氏菌属（*Serratia*）、肠杆菌属（*Enterobacter*）、克雷伯氏菌属（*Klebsiella*）和爱德华氏菌属（*Edwardsiella*）。以上 6 个属均是发酵型的兼性厌氧菌，氧化酶呈阴性、革兰氏染色阴性、杆状，通常以周生鞭毛运动。这些特性可以将它们与其他革兰氏阴性菌如弧菌属（*Vibrio*）、假单胞菌属（*Pseudomonas*）及假交替单胞菌属（*Pseudoalteromonas*）区分开来。肠杆菌可从陆源污染的近岸海水中分离出来，另外也可在鱼体和海洋哺乳动物的肠道中发现。除此之外，肠杆菌在海洋环境中可被用作粪便污染的指示菌。通常检查的大肠菌群是卫生细菌学名词，而不是细菌分类单元名称，指的是在水体中 24h 内可发酵乳糖产酸产气的革兰氏阴性杆菌的总称。它的存在和数量可反映水（或食物）被粪便污染的存在和程度，也间接地反映了存在肠道致病菌和肠道病毒的可能性。

3）假单胞菌属、交替单胞菌属、假交替单胞菌属和希瓦氏菌属

这是一组由不同种类组成的好氧性杆状的变形菌门细菌，这些细菌的分类地位比较接近。与其他细菌一样，16Sr RNA 基因研究使这些属被重新分类，它们可能与弧菌及肠细菌同属一个大的进化支。

假单胞菌属（*Pseudomonas*），通常在土壤和植物材料中发现，有的还是人类的病原菌，假单胞菌属也可从近岸海水、大洋海水甚至极地深海沉积物（特别是北冰洋沉积物）中分离到，且有些种类与海洋植物和动物关系密切。

交替单胞菌属（*Alteromonas*）经常可用海洋琼脂平板分离到，因能产生各种各样的色素使其菌落呈现鲜明的颜色而容易被识别。在用培养方法进行的调查中交替单胞菌经常占优势，因此推测它们在异养的营养素循环中起主要作用。然而，交替单胞菌在以分子生物学手段为基础的调查中并不占优势，因此较难判断它们的生态作用。

假交替单胞菌属（*Pseudoalteromonas*）在近海环境、深海和极地环境中均分布较广。假交替单胞菌能够产生多种生物活性物质，如胞外多糖，可使其适应高盐、低

温的环境，并可提高其在反复冻融过程中的耐受性，使之在条件更为苛刻的极地微生物群落中仍可处于生长优势，有效地竞争营养物质和生存空间。分离自深海沉积物中的假交替单胞菌，还可以降解多环芳烃，对于其再矿化的过程及海洋环境碳循环作用巨大。该属的许多种类还可以产生色素，而且产色素和不产色素的假交替单胞菌所产生的生物活性物质也有较大差别。

希瓦氏菌属（*Shewanella*）通常可从海藻、贝类、鱼和海洋沉积物的表面分离到，部分种类可以引起鱼的腐败，有一些则是极端嗜压种类。希瓦氏菌的代谢作用具多样性，它们可以把对有机质或氢的氧化过程和对一系列的电子受体的还原过程相耦合，在缺氧的环境下，它们还能利用包括 Fe^{3+}、Mn^{4+} 在内的多种物质作为电子受体，这对于全球铁、锰及微量元素的循环有重要意义。同时，在微生物燃料电池的开发以及对受到有机物、金属和放射性核素等污染的水体或沉积物的修复等方面也有很大的应用前景。

2.1.2　放线菌门

放线菌是一种具有高（G+C）百分比的革兰氏阳性细菌，因其特有的次生代谢产物而受到广泛关注。微生物次生代谢产生的抗生素等物质大部分由放线菌门中的链霉菌、小单胞菌代谢产生。产生的次生代谢产物具有抗细菌、抗感染和抗肿瘤等方面的作用。[4-5] 表 2-2 展示了一些分离自海洋放线菌的生物活性天然产物。海洋中的放线菌在海底沉积物、海水以及海洋动植物共附生的物质中均有存在。

根据 16S rRNA 测序显示，放线菌门仅有一个纲，即放线菌纲；其下有 5 个亚纲，40 个科，100 多个属。下面就一些重点的细菌进行介绍。

表 2-2　分离自海洋放线菌的生物活性天然产物[4]

化合物	生物活性	分离株
Ammosamides	细胞毒活性	链霉菌属（*Streptomyces* sp.）
Antiprotealide	抗肿瘤	热带嗜盐产孢菌（*Salinispora tropica*）
2-Allyloxyphenol	抗细菌，抗氧化	链霉菌属（*Streptomyces* sp.）
Albidopyrone	细胞毒活性	链霉菌属（*Streptomyces* sp.）
Arenamides	抗肿瘤	海洋放线菌（*Salinispora arenicola*）
Aureoverticillactam	细胞毒活性	金黄垂直链霉菌（*Streptomyces aureoverticillatus*）
Ayamycin	抗细菌	诺卡氏菌属（*Nocardia* sp.）
Carboxamycin	抗细菌，细胞毒活性	链霉菌属（*Streptomyces* sp.）
Cyclomarines	抗炎	链霉菌属（*Streptomyces* sp.） 海洋放线菌（*Salinispora arenicola*）

化合物	生物活性	分离株
Daryamide C	抗肿瘤	链霉菌属（*Streptomyces* sp.）
Dermacozines	细胞毒活性，清除自由基活性	皮生球菌属（*Dermacoccus* sp.）
Enterocin	抑菌活性	海洋链霉菌（*Streptomyces marinensis*）
Essramycin	抗细菌	链霉菌属（*Streptomyces* sp.）
γ-Indomycinone	抗肿瘤	链霉菌属（*Streptomyces* sp.）
Indoxamycins	细胞毒活性	链霉菌属（*Streptomyces* sp.）
Lipoxazolidinones	抗细菌	海孢菌属（*Marinispora* sp.）
Lodopyridone	细胞毒活性	糖单孢菌属（*Saccharomonospora* sp.）
Lynamicins	抗细菌	海孢菌属（*Marinispora* sp.）
Mansouramycins	细胞毒活性	链霉菌属（*Streptomyces* sp.）
Marinisporolides	抗真菌	海孢菌属（*Marinispora* sp.）
Marinopyrroles	抗细菌，细胞毒活性	链霉菌属（*Streptomyces* sp.）
Naseseazines	抗肿瘤	链霉菌属（*Streptomyces* sp.）
Proximicins	细胞毒活性	疣孢菌属（*Verrucosispora* sp.）
Resistoflavine	抗肿瘤，抗细菌	链霉菌属（*Streptomyces* sp.）
Salinamides	抗炎	链霉菌属（*Streptomyces* sp.）
Salinipyrone A	抗炎	太平洋嗜盐产孢菌（*Salinispora pacifica*）
Salinisporamycin	抗细菌	海洋放线菌（*Salinispora arenicola*）
Splenocins	抗炎	链霉菌属（*Streptomyces* sp.）
Streptokordin	细胞毒活性	链霉菌属（*Streptomyces* sp.）
Tartrolon D	细胞毒活性	链霉菌属（*Streptomyces* sp.）
Tirandamycins	抗细菌	链霉菌属（*Streptomyces* sp.）
Violacein	抗原虫	假单胞菌属（*Pseudomonas* sp.）

2.1.2.1　链霉菌

1）链霉菌的形态特征和分类地位

链霉菌属（*Streptomyces*）属于放线菌门，放线菌纲，放线菌目，链霉菌科，是放线菌门中最高等的一种微生物群落，为革兰氏阳性菌，菌丝纤细，无隔，多核，分枝，菌丝体发达，分化成基内菌丝和气生菌丝，后者成熟后发育成孢子丝，其形态多样。链霉菌多数为腐生和好气性异养菌。由于其能产生大量的孢子，故有较强的抗干燥能力。

2）链霉菌的代谢活性

放线菌源的抗生素占整个抗生素的63%，其中链霉菌产生的占52%。放线菌门种能产生代谢活性物质绝大多数均为链霉菌。统计发现，目前应用于临床上的抗生素 2/3 都来自于链霉菌。链霉菌能代谢产生生物碱、蒽醌、内酯等新型化合物，可以抗菌、抗肿瘤、抗病毒，免疫抑制，在医疗、畜牧等领域发挥重要作用。研究表明，从海洋中分离的链霉菌中 50% 都具有抗菌活性。近年来发现的新型化合物中，生物碱占绝大部分。[6-7] 星型孢菌素是一种从海洋链霉菌中提取的吲哚咔唑类生物碱，具有舒张平滑肌，抑制蛋白激酶，抗血小板聚集，抗肿瘤等众多生物学活性。聚酮类化合物也是链霉菌的重要代谢产物之一。

2.1.2.2　小单胞菌

1）小单胞菌的形态特征与分类地位

小单胞菌属（*Micromonospora*）属于细菌域，放线菌门，放线菌纲，放线菌目，小单胞菌科，是小单胞菌科的典型菌属。迄今为止，小单胞菌科已有 27 个属。小单胞菌属为革兰氏阳性菌，好氧，中温，不抗酸；基内菌丝发达，有分枝，一般不存在气丝；孢子单生，圆形或椭圆形，表面光滑，带刺或瘤状，着生在短孢子梗上，直径 1.0 μm，无鞭毛不游动；无孢子链和孢子囊，无枝菌酸。目前小单胞菌属已被发现 50 余种，部分菌种详细的培养和生理生化特性见表 2-3。

表 2-3　小单胞菌属 13 个种的培养与生理生化特性[8]

特征	1	2	3	4	5	6	7	8	9	10	11	12	13
菌落颜色（ISP2）Colony colour（ISP2）	米黄 Beige	淡橙 Light orange	深黄 Deep yellow	橄榄 Olive	黄 Yellow	ND	ND	ND	ND	橙 Orange	浅黄 Light yellow	深褐 Sepia	棕黑 Dark brown
（G+C）（%）	71	71.5	ND	ND	ND	75	ND	ND	70.2	71.6	70.9	ND	72
可溶色素 Soluble pigment	–	黄 Yellow	橄榄绿 Olive green	–	荧光黄 Fluorescent Yellow	酒红 Wine-red	–	淡黄 Light yellow	–	淡橙 Light orange	–	–	浅黄 Light yellow
明胶液化 Gelatin Liquefaction	+	+	W	+	+	+	+	ND	+	+	+	+	+
淀粉水解 Starch hydrolysis	+	+	+	+	+	+	ND	ND	+	–	+	+	+
硝酸盐还原 Nitrate reduction	–	+	+		+	–	–	ND	+	---		–	–
牛奶胨化 Peptonization	ND	+	+	ND	–	ND	ND	ND	ND	ND	ND	ND	+

特征	1	2	3	4	5	6	7	8	9	10	11	12	13
酪氨酸分解 Tyrosine breakdown	-	ND	-	+	-	+	ND	ND	-	-	-	-	+
NACl(%)	2	3	3	7	3	3	ND	ND	1	2	1	5	7
45℃	-	-	-	-	+	-	ND	ND	-	--	-	-	+

碳　源
Carbon
Source

碳源	1	2	3	4	5	6	7	8	9	10	11	12	13
D-甘露糖 D-Mannose	+	-	-	W	-	+	ND	ND	ND	+	+	+	+
L-鼠李糖 L-Rhamoose	+	-	-	-	-	+	-	+	+	-	-	+	-
D-棉子糖 D-Raffinose	-	-	+	+	-	-	+	+	+	+	+	-	+
甘油 glycerin	ND	-	-	ND	-	-	ND	ND	ND	ND	ND	-	W
水杨苷 Salicin	+	+	-	ND	ND	ND	ND	ND	+	ND	ND	-	-
乳糖 lactose	ND	+	-	+	+	+	ND	ND	-	ND	ND	-	-
L-阿拉伯糖 L-arabinose	+	+	-	+	+	+	+	ND	+	+	-	-	+
D-果糖 D-fructose	+	+	+	+	+	+	-	+	+	ND	ND	+	+
D-核糖 D-ribose	ND	+	+	-	+	-	ND	ND	+	ND	ND	+	-
蜜二糖 Melibiose	+	-	-	+	-	-	ND	ND	+	+	+	-	+
D-半乳糖 D-galactose	+	+	+	ND	+	W	ND	ND	-	+	+	ND	+
D-葡萄糖 D-glucose	+	+	ND	ND	+	+	ND	ND	+	-	+	+	+
D-木糖 D-xylose	+	+	+	+	+	+		+	+	ND	ND		+
纤维二糖 Cellobiose	+	-	W	ND	+	ND	ND	ND	+	-	+	-	ND

特征	1	2	3	4	5	6	7	8	9	10	11	12	13
蔗糖 sucrose	–	ND	+	+	+	+	–	+	–	–	+	ND	ND
黑色素和 H_2S	–	–	–	–	–	ND		ND	ND	ND	ND	+	ND
APIZYM 测试 **APIZYM test**													
脂酶(C14) Lipase(C14)	–	–	+		+	ND	–	–	+	+	+	ND	ND
脂酶(C4) Lipase(C4)	+	ND	ND	+	+	ND	–	+	+	+	+	ND	ND
亮氨酸氨基肽酶 Leucine amino- peptidase	–	–	+	+	+	+	+	+	+	+	+	ND	ND

注：+：阳性；–：阴性；W：较弱；ND：无数据参考。

2) 小单胞菌的代谢活性

相比于链霉菌，小单胞菌能代谢产生的抗生素数量较少，约为 740 种。但小单胞菌能代谢出其自身特有的抗生素，其中最受重视的是庆大霉素。早在 1963 年，绛红小单胞菌、棘孢小单胞菌以及棘孢小单胞菌铁锈亚种就被发现其次生代谢会产生庆大霉素化合物。[8]庆大霉素属于氨基糖苷类，是一类对革兰氏阴性菌和阳性菌均有效的广谱抗生素，主要用于细菌感染，尤其是革兰氏阴性菌感染的治疗。在此之后，各国科研人员便对小单胞菌的次生代谢产物开展了广泛研究，此后的研究发现，小单胞菌的代谢产物不仅包括氨基糖苷类，也包括大环内酯类、肽类、生物碱类等抗生素。天然化合物 Diazepinomicin 是一种从海洋小单胞菌中分离出来的新型生物碱性抗生素，它可以诱导细胞凋亡，对癌细胞有显著的抑制作用，现常被用来作为治疗癌症晚期用药。噻可拉林也是一种从海洋小单胞菌中分离出来的肽类抗生素，该化合物具有独特的作用机制，通过抑制 DNA 聚合酶 α，导致细胞周期阻滞和诱导细胞凋亡，具有很强的抑制肿瘤的作用。

2.1.3　蓝细菌门

蓝细菌又称为蓝藻或绿藻，因为其自身具有光合色素(叶绿素 a)，可以进行光合作用。但其与藻类最大的区别是没有真正的细胞核，因此被称为蓝细菌。绝大多数蓝细菌的营养方式为光合自养型。蓝细菌革兰氏染色阴性，且与细菌相似，细胞核没有核膜，细胞壁外层为脂多糖组成，内层由肽聚糖组成。蓝细菌没有鞭毛，但可以通过丝状体的旋转、逆转、弯曲进行运动。目前可知，蓝细菌有球状或杆状的单细胞和丝状两种形态。当很多蓝细菌聚集一起便会形成很大的群体，并会使水面变色，在一些营养丰富的水体中，蓝细菌会大量繁殖，导致水面变色并形成腥臭物质，这便是"水华"。常见的蓝细菌有 4 种，分别为微囊蓝细菌（*Microcystis*）、鱼腥蓝细菌（*Anabaena* sp.）、单岐蓝细菌（*Thiothrix*）和颤蓝细菌（*Oscillatoria*）。

蓝细菌的分布受到温度、光照、盐度等众多环境因素的影响，在海洋中的分布呈现一定规律。从水平分布上看，近海海域的蓝细菌密度远高于外部海域；从垂直分布上看，明显呈现从表层至底层逐渐下降的趋势。

2.1.3.1　蓝细菌的固氮作用

氮是陆地和水生生物群落有机体生长的重要限制因子，可靠的氮源对于海洋环境中 CO_2 的平衡起到重要作用。所谓固氮，就是微生物在固氮酶作用下将 N_2 催化还原为 NH_4^+ 的过程。海洋生物固氮作为海洋氮循环中的重要一环，可以为海洋补充结合态的氮源，调控着海洋的初级生产力，并对海洋中碳循环有重要影响。

蓝细菌是海洋中最重要的固氮微生物。蓝细菌的种类有 1 000 多种，其中可以进行生物固氮的有 20 多种，根据固氮特点和生活习性可以将其分为 3 个类群：①纤维状异形胞蓝细菌，通常与单细胞真核海藻形成共生体；②纤维状非异形胞蓝细菌，典型代表为束毛藻；③单细胞固氮蓝细菌，典型代表为鱼腥藻。

其中，束毛藻（*Trichodesmium*）是海洋固氮蓝细菌中数量最多，固氮量最大的类群。束毛藻，呈丝状，有时会以单个藻丝存在，但多数时间会聚集在一起，形成肉眼可见的束状群体。束毛藻能将空气中的氮转化为化合态的氮，为自身提供营养。[9]除此之外，像其他固氮生物一样，束毛藻也可以利用自身产生的化合态的氮，如 NH_4^+、NO_3^- 等。[10]束毛藻的氮代谢是通过谷氨酸合成酶和谷氨酸酯合酶实现的，其代谢产物为谷氨酸和谷氨酰胺。谷氨酸和谷氨酰胺的比值达到最大时，束毛藻的固氮速率最高。除了束毛藻之外，一些其他的蓝细菌也可以固氮，但能力相比于束毛藻较差。目前其他类型的蓝细菌固氮仍在进一步研究，具有潜在的重要科学意义。

2.1.3.2　蓝细菌的初级生产力

蓝细菌是海洋浮游生物总生物量和总初级生产力的重要贡献者，尤其是在寡营养的大西洋和太平洋，蓝细菌更被认为是浮游植物初级生产力的主要贡献者。传统的观念认为，海洋中能量流动是从浮游植物到微型浮游动物，再到小型浮游动物，再到鱼等。随着对海洋微生物的不断认知，科学家们又发现了两条微生物环：一条是异养细菌通过海洋中的溶解有机物进行自身生长，再被浮游植物摄食；另一条就是蓝细菌通过光合作用自我生长，再被浮游动物摄食，进入传统的食物网。这两条微生物环被称为微生物网。其中蓝细菌的微生物环在海洋中分布广泛，生物量循环迅速，能量转化效率较高，是重要的初级生产力。

2.2　海洋真菌

海洋真菌主要包括海洋酵母和丝状海洋真菌。海洋酵母是单细胞型的，如短梗霉属(*Aureobasidium* sp.)，在生长过程中，可形成带有隔膜的菌丝体细胞；丝状海洋真菌(又称海洋霉菌)是多细胞型的，以丝状或菌丝体状形式存在，有可见的子实体。海洋酵母通常呈球形或卵球形，一般以芽殖为主，有的能产生子囊孢子；个体大小为(1.25~5.2 μm)×(2.5~15 μm)；生长适温通常为12℃左右，最低可达2℃。丝状海洋真菌在营养基质上能形成绒毛状、蜘蛛网状或絮状的菌丝体，其中既有产生无性孢子进行繁殖的，也有产生能运动的有性配子进行有性生殖的。

几乎所有真菌都可在低于海水中氯化钠浓度的条件下生长，因此耐盐性不能作为区分海洋真菌与陆地真菌的标志。由于真菌过去被认为是陆地生物，因此对海洋栖息地中真菌的相关研究相对较少。截至 2015 年 8 月，WROMS(World Register of Marine Species，http：//www.marinespecies.org/)统计的海洋真菌共计 1 356 种，相对于已报道的近 10 万种真菌而言，海洋真菌数仅占 1% 左右。随着近年来对海洋微生物的日益重视，不断会有新的海洋真菌被分离和鉴定。据估计，在复杂的海洋环境中，海洋真菌数量超过 10 000 种。

海洋真菌广泛分布于海洋环境中，从潮间带高潮线或河口到深海，从浅海沙滩到深海沉积物中都有它们的踪迹。海洋真菌常常以寄生、共生或腐生的方式在海洋或与海洋相关的生态环境中生长，具有多样的生态分布特征。海洋酵母适应海洋中生长控制因素(如渗透压、静水压、温度、酸碱度或氧张力等)的能力较强，因此在海滨、大洋及深海沉积物中都能分离到它们，但其数量较细菌少，在近岸海域中仅为细菌的 1%。丝状海洋真菌的生长要求有适宜的基质作为栖生场所，因此多集中分布在沿岸海域的动植物(海绵、海鞘、珊瑚、海藻、海草、红树林等)、海洋漂浮木或海底沉积物中，它们在海洋中不如细菌和酵母常见。[11] 由于海洋真菌是营腐生或寄生生活，特别是许多海洋真菌有特定的寄主，因此其地理分布特点还取决于寄主的地理分布范围。另外，海水温度、海水中溶解氧浓度和可利用的营养源等也是影响海洋真菌生存与发展的重要因子。

2.2.1 海洋酵母

海洋酵母的发现要追溯到 1894 年，Fisher 从大西洋中分离到红色和白色的酵母菌，并将其分别命名为圆酵母属（*Torula* sp.）和生膜菌属（*Mycoderma* sp.）。随后，许多研究者从不同来源的物资中都分离到酵母，如海水、海洋沉积物、海草、鱼类、海鸟及海洋哺乳类。这些海洋酵母被分成两类：专性海洋酵母和兼性海洋酵母。专性海洋酵母是指迄今为止还未从任何非海洋环境中分离到的；兼性海洋酵母菌则被认为来源于陆地生境。目前发现的绝大多数海洋酵母均属于兼性海洋酵母。以前认为最主要的专性海洋酵母有梅奇酵母属（*Metschnikowia*）、克鲁维酵母属（*Kluyveromyces*）、红冬孢酵母属（*Rhodosporidium*）、念珠菌属（*Candida*）、隐球菌属（*Cryptococcus*）、红酵母属（*Rhodotorula*）和球拟酵母属（*Torulopsis*）等，然而许多类群又陆续在非海洋环境中分离得到。

海洋中的酵母菌类群分布受到地理、水文及生物因素的限制。一般而言，酵母种群随着与陆地距离的增加而减少，近岸环境通常是每升水几十个到几千个细胞，而低有机质的表层海水中每升水只含有 10 个细胞甚至更少。通常认为，海洋环境中普遍存在的酵母种群来源于陆地环境。例如，一些经常可以在海水中发现的酵母种类，在高度污染海域中数量最多，表明这些酵母很可能由陆源污染而来，被动地存在于海水中。在河口环境中，酵母细胞数量随着盐浓度的增加而减少，一些酵母种类在河口环境比开放的海域丰度更高。酵母菌丰度还与海水深度有关，通常随着海水深度的增加，酵母的丰度也越来越低。子囊菌门中的酵母，如假丝酵母属（*Candida*）、德巴利酵母属（*Debaryomyces*）、克鲁维酵母属（*Kluyveromyces*）、甲醇酵母属（*Pichia*）和酿酒酵母属（*Saccharomyces*）较普遍地分布在浅海中；而担子菌门的酵母则在深水中最为普遍，如红酵母属在 11 000 m 的深度都有发现。

海洋沉积物中酵母的密度相对较高（可高达 2 000 个活菌/g），大部分位于底泥上层几十毫米处，而且酵母菌在粉砂质泥浆的数量比砂质沉积物中更为丰富。附生在植物上的酵母菌多分布在绿藻和红藻上，浮游植物和衰老的海草上也分离到酵母菌，但是酵母菌和海藻及海草之间是否存在特殊的联系还不清楚。

由于海洋酵母含有丰富的蛋白质、脂质和维生素，常被用于开发水产养殖饵料，如用作活幼虫的替代品和用作有益微生物。另外，利用酵母能够发酵糖类的特性，在食品工业中可用于生产乙醇，在酿造、蒸馏和烘烤工艺中也非常重要。由于酵母还具有产生水解酶、高效能的分解底物、生长周期短、培养基经济等特点，可以利用其高效经济地生产各种产品。此外，酵母的一些胞外代谢产物，如脂肪、支链淀粉和酶类均具有重要的商业价值。表2-4是在工业和生物技术中具有潜在应用价值的海洋酵母。

表 2-4　在工业和生物技术中具有潜在应用价值的海洋酵母[12]

产物及应用	酵母种类
污染物降解，控制赤潮	假丝酵母属（Candida），红酵母属（Rhodotorula），球拟酵母属（Torulopsis），汉逊酵母属（Hanseniaspora），德巴利酵母属（Debaryomyces），毛孢子菌属（Trichosporon）
甘油激酶	汉氏德巴利氏酵母（Debaryomyces hansenii）
芳香多环烃的生物转化	帚状丝孢酵母（Trichosporon penicillatum）
在制药中用作膜表面活性剂	假丝酵母菌（Candida bombicola）
将对虾壳废物转化成微生物蛋白量	假丝酵母属的种类
将可以调节发酵产物酸度的有机酸、氨基酸及脂肪水解和蛋白水解活性用于调试香味	汉氏德巴利氏酵母
超氧化物歧化酶的抗炎活性	汉氏德巴利氏酵母
超氧化物歧化酶	啤酒酵母（Saccharomyces cerevisiae）
快速微生物传感器测量生物可降解物质	Arxula adeninivorans
葡糖淀粉酶；甘油相容性溶质	木兰假丝酵母（Candida magnoliae）
废物转化降解	产朊假丝酵母（Candida utilis）
碳氢化合物降解	解脂耶氏酵母（Yarrowia lipolytica）
在肉类发酵过程中发挥脯氨酰基氨肽酶（PAP）的作用	汉氏德巴利氏酵母
胡萝卜素用于食物着色	胶红酵母（Rhodotorula mucilaginosa），Arxula adeninivorans
活细胞生物降解 2，4，6-三硝基甲苯（TNT）海洋环境污染物	解脂耶氏酵母
α-葡糖苷酶加速同化吸收 β-呋喃果糖苷和 α-吡喃葡糖苷	Leucosporidium antarcticum
免疫刺激剂	Fenneropenaeus indicus
有益微生物提高香肠发酵的质量	汉氏德巴利氏酵母
蛋白酶	Aureobasidium pullulans
菊粉酶	金黄色隐球酵母（Cryptococcus aureus）
减少由互隔交链孢霉引起的番茄采后腐烂病害	海洋拮抗酵母（Rhodosporidium paludigenum）

产物及应用	酵母种类
银纳米粒子：生物乙醇生产	白色念珠菌，热带假丝酵母（*Candida tropicalis*），汉氏德巴利氏酵母，地丝菌属酵母（*Geotrichum sp.*），*Pichia capsulata*，*Pichia fermentans. Pichia salicaria*，小红酵母（*Rhodotorula minuta*），*Cryptococcus dimennae* 和解脂耶氏酵母

2.2.2　丝状海洋真菌

丝状海洋真菌的发现要追溯到 1864 年首先从海草中分离到一种子囊菌——波喜荡球壳菌（*Sphaeria posidonia*）。在此后的 80 年中，对海洋真菌的研究进展缓慢。1944 年，Barghoorn 和 Linder 报道了 25 种栖生于木头上的海洋真菌并详细地描述了其形态，在此之后，才极大引起菌物学家研究海洋真菌的兴趣。木生海洋真菌是数量最多、分布最广的丝状海洋真菌，多数木生真菌都是子囊菌，以漂流木和红树林为主要附着基质，能较快分解木材和其他纤维物质，在热带海域分布较温带和极地广泛，浅海分布较深海广泛。

海藻也是丝状海洋真菌的主要附着基质之一。近年来，在中国的潮间带地区报道了多个从红藻、褐藻和绿藻上分离到的丝状真菌的中国新纪录种，这对认识海洋真菌在潮间带海藻生命周期中所发挥的作用具有重要意义。

此外，研究还发现，盐沼植物和热带红树林中的丝状海洋真菌特别丰富，这些种类将有可能成为新的酶和药物的潜在来源。其他一些丝状海洋真菌的栖息地包括河口淤泥、海洋沉积物、珊瑚和沙子的表面及动物的肠道。

丝状海洋真菌对于木质的降解非常重要，尤其在某些低氧的环境中，如河口淤泥和红树林，而细菌基本上都没有降解木质纤维素的活性。丝状海洋真菌能够降解顺流而下的植物碎屑、红树林树根或树干，但它们同样也可对桥墩和木桩造成损害。目前，人们已经查明部分丝状海洋真菌中能降解纤维素、半纤维素和木质素的酶。从地中海木材基质中分离的大多数海洋真菌都能在以烃类化合物为唯一碳源的培养基上生长，此海洋真菌这种对复杂基质的利用能力在对酯类污染物的生物修复中具有潜在的开发价值。此外，研究还发现分离自不同地点的漂浮木及沉在水里的腐木上的同种海洋真菌 *Corollospora maritima* 对酯类化合物的降解能力有所不同，表明真菌在海洋栖息环境中会产生不同的适应性，海洋真菌可能采用独特的代谢方式来适应栖息环境的盐度条件，因此丝状海洋真菌所产生的各种各样的生物活性物质，如抗生素、抗肿瘤活性物质、不饱和脂肪酸、酶类等，很多是在土壤真菌中难以找到的，具有重要的开发价值。

海洋地衣通常生活于潮间带的岩石表面。地衣是丝状海洋真菌和藻类或蓝细菌之间建立的一种亲密的互惠共生关系产物。丝状海洋真菌产生的菌丝体结构围裹光合作用细胞，使地衣能够牢固地结合在岩石表面，也能产生相容的溶质帮助其获取水分和无机营养物，并从光合作用的藻类那里得到有机物。丝状海洋真菌也可以通过形成菌根与盐沼植物形成共生关系。

2.3　海洋病毒

海洋病毒是海洋环境中一类土著性、超显微、仅含有一种核酸类型（DNA 或 RNA）、专性细胞内寄生（或游离存在）的非细胞结构的微生物。它们在活细胞外具有一般化学大分子的特征，进入宿主细胞后便具有生命特征。自从首次发现海洋病毒后，人们又通过透射电镜对海洋病毒的结构进行了详细的观察。然而此后并没有新的进展，直到 35 年后，人们才发现病毒广泛存在于海洋生物及海洋环境中，其丰度远远高于海洋细菌。

海洋病毒的大小多介于 20~200 nm 之间，是海洋生态系统中个体最小的微生物。病毒颗粒由核酸（DNA 或 RNA）及包在其外部的蛋白质衣壳构成，不能独立生长和代谢，只能通过控制其宿主的生物合成机制来进行自我复制。病毒也是海洋生态系统中丰度最高的成员，据估计海洋中病毒的总量大约为 10^{31} 个，每毫升海水中双链 DNA 病毒的数量为 10^6~10^7 个。在最近 20 多年中，人们才认识到在海洋生态系统和生物圈循环中病毒的丰富程度和重要性，到 20 世纪 90 年代海洋病毒已发展成为海洋微生物学中最有前景的分支学科之一。表 2-5 列出了一些有代表性的海洋病毒类群及其宿主。

表 2-5　海洋病毒类群及其宿主[13]

病毒类群	形态	大小/nm	宿主
双链 DNA 病毒			
杆状病毒科（Baculoviridae）	有包膜杆状，有的有尾	（200~450）×（100~400）	甲壳动物
覆盖噬菌体科（Corticoviridae），复层噬菌体科（Tectiviridae）	二十面体，有刺突	60~75	细菌
疱疹病毒科（Herpesviridae）	多形，二十面体，有包膜	150~200	软体动物，鱼类，珊瑚，哺乳动物，龟类

病毒类群	形态	大小/nm	宿主
虹彩病毒科(Iridoviridae)	球形,二十面体	190~200	软体动物,鱼类
脂毛噬菌体科(Lipothrixviridae)	粗杆状,有脂外壳	40×400	古菌
拟菌病毒科(Mimiviridae)	二十面体,有微管类突起	650	原生生物、珊瑚,海绵
肌尾噬菌体科(Myoviridae)	多角形头部(二十面体),有可伸缩尾(螺旋状)	50~110(头部)	细菌
线头病毒科(Nimaviridae)	有包膜,卵圆形,有尾状附器	120×275	甲壳动物
乳多空病毒科(Papovaviridae)	球形,二十面体	40~50	软体动物
藻类 DNA 病毒科(Phycodnaviridae)	二十面体	130~200	藻类
短尾噬菌体科(Podoviridae),长尾噬菌体科(Siphoviridae)	二十面体,有不可伸缩尾	60(头部)	细菌
单链 DNA 病毒			
微小噬菌体科(Microviridae)	二十面体,有刺突	25~27	细菌
细小病毒科(Parvoviridae)	球形,二十面体	20	甲壳动物
双链 RNA 病毒			
双 RNA 病毒科(Birnaviridae)	球形,三十面体	60	软体动物,鱼类
囊病毒科(Cystoviridae)	二十面体,有脂外壳	60~75	细菌
呼肠孤病毒科(Reoviridae)	二十面体,有刺突	50~80	甲壳动物,软体动物,鱼类,原生动物
整体病毒科(Totiviridae)	球形,二十面体	30~45	原生动物
正链 RNA 病毒			
嵌环样(杯状)病毒科(Caliciviridae)	球形,二十面体	35~40	鱼类,哺乳动物
冠状病毒科(Coronaviridae)	棒状,有刺突	200×42	甲壳动物,鱼类,海鸟
双顺反子病毒科(Dicistroviridae)	球形,二十面体	30	甲壳动物
光滑噬菌体科(Leviviridae)	球形,二十面体	26	细菌
海洋 RNA 病毒科(Marnaviridae)	球形,二十面体	25	藻类
野田村病毒科(Nodaviridae)	球形,二十面体	30	甲壳动物,鱼类
小 RNA 病毒科(Picornaviridae)	球形,二十面体	27~30	藻类,甲壳动物,破囊壶菌,其他原生动物,哺乳动物
披膜病毒科(Togaviridae)	球形,有外边缘	66	鱼类

续表2-5

病毒类群	形态	大小/nm	宿主
负链 RNA 病毒			
布尼亚病毒科(Bunyaviridae)	球形,有包膜	80~120	甲壳动物
正黏病毒科(Orthomyxoviridae)	球形,有刺笼	80~120	鱼类,哺乳动物,海鸟
副黏病毒科(Paramyxoviridae)	多种多样,多数有包丝状	(60~300)× 1000	哺乳动物
弹状病毒科(Rhabdoviridae)	子弹状,有突起	(45~100)× (100~430)	鱼类

几乎所有类型的原核生物和真核生物都能被海洋病毒感染。据估计,被病毒侵染致死的海洋生物占总海洋生物的5%~40%。

病毒性传染病给世界水产养殖业造成了巨大的危害和严重的损失,成为水产养殖业发展中亟待解决的一大难题。已发现的贝类病毒有20余种,从其他一些无脊椎动物体内也发现了病毒,包括九孔鲍(*Haliotis diversicolor supertexta*)病原之一的球形病毒(Globuloviridae);牡蛎(*Ostrea gigas thunberg*)的面盘病毒(*Oyster velar virus*)以及呼肠孤病毒(*Reovirus*);三角帆蚌(*Hyriopsis cumingii*)瘟病病原嵌砂样病毒(*Hyriopsis cumingii Plague Virus*,HcPV);海湾扇贝(*Argopecten irradians*)的疱疹病毒(*Herpes virus*)、中华绒螯蟹(*Eriocheir sinensis*)呼肠孤病毒(REO-Ⅰ和RED-Ⅱ型);栉孔扇贝(*Chlamys farreri*)的急性病毒性坏死症(AVND)病毒等。除从中国对虾中发现的病毒WSSV外,还有中国对虾杆状病毒(*Penaeus chinesis baculovirus*,PCBV),血细胞感染的非包涵体杆状病毒(*Hemoeyte-infecting nonoccluded baculovirus*,HB),类淋巴器官细小样病毒(*Lymph oidal parvo-like viurs*,LOPV);中国对虾细小样病毒(*Penaeus chineses parvo-like virus*,PCPV)、肝胰腺细小(样)病毒(*Hepatopancreatic parvo virus disease*,HPVD)、肝胰腺坏死病毒、肝胰腺上皮细胞质中杆状病毒、卵细胞一种杆状病毒和一种球形病毒、呼肠孤病毒W型(REO-W)、囊膜状病毒科C亚群病毒、C亚群杆状病毒及淋巴组织培养中发现的病毒等。发现的鱼病毒包括欧鳗狂游症圆形病毒、真鲷球形病毒、杆状病毒、牙鲆淋巴囊肿病病毒、条斑星蝶的病毒性神经坏死症(VNN)、云纹石斑鱼淋巴囊肿病毒、青鱼和草鱼出血症病毒、草鱼呼肠孤轮状病毒、传染性胰脏坏死病病毒、传染性造血器官坏死病病毒(IHNV)、鲤痘症病毒(引进鲤痘疮病)、台湾石斑鱼彩虹病毒、红鳍东方鲀弹形病毒。

另外,病毒在海洋生态系统中的重要地位日益得到重视。大量研究表明,病毒对微食物环中的各主要角色均有不同程度的影响，它使得微食物环中的物质流向更复杂，具有重要的生态学意义。病毒导致微生物死亡，从而直接影响生态环境的功能改变，这主要表现在，微生物的裂解使有机碳和其他营养物质重新流回环境中，其中包括大量碳、氮、磷等含量丰富的核酸与蛋白质等，这种重定向被称为病毒回路。海洋中通过病毒回路进行碳循环可以达到 25%，病毒回路导致环境中的营养物质不能直接被高等生物有效利用，但是能够被大部分的异氧细菌利用，并释放出能够被浮游植物快速吸收的营养物质，从而影响微食物网过程，促进碳、氮等元素在微生物间循环。而光合作用所固定的碳有 6%~26% 经过"病毒回路"作用回流到海洋溶解有机物库，海洋有机物库中的碳量与大气的碳量相当，可见海洋病毒对全球碳循环的影响之大。另外，细胞的营养物质通过病毒的作用转变成一系列的溶解有机物质(如单体、寡聚体和多聚体、胶体物质和细胞碎片等)，间接改变了海洋生态系统中溶解有机物质的相对分布，并可能间接地影响了微生物种群的生长；避免死亡的微生物以颗粒的形式直接沉降到海底；病毒回路还利于保存真光层中一些限制性营养盐(如氮、磷、铁等)，这对于真核生物尤为重要。除此之外，病毒还影响着海洋生态系统中颗粒物的分布和沉降以及通过促进二甲基硫的生成影响全球气候变化。

2.4　深海和极地海洋微生物

在过去的几十年中，随着研究手段的进步，对微生物生存环境极限的认识不断突破。在一些原先认为不可能有生命存在的区域都发现了微生物，比如深海热液喷口、深海冷泉、深海玄武岩层以及被冰雪覆盖了几千年的南极淡水湖等。微生物通过改变自身的细胞结构和代谢途径等来适应这些极端环境。目前认为对这些极端环境微生物而言，除了液态水的限制以外，其他理化条件均不会对微生物的生存构成限制(表 2-6)。这些包括能在高温、低温、高酸、高碱、高盐、高压、高辐射、太空等异常环境中生存的微生物，如嗜热菌(thermophile)、嗜冷菌(psychrophile)、嗜碱菌(alkaliphile)、嗜酸菌(acidophile)、嗜盐菌(halophile)、嗜压菌(piezophile)等，统称为极端微生物。而海洋环境复杂多变，存在着大量已知和未知的极端环境，对这些环境中微生物的研究，一方面有助于推进对生命本质的认识，另一方面也可以为开发极端微生物酶资源，解决工业生产中的苛刻条件与酶蛋白有限稳定性之间的矛盾。

表 2-6　目前已知的微生物生存极限条件[14]

环境参数	极限范围	备注
最低温	约-15℃	受限于液态水的存在及细胞内盐溶液的状态
最高温	122℃	受限于液态水的存在及蛋白质稳定性
最大压力	1 100 个标准大气压	
光照	约 0.01 μmol/m² (互接光照的 1/5×10⁻⁶)	冰层下的微藻及深海环境
pH	0~12.5	
盐度	饱和 NaCl 溶液	饱和度受到温度影响
水活度	0.6	酵母和霉菌
	0.8	细菌
UV	≥1 000 J/m²	耐辐射球菌
放射线	50 Gy/h	耐辐射球菌在持续照射下短暂照射
	12 000 Gy	

2.4.1　深海微生物

2.4.1.1　深海环境的特征

　　海洋面积占到地球总面积的 71%，其中 95% 的海域深度超过 1 000 m。通常将大洋中深度大于 200 m 的区域定义为深海，那里是地球上最大的生物群落区。150年前，人们还认为 600 m 以下海洋是一片生命禁区。一直到"挑战者"号探险(1873—1876 年)之后这一观点才被破除，而这次探险也被认为是深海微生物学诞生的标志。此后不久，在 5 000 m 以上的深海中采集的海水和沉积物样品中发现了能耐受如此高压的细菌，且这种微生物以悬浮状态存活。20 世纪初，在不同地点和深度，采用灭菌密封玻璃瓶采集深海水样，发现了细菌的存在。由于受到观念和技术的限制，深海微生物学在这一段时间发展缓慢。第二次世界大战后深海微生物学获得了迅速的发展，ZoBell 发明了海洋微生物培养基 2216E，并应用于深海微生物的培养，这种培养基被奉为经典并沿用至今。另外，他还首先研究了静水压力对细菌活性的影响，参加了丹麦的 Galathea 号探险，拉开了深海微生物前沿性研究的序幕。

　　有人将深海比作沙漠，漆黑、荒凉、寡营养，而事实上，这里同样孕育着丰富多彩的生命形式，这里生物的能量来源几乎都是光合作用产生的有机物。除了偶尔会有死鱼(它们的沉降速率为 50~500 m/h，在降落到海底前不会被大量分解)等大块有机物，大部分有机物以小颗粒的形式到达海底，即所谓的"海洋雪"，主要包括一些难分解的分子、渣滓(排泄物)及浮游植物和浮游动物碎片。海洋雪的沉降速率很低,据估计只有 0.1~1 m/d。大约有 95% 的光合作用产物在真光层以上被分解,最终只有 1% 沉降到海底。Honj 通过估算得出,深海有机碳沉降率约为2.2 mg/(m^2·d),这一数值与通过氧消耗量估算的值一致。

除了寡营养之外,稳定且低温、洋流缓慢、富氧和高压也是深海的主要特征。深海多数区域的温度在 2~4℃(不包括热液喷口),这个温度利于嗜冷菌的生存。[15]深海的压力在 100 个标准大气压以上,所以深海生物必须能够耐受高压。另外,除了少数相对封闭的盆地(如黑海、卡里亚科盆地及挪威和加拿大附近的一些海峡),绝大部分的深海水体及表层海底沉积物中含氧量较高,其溶解氧通常比空气饱和状态高 50%,即 4 mg/L。显然这种现象与深海寡营养的环境和深海生物的低耗氧量有关。

2.4.1.2 热液喷口

深海热液喷口主要分布于洋中脊(如东太平洋海隆和大西洋中脊)和弧后盆地(如冲绳海槽)。与一般深海的低温不同,这个区域的海水温度普遍偏高,最高可达464℃。迄今为止发现的最深的热液喷口位于开曼海沟(Cayman Trough)水深 5 000 多米处。在这样高压和高温的环境下,海水以液态或者超临界流体的状态存在。

海水通过地壳中的裂缝渗入,并与下一面被加热的岩石相互作用,从而改变了海水和岩石的物理与化学特征。海洋地壳的可渗透性结构和热源的位置,决定了热液的环流型。当冷海水渗入海洋地壳时,沿着它的流动通道逐渐被加热,使镁从海水中进入岩石,在这个过程中产生酸,这将导致其他元素的滤出,把金属从岩石中转移到热液中,海水中的硫酸盐则由于沉淀或还原成硫化氢而被移走。当渗透液接近岩浆热源处时,岩石中发生大量的化学反应。压力下的液体可被加热到350℃以上,密度减小,并上升到海底表面。当它们上升时,液体由于减压而稍稍冷却,金属硫化物和其他化合物逐渐发生沉淀。热液作为含丰富矿物质的过热水柱注入海洋,最热的水柱一般是黑色的,这是由于金属硫化物及硫颗粒的含量非常高,当热水柱与冷海水混合时会产生沉淀,普遍含大量的铜、锌、铅、锰、镍、铁,还含汞、银和金等贵重金属。一些沉淀物形成烟雾状结构,被称为"黑烟囱"。与"黑烟囱"的物理化学性质不同,还存在一种热液系统称为"白烟囱"。"白烟囱"中喷出的流体温度较低,矿物质含量较少且多为钡、钙、硅等元素。

与一般深海生态系统低生物量和高生物多样性的特征相反,在深海热液生态环境中,生物量高但多样性相对较低。在这些温度高达 300~350℃的"烟囱"周围存活着长管虫、蠕虫、蛤类、贻贝类，还有蟹类、水母、藤壶等特殊的生物群落。海底热液流中的细菌多以悬浮状态存在，丰度为 $5×10^5 \sim 5×10^9$ 个细胞/mL。如此高的波动是由热液流和普通海水不均匀混合造成的，表面荧光显微镜观察已经证实了这一解释。热液流中细菌的丰度显著高于一般深海环境，比同一地点表层海水还要高 2~3 倍。有人将这样五彩缤纷、生机勃勃的海底生物世界称为海底"生命绿洲"。

在海底热液区附近分离的细菌通常是耐高温的，其生长速率可以利用同位素标记的腺嘌呤组装进 DNA 和 RNA 的速率进行观察。结果表明，在 90℃ 培养时，其生长速率最高，此时其有机碳生产率为 19 μg/(g·h)。在东太平洋海隆的一处深海热液口获得了甲烷球菌属（*Methanococcus*）的一个新种，定名为詹氏甲烷球菌（*M. jannaschii*）。这种能运动的不规则的厌氧球菌，其生存繁殖的最高温度为 86℃，代时为 26 min。在其细胞膜上含有大量甘油，而不是像大多数菌那样含有甘油脂肪酸。海底热液环境中的很多细菌具有硫还原能力。通过在培养基中添加硫，分离纯化获得了超过 265 种硫或硫酸盐还原菌，其中变形菌门的硫微螺菌属（*Thiomicrospira*）与硫杆菌属（*Thiobacillus*）是主要的类群。硫微螺菌属细菌主要是好氧菌或微好氧菌，其最适生长 pH 值为中性，而且对 H_2S 有高度耐受力，当 H_2S 浓度高达 2 nmol/L 时依然可以生长，代时为 1~25 h，这在专性化能自养菌中是相当短的。这些微生物通过对硫化物的分解代谢而为其他生物的生存提供了丰富的饵料。这种在深海黑暗和高温环境下，依靠地球内源能量支持，通过化合作用生产有机质的"黑暗食物链"的发现使人类对深海环境及生物圈有了更进一步的了解。

在对深海热液生态系统的研究中，中国科学家也做出了许多贡献。2005 年 12 月，中国科考船"大洋一号"在印度洋 2 430 m 深的大洋底部发现了一个巨大的"黑烟囱"堆积区，并获得了热液活动区的生物样本。

2.4.1.3 冷泉

冷泉即海底天然气渗漏的流体，流体主要富含硫化氢、甲烷和其他一些碳水化合物。冷泉虽然称为冷泉，但并不意味着其温度低于周围环境。相反，其温度通常比周围环境稍高。在热液生态系统发现后不久，1983 年在墨西哥湾和太平洋俯冲带发现了第二个化能自养绿洲——冷泉生态系统，后来在世界各个大洋中都有发现，包括大西洋、地中海、东太平洋、西太平洋及南极冰盖以下。迄今为止，已发现的最深冷泉位于水深 7 326 m 的日本海沟，但是冷泉主要的分布区还是水深 200~2 500 m 的大陆边缘，喷涌速率从每年几厘米到几米不等。在深层沉积物中发现的大量甲烷，是以水汽化合物的形式存在的，当静水压大于 60 MPa，温度低于 4℃，气体浸润海水形成水汽化合物。在蕴藏有稳定的水汽化合物的海床中，水汽化合物平均占了 1%~10%。据此推算，全球共蕴藏了 $1\ 000\times10^{11}$~$22\ 000\times10^{11}$t 的碳。

在碳氢化合物氧化的过程中，氧和硫是微生物最常用的电子受体。由于海底的氧很容易被耗尽，因此在冷泉深层沉积物中的主要功能类群(包括甲烷氧化菌、碳氢化合物降解菌和硫还原菌)都是厌氧的。由于培养条件的限制，还没有获得该类群古菌或细菌的实验室纯培养。在冷泉生态系统中，δ-变形菌纲的硫还原菌是细菌的主要类群。对于古菌来说，广古菌门的甲烷氧化菌、泉古菌门的 marine benthic group B 和 marine benthic group C 是主要类群。微生物参与的甲烷厌氧氧化是冷泉生态系统中的主要过程，也是全球范围甲烷产生的主要途径。反应式为 $CH_4+SO_4^{2-}\rightarrow HCO_3^-+HS^-+H_2O$。由于微生物的实验室培养存在困难，因此现在的研究主要通过分子生物学的方法。根据 16S rRNA 基因序列和生物标志物稳定同位素分析，甲烷厌氧氧化古菌被分为 7 个类群，并与硫还原细菌形成共生关系。与热液生态系统一样，冷泉生态系统维持了一个庞大而复杂的微生物群落，营养主要来自甲烷、碳氢化合物及硫化物。事实上，冷泉生态系统是海洋中已经发现的生物量最高的生态系统，微生物丰度高达 10^{12} 个细胞/cm^3。

冷泉生态系统，尤其是那些已经活跃了几万年的冷泉，微生物氧化碳氢化合物形成的碳酸盐沉淀在海底形成了一个硬质的壳。根据流速不同，深海冷泉造就了多种多样的深海地貌和微生物群落。流速大于 5 m/a 的流体经常伴随着气体沸腾、淤泥产生和海底表层扰动。由于缺乏电子受体，在表层以下十几毫米的微生物无法代谢甲烷和硫化物，与此不同的是，中流速冷泉中的微生物多样性较高，沉积物表层以下几百米也有微生物存在，流体中有大量硫化物作为电子受体，硫氧化细菌，如贝日阿托氏菌属(*Beggiatoa*)和硫珠菌属(*Thiomargarita*)可以用硝酸盐氧化硫并固定二氧化碳用于生长，这里的微生物具有极高的多样性，且各有不同的适应机制，使其可以充分利用不同浓度的硫化物、硝酸盐和氧；而低流速冷泉的主要类群是化能自养的双壳贝类和管状蠕虫，它们有一套独特的机制利用深层沉积物中的硫化物和碳氢化合物。

2.4.1.4　海底深部生物圈

目前为止，对海底深部生物圈还没有一个确切的定义，一般将表层沉积物以下、生命极限深度以上的区域统称为深部生物圈。人类对于深部生物圈的向往由来已久，但是直到深海沉积物采样工具取得巨大进步以后才得以实现。从深海钻探计划（DSDP，1968—1983 年），大洋钻探计划（ODP，1985—2003 年）再到综合大洋钻探计划（IODP，2003—2013 年）以及最近开始实施的国际大洋发现计划（IODP，2014—2024 年），人类逐渐揭开了深部生物圈的神秘面纱，这也是国际地球科学历时最长、规模最大和成绩最为突出的合作研究计划。

1982 年，在 150 m 深沉积物间隙的水中，分离得到了第一株具有活性的来自深部生物圈的细菌。但是大部分已发现的深部生物圈微生物都很难被培养。科学家使用了不同的培养方法和培养基试图去模拟深部生物圈的环境特征，如降低营养物浓度、添加无菌沉积物提取物、加入微粒、低温培养以及用高灵敏度放射性同位素检测仪器探测其隐性生长等。高压下培养微生物也进行了不少尝试，并取得了一些成果。Bale 从日本海 80~500 m 沉积物中分离得到了一株嗜压硫还原细菌——深渊脱硫弧菌（*Desulfovibrio profundus*），其可以在较广的温度范围生长（15~65℃）。Mikucki 在日本南部的南海海槽 250 m 深的沉积物中分离得到一株产甲烷古菌海底甲烷袋状菌（*Methanoculleus submarinus*）。从东热带太平洋和秘鲁大陆架 1~400 m 深的沉积物中，分离得到分属于 6 个不同分支的超过 100 株的微生物，其中丰度最高的为厚壁菌门（与芽孢杆菌相似度最高）和 α-变形菌纲（与根瘤菌相似度最高）细菌。

一直到 20 世纪 80 年代末，研究深部生物圈微生物的主要方法还只是吖啶橙染色直接计数法。为了排除外部污染的可能性，研究者采用了碳同位素示踪和放射性微珠等多种高灵敏度技术。科学家将来自世界各大洋的钻探样品中细菌和古菌丰度数据总结在一个数据库中，总体而言，微生物丰度从表层的 $1×10^9~5×10^9$ 个细胞/cm^3 到 1 000 m 深的 10^6 个细胞/cm^3，逐渐递减，海洋深部生物圈微生物生物量远高于其他生境，占地球总微生物生物量的 1/2~5/6，或者地球总生物量的 1/10~1/3。深部生物圈微生物的生理特征应反映深海硫或者甲烷梯度。然而，从世界各地 ODP 采集到的深部生物圈样品中，几乎没有分离到具有硫还原和甲烷生成能力的微生物，通过 16S rRNA 基因克隆文库也得到了相似的结果。这可能是由以下几个原因造成的：首先，它们的丰度可能很低以至于不足以形成可观察到的梯度；其次，这些过程可能是由一些还未发现的系统进化分支承担；此外，由于生物量极低造成了功能基因定量的偏差。

无论是表层还是在埋藏了 3 700 万年的沉积物，研究者都发现了微生物的踪影，那么微生物的生存有极限吗？由于深部生物圈的温度随着深度的增加而升高，深度每增加 1 km，温度升高 30~50℃，据此人们推测，温度可能是微生物生存仅有的限制因素，即在表层沉积物以下 2~4 km 就不存在微生物了。一些区域沉积物本来埋藏得很深，后来随地壳运动抬升，但其中没有发现有活的微生物，这一发现或许可以证明上述推测。另外，根据每个微生物细胞能获得的极低的能量推算，深埋微生物的代时可能从几年到几千年不等，这一庞大的但几乎不生长的微生物群体，挑战着我们对生命最低能量需求以及生物有机聚合体稳定性的认识。在厌氧条件下，海水与富含铁的火成岩反应产生氢，是化能异养型微生物理想的能量来源。尽管这种能量来源在洋中脊很重要，但是在古老寒冷的洋壳，与有机物降解产生的能量相比还是太少了。近年来，另外一种氢的来源越来越引起人们的重视，即自然放射物与水反应产生的氢，在海洋沉积物中广泛存在的 ^{40}K、^{232}Th 和 ^{238}U 可以辐射分解水生成氢、过氧化氢、氢自由基和其他高活性的产物，这些能量可以为需氧微生物提供少量氧气，并为所有厌氧和需氧微生物提供能量，然而只有当大部分有机能量耗尽以后，辐射分解产生的能量才会成为主要的能量来源。

在深部生物圈，由于能量的梯度变化，细胞从存活到死亡也是一个逐步渐变的过程，活跃生长的细胞先变成可以进行代谢但是不生长的状态，然后变成完整的但是不产生生物分子的状态，最后是死细胞。尽管宏基因组测序或者单细胞测序可以用来描述深部生物圈的微生物，但是要找到具有代谢活性的类群还需要其他技术。完整极性脂 (intact polar lipid，IPL) 是特定细菌和古菌的生物标志物，在微生物死后迅速分解，因此定量 IPL 被认为是解决上述问题的有效途径。rRNA 也是不稳定的，可以用来确定微生物细胞是否存活。具有完整核糖体的细胞可以通过荧光原位杂交技术 (fluorescence in situ hybridization，FISH) 计数，利用酶联荧光原位杂交技术 (catalyzed reporter deposition fluorescent in situ hybridization，CARD-FISH) 可以检测到低活性的沉积物细菌。CARD-FISH 计数结果显示，从秘鲁边缘深部生物圈采集的沉积物样品中，只有 10%~30% 的细胞是活的细菌，然而活的古菌更少。另外一项研究结合了 IPL、FISH 和 rRNA 基因分析却得到了相反的结果，深部生物圈中高达98% 的微生物为古菌。在深部生物圈中，到底是细菌占主要部分还是古菌占主要部分，迄今仍存在争论。

2.4.2　极地微生物

地球南北两极，具有独特的地理与气候环境特征。南极为一块被大洋环绕的孤立大陆，表面覆盖着的冰层一直延伸到海洋；北极则为一个覆盖海冰的大洋，四周被陆地围绕。酷寒、强辐射，是两极地区普遍的气候环境特征。而寡营养、高盐、高压、干燥等不同环境特征的存在，增加了极地生境的多样性。在极地海冰、海水、沉积物、冰雪、岩石、冻土、苔原、湖泊、冰芯等不同生境中，都已发现了微生物的存在。同时，极地还是目前世界上极少受到人类直接污染的原始地区之一。这些因素使得极地微生物及其基因资源不但具有独特的生物多样性，而且保持了其原始状态，生存在此的大量微生物新种属，可以对人们增加极地微生物系统发育组成特性与物种多样性的认识有所帮助。此外，对极地微生物的研究，还有助于我们在生命起源、进化及探索地外生命方面有所突破。[16]

2.4.2.1 海冰微生物

海冰环境在地球上分布广泛，季节性海冰在南北极的冷期覆盖了其大部分区域，构成了独特的生态系统，目前在南北半球高纬度地区分别有 $2.7 \times 10^7 \sim 3.6 \times 10^7$ km^2，与加拿大的国土面积相当。海冰环境主要包括两种类型的冰：一年冰，秋天形成夏天融化；多年冰，至少一年不融化。由于全球气候的变化，目前多年冰处于骤减的状态。多年冰面积的快速锐减通过影响大洋表面的温度、盐度和营养盐等因素，对极地微生物群落结构产生影响。同时海冰面积的快速递减，预示着到 2100年，多年冰有可能不复存在。这些变化又可以通过影响北极微生物的初级生产力和海洋生物的食物网来影响碳元素和其他物质的循环。

对海冰微生物多样性的研究可以追溯到 1893 年，据早期的北极多年冰报道，通过荧光原位杂交技术和 16S rRNA 克隆文库等技术方法研究，表明夏季多年冰的群落组成主要是 γ-变形菌纲（γ-Proteobacteria），其次是 α-变形菌纲（α-Proteobacteria）和拟杆菌门（Bacteroidetes），这与夏季采集的南极多年冰群落组成相似。影响海冰中微生物群落结构动态变化的因素目前还不是很清楚。海冰中大量的微生物生活在盐水通道中，该环境中的盐度可能超过海水的几倍。盐的浓度会随冰层深度的变化而变化，从暴露在寒冷大气中的表层向靠近海水的底层逐渐下降。微生物群落结构研究也表明海冰中的微生物具有季节变化，如有研究表明，加拿大北极地区的冬季海冰微生物群落组成与底层海水微生物群落结构相似，以 SAR11 类群及其他典型浮游细菌为主；而与此相反，南北极春夏海冰样品中微生物却以 γ-变形菌纲或拟杆菌门等可培养细菌为主，占到总菌数的 3%~50%。

2.4.2.2 冰川微生物

与冰冻层的其他地方相比，冰川（低温环境温度跨度为 $-56 \sim 10℃$、高压、低营养、低含水量和黑暗）对于微生物来说是极端的外界环境。南极地和北极地冰川覆盖面积为 15 861 766 km^2，9.61×10^{25} 细胞数的巨大微生物资源库被完好地保存在数千年的冰层中。冰上或者冰川下的生态系统在物理、水文和地球化学循环方面都是动态变化的。[17]

冰川中的微生物主要源自大陆土壤、海洋表面的气溶胶和火山灰。纬度上，冰川中微生物的丰度可以跨越 $10^2 \sim 10^6$ 的差距。南极微生物数量在纬度上的浮动与每年土壤在冰川上沉积的量成比例。微生物数量变化和土壤沉积量间的这种联系已经在我国西藏和格陵兰岛的冰川研究中被报道过。

研究冰川微生物多样性的方法存在很多限制，因为采样地点的选择较严格，最好在非污染冰川区域，主要是靠钻取深冰的核心区，而有限的样品仅含有少量的可培养微生物，且细菌 DNA 含量也比较低。冰川微生物多样性组成有放线菌、厚壁菌门、变形菌门、拟杆菌门、喜寒真核生物（包括真菌及酵母菌）、病毒和少量古菌。最近有报道显示，存在于冰川中的微生物有降解不同底物的能力。据报道，冰川中的细菌存在光合基因；低温环境下，自养生存在某些情况下对细菌是必需的。另外一个重要的基因簇是有氧代谢相关基因，这对冰川中好氧和兼性好氧菌来说非常重要。在距今 750 000 年的格陵兰岛、南极和西藏冰川中，已经发现了大量的细菌、真菌及新菌。对分离纯化后的微生物研究发现，从生理和细胞特征方面看，某些细菌能够产生色素，而且能在寡营养低温环境中生存，同时具有特殊的细胞膜结构及能分泌低温冷冻保护聚合物等特征。最近大量研究者对冰川菌的抗冻蛋白尤为感兴趣，该蛋白质可以使菌体消除抑制生长的晶体，通过宏基因组分析，合成以上这些特殊物质的基因都已被发现。

2.4.2.3　潮间带沉积物微生物

潮间带微生物群落作为海岸带生态系统物质循环和能量流动的参与者，对近海地带营养盐的循环输送具有催化剂的作用。潮间带沉积物中的微生物作为沿海生态系统维持的主要驱动力，不仅参与调节了许多生物地球化学过程，而且在有机污染物的矿化过程中也发挥着重要的作用，因此具有较高的研究价值。

目前对极地潮间带微生物多样性研究还较少，主要集中在某些特殊类群微生物的多样性研究及具有特殊活性的低温菌的分离鉴定方面。[18]例如，对潮间带沉积物中多环芳香族碳氢化合物（PAH）降解细菌种群的多样性进行了研究，证明了多种 PAH 降解菌的存在，表明南极海域已经受到了人为的石油污染。对南极潮间带土著烷烃降解菌降解石油的能力进行了野外实地观测，用于了解在自然条件下南极生态系统对石油污染的耐受能力及自恢复能力。从潮间带沉积物中分离到 1 株具有特殊石油降解能力的新菌，该菌株为革兰氏阳性好氧菌，能够降解从 C11

到 C33 的正构烷烃,但无法降解芳香烃。对比格尔海峡(Beagle Channel)潮间带海水及底栖生物肠道内的可培养微生物多样性进行了研究,并对其中能够产生蛋白酶的菌株进行了鉴定,获得了多株具有较好蛋白酶分泌能力的菌株,分别属于假交替单胞菌属(*Pseudoalteromonas*)、假单胞菌属(*Pseudomonas*)、希瓦氏菌属(*Shewanella*)、交替单胞菌属(*Alteromonas*)、气单胞菌属(*Aeromonas*)和沙雷氏菌属(*Serratia*)等,并在其中的 8 个菌株中发现了质粒。

采用宏基因组文库方法,从北极潮间带沉积物中筛选到一个具有新结构的耐低温脂酶,该酶与已知脂酶同源性低于 30%。该酶最适反应温度为 35℃,且在 25℃ 以下不稳定。初步研究表明,该酶的耐低温机制可能是由于结构中含有较多的甲硫氨酸及甘氨酸残基,其结构中形成了最柔软的环状结构。

2.4.2.4 南大洋浮游微生物

通过洋流循环,全球各大海域的水体在进行缓慢的交换,这也导致了浮游微生物的交换以及极地海域的浮游微生物与世界其他海域具有类似的组成。例如,α-变形菌纲中的 SAR11 类群,在从赤道的温暖海水到高纬度的极地冷水中均为主要类群,其他主要类群包括 γ-变形菌纲(如 SAR86 类群)及拟杆菌门等。但极地海域微生物群落也具有自身的特点。例如,Galand 等的高通量测序结果显示,在北冰洋海水中存在着大量的稀有微生物,其中 1%~5% 数量最多的微生物总数量占到整个群落数量的一半以上,与此同时,86% 数量最少的微生物其总数只占到整个群落数量的 6%,而且微生物种类与采样的位置和海水深度关系密切。[19]

南大洋是目前地球上研究最少的海区,该区域通过独特的海洋动力学过程影响全球的海洋环流和海水分层体系,频繁的海冰冻融过程使寒冷、高盐的海水沉入海底,产生垂直方向上的温度、盐度、溶解氧梯度。尽管这一海域微生物数量占到总浮游生物量的 70%~75%,而且目前已经有了分子生物学方法的帮助,可以用高通量测序等技术揭示微生物群落的结构、空间分布和分类,但与热带、温带相比,由于采样方法和条件的限制,对南大洋微生物群落结构的了解仍然很少。在大多数区域,占主导地位的类群包括 α-变形菌纲(特别是 SAR11 分支),其次是蓝细菌、γ-变形杆菌、杆菌(如黄杆菌)等。通常情况下,这些微生物的分布受到环境因素的影响较大,例如,颗粒有机质相关黄杆菌(*Flavohacterium*)的分布与该区域海水中叶绿素 a 和营养物的分布呈正相关,与其他海域类似,南大洋的浮游微生物群落结构似乎与该区域海流、水体稳定性、周期变化间存在相关性。但目前对该海域垂直方向上微生物的分布规律、模式和极区环境之间关系的研究仍然较少，研究表明，在南大洋和北冰洋表层海水中只有 25%的浮游生物类群是相似的，沿岸区域的微生物群落差异更大，这可能是由于这些区域环境条件的较大差异造成的。在南大洋和北冰洋深层海水中常见的微生物类群间差异并不明显，这可能是由于深海海水流动较慢及与其他海区的联通和交换导致的。

第3章 海洋微生物生态环境与生物效应

3.1 海洋微生物的生态环境效应

海洋堪称世界上最庞大的恒化器，能承受巨大的冲击(如污染)而仍保持其生命力和生产力，微生物是其中不可缺少的活跃因素。自人类开发利用海洋以来，竞争性的捕捞和航海活动、大工业兴起带来的污染以及海洋养殖场的无限扩大，使海洋生态系统的动态平衡遭受严重破坏。海洋微生物以其敏感的适应能力和快速的繁殖速度在发生变化的新环境中迅速形成异常环境微生物区系，积极参与氧化还原活动，调整与促进新动态平衡的形成与发展。从暂时或局部的效果来看，其活动结果可能是利与弊兼有，但从长远或全局的效果来看，微生物的活动始终是海洋生态系统发展过程中最积极的一环。[1]

3.1.1 海洋微生物与海洋富营养化

海洋富营养化是指在人类活动的影响下，生物所需的氮、磷等大量营养物质通过湖泊、河口、海湾等缓流水体汇入海洋，引起藻类及其他浮游生物迅速繁殖、水体溶解氧量下降、水质恶化、鱼类及其他生物大量死亡的现象。根据《2019 年中国海洋生态环境状况公报》显示：2019 年，夏季呈富营养化状态的海域面积共 42 710 km^2，其中轻度、中度和重度富营养化海域面积分别为 18 110 km^2、11 520 km^2 和13 080 km^2。重度富营养化海域主要集中在辽东湾、长江口、杭州湾、珠江口等近岸海域。2011—2019 年，我国管辖海域富营养化面积总体呈下降趋势。

富营养化会影响水质，造成水体透明度降低，使阳光难以穿透水层，从而影响水中植物的光合作用，造成溶解氧过饱和状态。溶解氧过饱和以及水中溶解氧下降，均对水生动植物存在危害。此外，富营养化还可以引发赤潮，破坏水生生态系统平衡或使原有生态系统发生结构改变及功能退化。微生物是海洋中广泛存在的生物种类，对促进水环境中的物质循环，维持水环境的生态平衡具有重要作用。采用生物调控的方法，调控微生物与水环境其他生物之间关系，达到生态平衡，有效改善水环境，是目前研究的热点之一。

目前，国内外众多学者针对近海富营养化水体中污染物构成特点，应用选择性培养基，选育出了多种修复微生物，包括有机质降解菌、硝化细菌、光合细菌、氨氧化细菌、反硝化细菌。单独或联合使用这些菌剂，可以促进水体中有机污染物的降解和转化、残留饵料的分解，减少或消除氨氮和硝酸氮，提高溶解氧水平，有效改善水质。针对富营养化海域选育的有机质降解菌包括芽孢杆菌、假单胞菌、黄杆菌属、不动杆菌、微球菌、弧菌等，异养有机质降解菌可以有机物为碳源和能源，在本身产生系列酶的作用下，经过好氧或厌氧的生物化学过程和反应，被逐步降解，最后转化为无机元素，从而减轻富营养化海域有机质污染。对生物固氮过程起主导作用的是硝化细菌和反硝化细菌，目前已经发现的亚硝化和硝化菌株包括亚硝化单胞菌属（*Nitrosomonas* sp.）、亚硝化球菌属（*Nitrosococcus* sp.）、亚硝化螺菌属（*Nitrosospira* sp.）、亚硝化叶菌属（*Nitrosolobus* sp.）、亚硝化弧菌属（*Nitroso-vibrio* sp.）、硝化杆菌属（*Nitrobacter* sp.）、硝化刺菌属（*Nitrospina* sp.）、硝化球菌属（*Nitrococcus* sp.）、硝化螺菌属（*Nitrospira* sp.）等。[2]其主要原理是经硝化-反硝化处理，把水体中的氮变成无害的 N_2 排除体系。硝化作用由此两个连续而又不同的阶段所组成，即氨氧化为亚硝酸和亚硝酸氧化为硝酸。分别由氨氧化菌和亚硝酸氧化菌完成，其中，亚硝化菌将 NH_3 氧化成 NO_2^-；硝化杆菌将 NO_2^- 氧化成 NO_3^-。[3]针对富营养化海域选育的微生物能够提高溶解氧浓度、降低氨氮、消除硫化氢和有机物，从而达到有效改善水质的目的，在富营养化水体修复中具有良好的应用潜力。

3.1.2　海洋微生物与海洋升温

随着温室效应不断加剧，自 19 世纪末至今全球平均温度上升了约 0.8℃，近 25 年间正以每十年 0.2℃ 的速度增长，与此同时海洋温度也在不断升高。若 CO_2 浓度增高 2~3 倍，全球平均温度将会上升 5℃。在众多环境因子中，温度可以说是对微生物活动影响最为显著的因子。根据化学反应速率与温度关系的经验公式，温度每上升 10℃，化学反应速率上升 1~3 倍，然而由于生化反应活化能可随温度变化，这一公式并不完全适用于海洋微生物。

异养微生物相对光合自养微生物而言，温度对其代谢的影响更加显著。对气候变化效应的模型研究也多表明，初级生产力更多地受光照的影响而非直接受温度变化的影响，相反，异养代谢及呼吸作用则与温度变化息息相关。这是由于光合作用中的光反应与温度无关。然而，光合自养的微生物在进行光反应的同时也在进行着很多受温度变化影响的生化反应，因此也有研究指出海洋升温对于异养微生物和自养微生物代谢的影响很可能是无差异的。温度也会影响海洋细菌的生长速率。研究表明，与其他的环境因子(可溶性有机碳、叶绿素 a 和初级生产力等)相比，海洋环境中细菌的生物量与温度呈现出最强的相关性。"Eppley 曲线"中认为微生物的最大生长速率与温度呈指数关系，随着海洋温度的升高，海洋微型生物特别是浮游植物的增长会呈现指数增加的趋势。

海洋升温影响最为显著的地区当属北极地区，温度升高仅几摄氏度便会引发永冻层的融化，其中储藏的有机碳被释放出来而被矿化为 CO_2，同时大量的甲烷也被释放进入大气，这两种气体的释放可进一步加重温室效应。细菌在永久低温的北冰洋和南极洲罗斯海中的生长速率也低于更为温暖的亚北极太平洋和北大西洋。同时，升温对温带及热带海域微生物生长速率的影响并不如对寒带海域的影响那样显著。

由于温度升高可以增强微生物的代谢速率，一定程度的海洋升温可能会加速海洋微生物新物种的形成，进而使海洋微生物的物种多样性增加，然而这一假设是否成立还未得到证实。海洋升温对微生物生长代谢的影响是一个较为复杂及综合的议题，因为随着海洋升温的同时会产生一系列的间接效应，如海-陆-大气间水循环的改变，所以海洋升温对海洋微生物活动的影响这一议题仍然是目前相关领域的研究热点。

3.1.3　海洋微生物与海洋酸化

自然界大气中的 CO_2 资源几乎被平均地分配于海洋和陆地。在过去的 200 多年间，大气中的 CO_2 含量增加了 25%，这是工业革命后矿质燃料的燃烧及其他人为因素影响所致。海洋是全球最大的碳汇，CO_2 排放的增加在加剧温室效应的同时也引发了另外一个重要的环境问题——海洋酸化(ocean acidification，OA)。在过去的 200 年间，由人类活动产生的约 50% 的 CO_2 被海洋吸收，导致表层海水的平均 pH 值由 8.21 下降到了 8.10，与此同时海洋表层海水中的氢离子浓度增加了约 30%。预计到 2100 年，海水中的 H^+ 浓度会增加 3 倍，而表层海水的 pH 值会下降到 7.9，达到几百万年以来的最低点。

海洋酸化会直接威胁到利用 $CaCO_3$ 合成自身骨骼系统或外部贝壳生物的生存，其中包括珊瑚、甲壳动物及软体动物等。[4] 在 $CaCO_3$ 饱和度更低的极地海洋中，海洋酸化对这些生物带来的影响更加突出。有围隔模拟实验的研究表明，当海水中的 H^+ 浓度达到 21 世纪末的预计水平(与现在的水平相比上升 3 倍)时，赫氏圆石藻(*Emiliania huxleyi*)的钙化率呈显著下降趋势。但是，也有学者对海洋酸化的影响持有不同的观点，他们认为不同类群的生物对海水 pH 值及 CO_2 浓度变化的响应也不尽相同。海水 CO_2 浓度的提升能增强部分浮游植物光合作用及碳固定的速率，使某些钙化浮游生物从中受益。对北大西洋沉积物的研究结果显示，在过去的 220 年间，在 CO_2 水平不断上升的同时，球石藻的钙化率增加了约 40%；同时，对赫氏圆石藻纯培养实验也支持了这一观点：在高浓度的 CO_2 培养环境中，赫氏圆石藻的光合速率及钙化率提升了 100%~150%。

海洋酸化、CO_2 浓度的上升可以导致微生物摄入的 C/N 增加，而其胞内 C/N 维持不变，一个合理的解释是：海水 CO_2 水平提升所导致的光合作用所固定的额外的有机碳迅速地被微生物转化为胞外聚合物，参与"海洋雪"的形成，加速有机碳从表层海水到深海的运输。生产力的提升对海洋酸化及 CO_2 浓度的提升产生了一个负反馈效应，使溶解的高浓度 CO_2 可以被迅速地消耗和移除。在高浓度的 CO_2 中，束毛蓝细菌(*Trichodesmium*)的固氮率显著上升。因此有观点认为 CO_2 水平的提升能够提高寡营养海域中由于氮限制所导致的低生产力，同时也能提高寡营养海域生物泵中的碳通量。

CO_2 水平升高引起的化学效应，给海洋生态系统带来了巨大挑战，因此了解碳循环中的海洋运动过程十分重要。有科研学者建议施用铁肥来加速海洋光合植物和微生物的生长进而增加海洋对 CO_2 的吸收，使其从大气转入海洋中长期储存。还有人建议向深海中注入 CO_2。目前还不清楚这些措施会对物质循环、浮游植物和微食物环的群落结构以及碳输出过程产生什么样的影响，因而还不能确定用这些措施来解决问题是否可行或明智。

3.1.4　海洋微生物与海洋缺氧

溶解氧浓度是海洋生态系统中核心环境因子之一，随着其浓度的下降，能量代谢不断地从较高的营养级向微生物代谢转化，可引起海洋中固定氮的流失及温室效应气体(一氧化氮、甲烷等)的产生。通常水体中的含氧量低于 3 mg/L 称为低氧区，含氧量低于 2 mg/L 称为缺氧区。

随着全球气候变暖及海洋酸化，海洋生态系统的结构及食物网关系正经历着重大的改变。大洋海水最小含氧带(Oxygen Minimum Zone, OMZ)在这一变化中首当其冲。OMZ 是海洋水体的固有特征之一。在通气较差的水体中，当水体中溶解氧消耗的速率大于海气交换引入及光合作用产生的 O_2 的速率时，OMZ 就会产生，而全球环流可以为深层的水体带来新鲜及高含氧量的水体，这样一来 OMZ 就夹在两层富氧水体之间。一般定义的 OMZ 的界限为每千克水中溶氧量小于 20 μmol，根据这一标准，全球范围内有 1%~7% 的海洋水体属于 OMZ，约为 $1.02×10^8$ km²。海洋升温引发水体的温度分层现象可导致 O_2 溶解度及水体通气条件的下降进而可引发 OMZ 的扩大。在河口等咸淡水交接处，往往溶解氧浓度很低，也是常见的缺氧区。

随着溶解氧浓度的下降，洋底及远海生态系统中好氧生物的栖息地会缩减，使得该区域的群落组成及食物网结构不断变化，引发一些无法离开低氧环境的生物死亡或适应性下降。OMZ 的扩大也改变着一些具有重要生态学意义的气体的循环，如甲烷（CH_4）、氧化亚氮（N_2O）及二氧化碳（CO_2）。全球至少 1/3 的 N_2O 来自海洋环境，其中一大部分是由 OMZ 中微生物对亚硝酸盐（NO_2^-）及硝酸盐（NO_3^-）的代谢产生的。另外，OMZ 中微生物介导的氮流失占海洋固定态氮总移除量的一半以上。尽管 OMZ 抑制好氧呼吸生物的生长，但这些区域中微生物介导的营养物质循环相当活跃，同时可以产生众多具有重要气候效应的生源气体。

3.1.5　海洋微生物与海洋生物污损

海洋生物污损，是指海水中的微型污损生物（如污损细菌和真菌等）和大型污损生物（如海草和污损动物藤壶、苔藓虫等）附着聚积在被海水浸泡的基质表面，对人类生产活动和海洋生态环境带来不利影响的现象。[5]生物污损是船舶航运和海洋经济产业常见的一种自发性生物危害，其形成的过程大致分为以下四个阶段：①"基膜"的产生。研究表明，固体基材浸入水下 1 min 内，海水中的有机分子如多糖、蛋白、糖蛋白及一些无机化合物通过范德瓦耳斯、氢键和静电等相互作用力沉积在基体表面，构成"基膜"。②"生物膜"的形成。细菌、硅藻等微生物聚集在基膜上，通过胞外大分子物质与基膜结合，形成生物膜。③海洋孢子、原生动物及大型污损生物幼体的附着与群落演变。此阶段，生物的种类和个体数不断增多，群落演替现象明显，密度大、生长迅速的物种将成为污损群落中的优势种。④稳定期。个体大的优势种类充分生长，经优胜劣汰后，群落结构趋于稳定。由于海洋环境复杂，污损生物种类繁多，污损的形成与发展过程实际上还会随海水理化因子（盐度、pH 值）、有机物含量、光线强度和水动力条件等因素的变动而存在差异化。[6]

海洋微生物可在海洋污损生物附着过程中起到重要作用。目前已发现许多有防污活性的海洋微生物，其中以海洋真菌和海洋细菌为主。在海洋真菌方面，可以将海洋真菌抗污损的次级代谢产物分为脂肪酸、萜类、苯类、芳香醚、聚酮、生物碱和肽类 7 类。在脂肪酸方面，从海洋短梗霉（*Aureobasidium* sp. ）真菌的发酵液中分离得到了 2 个具有抗污损活性的化合物[（3R,5S)-3,5-dihydroxydecanoic acid]和含有特殊 4,6-二羟基癸酸残基的新型酯类化合物 aureobasidin。两种化合物对纹藤壶（*Balanus amphitrite*）金星幼虫附着均具有一定的抑制作用。在萜类方面，有研究发现中国南海龟甲锉海绵(*Xestospongia testudinaria*)的曲霉(*Aspergillus* sp.)真菌发酵液分泌的 5 个双七硼烷型倍半萜,其中有化合物在 25.0 μg/mL 下能够完全抑制纹藤壶金星幼虫的附着。[7]在苯类与芳香醚类方面,从海洋曲霉真菌 XS-20090066 的次级代谢产物中分离出的 6 个芳香醚类化合物,以纹藤壶金星幼虫为污损生物模型评估该类化合物及其 7 个合成衍生物的抗污损活性,所有化合物均表现出中等至强的抗污损活性。在聚酮类方面,来自一株海洋真菌 *Aspergillus* sp. 的 2 个蒽醌类化合物 Averufin 和 8-O-methy lnidurufin 以及来自红树林未知真菌 ZSUH-36 的氧杂蒽酮 6,8-di-O-methyl versiconol 对 *Balanus amphitrite* 金星幼虫也表现出较强至中等强度的抗污损活性。在海洋细菌方面,从丹麦沿岸不同地点 1 年分离到 110 株抗弧菌活性的菌株,结果发现在温暖季节的活性菌株多于寒冷季节,一些菌株分布广泛,一些菌株只存在特殊环境。选取 22 株不同来源菌株对假交替单胞菌(*Pseudoalteromonas* sp. Strain S91)和石莼(*Ulva lactuca* L.)孢子进行附着抑制实验,其中 7 株假交替单胞菌均表现出较强活性。[8]

3.2　海洋微生物的生物效应

3.2.1　海洋微生物的致病性

3.2.1.1　海洋微生物致病性的概念

微生物致病性指微生物引起感染的能力。一种病原体的致病性依赖于它的侵袭宿主并在体内繁殖和抵御宿主抵抗力而不被其消灭的能力。微生物致病性有种属特征,致病能力强弱的程度称为毒力。毒力常用半数致死量(LD_{50})或半数感染量(ID_{50})表示。感染性疾病的成立并非由微生物的毒力单方面决定,还要视宿主的健康情况与免疫功能状态。一般而言,毒力强的微生物感染未曾免疫过的机体,能引起病理损害出现显性感染等,而正常机体却能抵抗许多低毒微生物(如条件致病菌)的损害,但当宿主抵抗力降低时则可对这些微生物易感而致病。病原体的毒力与宿主抵抗力两者之间的较量,引出感染性疾病的发生、发展、转归和预后,由于病原体和宿主之间适应程度不同,双方抗衡的结局各异,产生各种不同的感染谱,即感染过程的不同表现。致病性是对特定宿主而言,有的只对人类有致病性,有的只对某些动物,有的则对人畜都有致病性。构成细菌毒力的物质是侵袭力和毒素,侵袭力包括黏附、定植和侵袭性物质等,毒素主要有内、外毒素,但最重要的还是致病性微生物的遗传特征。

3.2.1.2　细菌的致病机理与感染

病原菌克服机体防御、引起疾病的能力称为致病性。病原菌致病能力的强弱称为毒力。细菌的毒力分侵袭力和毒素。病原菌突破宿主防线，并能在宿主体内定居、繁殖、扩散的能力，称为侵袭力。细菌通过具有黏附能力的结构如菌毛黏附于宿主的消化道等黏膜上皮细胞的相应受体，于局部繁殖，积聚毒力或继续侵入机体内部。细菌的荚膜和微荚膜具有抗吞噬和体液杀菌物质能力，有助于病原菌在体内存活。细菌产生的侵袭性酶亦有助于病原菌的感染过程，如致病性葡萄球菌产生的血浆凝固酶有抗吞噬作用；链球菌产生的透明质酸酶、链激酶、链道酶等可协助细菌扩散。

来源于宿主体外的感染称为外源性感染。滥用抗生素导致菌群失调或某些因素致使机体免疫功能下降时，宿主体内的正常菌群可引起感染，称为内源性感染。病原体感染途径包括：①接触感染：某些病原体通过与宿主接触，侵入宿主完整的皮肤或正常黏膜引起感染；②创伤感染：某些病原体可通过损伤的皮肤黏膜进入体内引起感染；③消化道感染：宿主摄入被病菌污染的食物而感染。

病原菌侵入宿主后，由于受病原菌、宿主和环境三方面因素的影响，常表现为隐性感染、潜伏感染、带菌状态和显性感染。

隐性感染：如果宿主免疫力较强，病原菌数量少毒力弱，感染后对机体损害轻，不出现明显临床表现的称为隐性感染。

潜伏感染：如果宿主在与病原菌的相互作用过程中保持相对平衡，使病原菌潜伏在病灶内，一旦宿主抵抗力下降，病原菌大量繁殖就会致病。

带菌状态：如果病原菌与宿主双方都有一定的优势，但病原菌仅被限制于某一局部且无法大量繁殖，两者长期处于相持状态，就称带菌状态。

显性感染：如果宿主免疫力较弱，病原菌入侵数量多毒力强，使机体发生病理变化，出现临床表现的称为显性感染或传染病。按发病时间的长短可以把显性传染分为急性传染和慢性传染。按发病部位的不同，显性传染又分为局部感染和全身感染。

全身感染按其性质和严重性的不同，大体分为以下四种类型。

毒血症：病原菌限制在局部病灶，只有其所产的毒素进入全身血流而引起的全身性症状，称为毒血症。

菌血症：病原菌由局部的原发病灶侵入血流后传播至远处组织，但未在血流中繁殖的传染病，称为菌血症。

　　败血症：病原菌侵入血流，并在其中大量繁殖，造成宿主严重损伤和全身性中毒症状，称为败血症。

　　脓毒血症：一些化脓性细菌在引起宿主败血症的同时，又在其许多脏器中引起化脓性病灶，称为脓毒血症。

3.2.1.3 常见海洋病原细菌种类

1）弧菌

　　弧菌属细菌广泛分布于海水、河口水及沉积物中，人类、无脊椎动物及鱼类的许多疾病常由该属细菌引起，这类疾病统称为弧菌病。目前国内外公认的致病性弧菌大约有20种，而已被鉴定且承认的弧菌种类达到95种，真正的致病性弧菌仅占少数，大部分弧菌是有益的或者是无害的。比较常见的海洋生物致病弧菌包括鳗弧菌、病海鱼弧菌、哈氏弧菌、创伤弧菌、溶藻弧菌、牙鲆肠弧菌、黏丝弧菌等，所致疾病见表3-1。[9]

表 3-1　主要致病弧菌及其所致疾病[9]

致病菌	疾病	感染对象	主要症状	传播范围
鳗弧菌	弧菌病	对虾、鱼类	败血症	世界范围
创伤弧菌	弧菌病	鳗鲡、对虾、鱼类	体表发炎、出血	西班牙、亚洲
河流弧菌	体表溃烂病	尖吻鲈	体表溃烂	中国
溶藻弧菌	弧菌病	对虾、海水鱼类、棘皮类	体表溃烂、烂鳍	世界范围
副溶血弧菌	败血症	对虾、海水鱼类	体表发炎、充血	世界范围
最小弧菌	弧菌病	真鲷	体表发炎、充血	日本、中国
鲨鱼弧菌	弧菌病	海水鱼类	胃、肠发炎	世界范围
雀鲷弧菌	弧菌病	海水鱼类	体表发炎、充血	世界范围
病海鱼弧菌	弧菌病	海水鱼类	败血症	世界范围
杀鲑弧菌	败血症	鲑鱼	败血症	英国、挪威
杀对虾弧菌	弧菌病	对虾	体表发炎、充血	日本
鱼肠道弧菌	弧菌病	比目鱼	体表发炎、充血	日本

　　(1)弧菌对养殖鱼类的影响

　　多种弧菌均对鱼类健康产生影响，如鳗弧菌(*Vibrio anguillarum*)、哈氏弧菌(*V. harveyi*)、灿烂弧菌(*V. splendidus*)等。鳗弧菌可以侵染大多数海水鱼，是对海水养殖鱼类危害最大的弧菌，也是被研究和报道最多的弧菌。不同的鱼感染鳗弧菌有不同的临床表现，主要症状是以全身性出血为特征的败血症症状，早期体色发黑、平衡失调；随着病情的发展，鳍条充血发红，肛门红肿，有的病鱼体表出现出血性溃疡；病鱼肠道通常充血，肝脏肿大呈土黄色或出现血斑。自然感染鳗弧菌的养殖牙鲆最明显的症状是鳍部严重出血以及体表溃烂。感染的鲈鱼主要症状是厌食，体色变深，眼睛充血，腹部至尾部充血严重，尾鳍、背鳍溃烂。[10]

溶藻弧菌感染的宿主也十分广泛，是沿海地区食物中毒和腹泻的重要病原菌，同时它还能引起许多海水养殖品种的疾病。鲈鱼（*Lateolabrax japonicus*）、真鲷（*Pagrosomus major*）、点带石斑鱼（*Epinephelus coioides*）、黑鲷（*Acanthopagrus schlegelii*）、大菱鲆（*Scophthalmus maximus*）、牙鲆（*Paralichthys olivaceus*）等都可被感染。被溶藻弧菌感染的大黄鱼发病初期体色变深，行动迟缓，经常浮出水面，体表病灶充血发炎，胸鳍、腹鳍基部出血，眼球凸出、混浊，肛门红肿。随着疾病的发展，发病部位开始溃烂形成不同程度的溃疡斑，重者肌肉烂穿或吻部断裂，尾部烂掉。出现出血症状后一般 1~7 d 便死亡。

哈氏弧菌（*Vibrio harveyi*）是引起大黄鱼（*Pseudosciaena crocea*）弧菌病的病原菌之一。感染病鱼的主要症状为皮下出血，肛门发红，头颅两侧、尾鳍末端以及体侧出现红斑，并逐渐发生溃烂。解剖发现病鱼肝肾肿大，肠壁充血并有黄绿色黏液从肛门溢出。幼鱼和成鱼均会感染此病。

（2）弧菌对养殖虾类的影响

鳗弧菌是研究最早的病原弧菌，对虾感染了由鳗弧菌引发的弧菌病后，会严重影响对虾的食欲，导致对虾体型较小，生长缓慢，活动力降低；在外形特征上，感染了鳗弧菌引发的弧菌病后，对虾的头胸甲心位置呈现白色或橘红色。

溶藻弧菌感染虾类多发生在夏季，在水温 25~32℃容易流行，感染虾苗时可导致虾苗的幼体菌血病，虾类的部分红体病、白斑病也是溶藻弧菌引起的。感染了溶藻弧菌的虾会出现溃疡，烂鳃，外观完整，全身性变红，肠胃空，肝胰腺微肿但颜色正常，头胸甲易剥离的症状。

副溶血弧菌感染对虾的疾病较多，如红腿、黄鳃、断须、额剑等。感染副溶血弧菌的对虾出现全身泛白，并呈现一定的微红，肝胰脏肿大且整体质地较为松软，对虾精神萎靡且食欲不振。副溶血弧菌的致病机理为产生溶血毒素。溶血毒素具有直接溶血性，可使对虾多种细胞发生溶血。

（3）弧菌对养殖贝类的影响

溶藻弧菌是引起紫贻贝（*Mytilus edulis*）患病的病原菌之一。濒临死亡的贻贝体质普遍消瘦，打开贝壳仅见透明状外套膜在贝壳上，贝肉呈棕褐色，闭壳肌松弛，用力触动，收缩缓慢，足丝附着力差，稍有提动即会脱落。

在各类鲍病害中，最常见的细菌性疾病是以弧菌病为主的。河流弧菌（*Vibrio*

fluvialis)是鲍细菌性脓胞病的主要病原。河流弧菌可以引起皱纹盘鲍的脓胞病。研究证实副溶血弧菌可使九孔鲍的外套膜破裂，从而使鲍壳与外套膜的连接处变成褐色，严重情况下外套膜会在内脏角状体处破裂，从而使内脏裸露，肌肉变软腐烂，最后死亡。

除了鲍类，导致扇贝发病的主要细菌性病原体也是弧菌，其主要表现为扇贝面盘上细胞脱落，鞭毛分解，严重情况下会引发细胞解体。弧菌可导致海湾扇贝外套膜的收缩脱落并伴有肾肿胀，同时，弧菌也是海湾扇贝幼体面盘解体流行病病原菌。

(4)弧菌对养殖参类的影响

由于刺参养殖产业的过速发展和不规范运作，刺参养殖病害问题日趋突出，出现了多种明显病症和大规模死亡现象，给广大刺参养殖业者造成了惨重的经济损失。溶藻弧菌、灿烂弧菌可以导致刺参腐皮综合征、幼参口围肿胀症、烂胃病等多种病害的发生。假单胞菌、哈氏弧菌、假交替单胞菌等多种弧菌均可导致刺参腐皮综合征的发生。

刺参腐皮综合征发病个体的主要症状包括厌食、摇头、肿嘴、排脏、口肿溃烂、身体萎缩、体表大面积溃疡，2~3周内个别参池的死亡率达到80%。此病传染性强，波及面广，使区域的养殖刺参损失达30%左右。刺参口围肿胀症的主要症状为口围肿胀，体表溃烂，排脏，管足附着力下降，脱落沉至池底，死亡率较高。刺参烂胃病患病个体胃壁增厚、粗糙，进而萎缩变小、变形，严重时胃壁糜烂，甚至整个胃完全破碎，呈炸裂状。患病幼体摄食能力下降或不摄食，发育迟缓，形态大小不一，成活率降低，从耳状幼体到樽形幼体变态率低，严重时导致幼体大量死亡。

2)假单胞菌

(1)假单胞菌对养殖鱼类的影响

鳗败血假单胞菌(*Pseudomonas anguilliseptica*)可以引起鳗鲡(*Anguilla japonica*)败血症。病鱼体表各处点状出血，尤其以下颌、鳃盖、胸鳍基部及躯干腹部为严重。病鱼开始出现上述症状后，一般1~2 d内就会死亡。如果将这些病鱼放入容器内，鱼就激烈游动，在接触容器的部位急速出现血点，含血的黏液甚至可弄脏容器。剖开鱼腹部，可见腹膜点状出血；肝肿大，淤血严重，呈网状或斑纹状暗红色；肾脏也肿大软化，可见淤血或出血引起的暗红色斑纹；脾脏肿大，呈暗红色，也有的呈贫血、萎缩；肠壁充血，胃松弛。

变形假单胞菌(*Pseudomonas plecoglossicida*)可以造成养殖大黄鱼(*Larimichthys crocea*)内脏白点病的发生。[11]观察发病的网箱养殖大黄鱼，病鱼体表无明显症状，偶见溃疡、腹部肿胀,解剖有黄绿色腹水,脾脏、肾脏和肝脏可见明显白色肉芽肿组织结节,直径 1.0~2.0 mm。与正常大黄鱼相比,患病大黄鱼的内脏组织均出现明显病变症状:病鱼肝脏出现炎症反应,大量炎性细胞浸润,将病原菌团包围形成近圆形病灶部位,病灶附近可见大量空泡;脾脏组织被严重破坏,炎症细胞将病原菌与大量坏死细胞包围形成大小不等的结节,经苏木精-伊红染色为深紫色,髓窦内沉积大量含铁血黄素;肾脏病变严重,肾小球崩解,肾小管上皮细胞界限模糊、排列紊乱、失去原有结构,部分区域出现病原菌与坏死细胞混合形成的圆形结节。

(2)假单胞菌对养殖贝类的影响

马氏珠母贝(*Pinctada fucata martensii*)人工育苗过程中幼虫经常发生一种由假单胞菌引起的严重病害。主要症状为消化系统异常,消化盲囊由正常的均匀的淡黄绿色变为团块状的茶褐色,有的变为透明无色,胃内食物颗粒长时间不能被消化,并呈茶褐色,有的幼虫不进食呈空胃。停止充气,幼虫趋光性差,不集群,活力差,不久出现大量下沉。下沉池底幼虫症状为茶褐色或透明无色,面盘肿胀不收缩,纤毛脱落,死去的幼虫在高倍镜下可见细菌在壳内颤动。

此外,由于技术和经济等原因,部分贻贝产品在运输过程中仅采用冷藏手段保藏,产品极易发生腐败变质,由此引起重大经济损失,也给食品安全带来重大隐患。研究表明,假单胞菌属微生物是引起贻贝腐败的主要微生物。

(3)假单胞菌对养殖参类的影响

除灿烂弧菌(*Vibrio splendidus*)外,假交替单胞菌属(*Pseudoalteromonas*)也可以感染养殖刺参,发生刺参腐皮综合征。初期感染的病参有摇头现象,口部肿胀,触手黑浊,对外界刺激反应迟钝,不能收缩与闭合,继而大部分海参会出现排脏现象;中期感染的刺参身体萎缩、僵直,体色变暗,附着力下降;肉刺变白、秃钝,口腹部先出现小面积溃疡,形成蓝白色斑点;感染末期病参的病灶扩大、体壁溃疡处增多,表皮大面积腐烂,最后导致海参死亡,溶化为鼻涕状的胶体。分离后的菌株经生理生化的初步鉴定表明,菌株的特性具有极高的相似性,确定属同一种细菌,为假交替单胞菌属。[12]

3)爱德华氏菌

爱德华氏菌(*Edwardsiella*)主要为养殖鱼类的传染病原,由爱德华氏菌所引起的鱼类传染病,不仅具有流行面积广、发病率及死亡率高等特点,而且能引起多种鱼类感染发病,已引起水产养殖业的高度重视[13]。

迟缓爱德华氏菌可以感染鳗鲡等多种海水养殖鱼类。鳗鲡感染该菌后鳍和肠道出血，腹部具淤斑，肝和肾具坏死病灶，所以又称为肝肾坏死病。鲴感染该菌后造成皮肤溃疡，组织出现脓疮，发病部位具刺鼻性恶臭，一般还出现败血症。罗非鱼感染后眼球外突，头与鳃盖部位出现较深的溃疡性损伤。发病水温为 10~18℃，期间水温越高，发病期越长，危害性也越大。

4）黏球菌

黏球菌属（*Myxococcus*）的鱼病黏球菌会引起鱼烂鳃病。病鱼离群在水面独游，行动缓慢，食欲减退或不吃食，对外界刺激反应迟钝。严重时会浮头；体色发黑，特别是头部变得乌黑，故又称"乌头瘟"。肉眼观察，病鱼鳃盖骨的内表面往往充血发炎，严重时贴近烂鳃处的表皮被腐蚀成一个圆形或不规则的透明小窗，俗称"开天窗"；鳃丝肿胀，局部鳃丝腐烂缺损，腐烂处常附有污泥。用显微镜检查鳃丝软骨尖端，在附着物边缘可以看到许多细长柔软的细菌成簇摆动。

黏球菌还会引起鱼类白头白嘴病。发病时，病鱼的额部和嘴部周围的细胞坏死，色素消失而呈白色，病变部位发生溃烂，有时带有灰白色绒毛状物，因而呈现"白头白嘴"症状。在水面游动之病鱼，症状尤为明显。当病鱼离水后，症状就不显著。严重的病鱼，病灶部位发生溃烂，个别病鱼头部出现充血现象，有时还表现白皮、白尾、烂尾、烂鳃或全身多黏液等病变反应。病鱼一般体瘦、发黑，呼吸加快，食欲不振，游泳缓慢，不断地浮出水面，不久即死亡。此病是一种暴发性疾病，发病极快，传染迅速，一日之间可全部死亡。此病流行季节性比较明显，一般在 5 月下旬至 7 月上旬，6 月为发病高峰期。

5）气单胞菌

（1）气单胞菌对养殖鱼类的影响

点状气单胞菌（*Aeromonas punctata*）会导致鱼类打印病。病灶主要发生在背鳍和腹鳍以后的躯干部分；其次是腹部两侧；少数发生在鱼体前部，这与背鳍以后的躯干部分易于受伤有关。患病部位先是出现圆形、椭圆形的红斑，好似在鱼的体表加盖红色印章，故称打印病；随后病灶中间的鳞片脱落，坏死的表皮腐烂，露出白色真皮；病灶内周缘部位的鳞片埋入已坏死表皮内，外周缘鳞片疏松，皮肤充血发炎，形成鲜明的轮廓，随着病情的发展，病灶的直径逐渐扩大和深度加深，形成溃疡，严重时甚至露出骨骼或内脏，病鱼游动缓慢，食欲减退，终因衰竭而死。

嗜水气单胞菌（*Aeromonas hydrophila*）等气单胞菌会导致鱼类的竖鳞病。病鱼离群独游，游动缓慢，无力。疾病早期鱼体发黑，体表粗糙，鱼体前部的鳞片竖立，向外张开像松球；而鳞片基部的鳞囊水肿，内部积聚着半透明的渗出液，以致鳞片竖起。严重时全身鳞片竖立，鳞囊内积有含血的渗出液，用手轻压鳞片，渗出液就从鳞片下喷射出来，鳞片也随之脱落。病鱼常伴有鳍基、皮肤轻微充血，眼球凸出，腹部膨大，腹水等症状；病鱼贫血，鳃、肝、脾、肾的颜色均变淡，鳃盖内表皮充血；病情严重的鱼体鳍基部充血，鳍有腐烂的现象。患病鱼体游动迟钝，呼吸困难，腹部向上，2~3 d 后即死亡。[14]

疖疮病是由于点状产气单胞菌引起的一种鱼类病害。当疖疮部位尚未溃烂时，切开疖疮，明显可见肌肉溃疡，有脓血状的液体。涂片检查时，在显微镜下可以看到大量的细菌和白血球。病鱼通常在肛门附近的两侧或尾柄部位(极少数在身体前部)、皮肤、肌肉开始发炎，出现红斑，有时似脓疱状。随着病情发展，该部位的鳞片脱落，肌肉逐渐腐烂，形成边缘充血发红、呈圆形或椭圆形病灶，好像打上一个红色印记，故称之为打印病。病鱼身体瘦弱，游动迟钝；发病严重时，可陆续出现死亡。当水质不清洁或鱼体受损伤时，常会感染此病。没有明显的流行季节。

(2)气单胞菌对养殖虾类的影响

凡纳滨对虾(*Litopenaeus vannamei*)又名南美白对虾，其生长迅速，抗病力强，是全球范围内最主要的对虾养殖品种之一，也是当前国内产量最高的虾类养殖品种。对虾高密度养殖容易引起水质恶化和疾病的暴发。其中维氏气单胞菌可以导致凡纳滨对虾急性死亡。病虾游动缓慢，对外界刺激反应迟钝，主要症状为肝胰腺呈浆糊状，尾部发红，解剖濒死对虾发现头胸甲易分离，发病较快，死亡率较高。

除上述病原菌外，还有许多其他海洋生物致病菌被报道。如链球菌可感染多种海水养殖的鱼类，是一种致死性疾病，死亡率从5%到50%不等，病鱼呈急性嗜神经组织病症，行为异常；土壤丝菌会导致太平洋牡蛎多发性脓肿，有时贝壳闭合不全或无力，外套膜正常或见有黄、绿或褐色小结节，组织切片观察细菌主要侵袭生殖腺滤泡、消化道周围的囊样结缔组织，并形成细菌菌落；格氏乳球菌能够使温水性的淡水鱼类和海水鱼类发病，引起出血性败血症。

3.2.1.4　海洋真菌对水产养殖生物健康的影响

真菌是一类具有典型细胞核，不含叶绿素和不分根、茎、叶的低等真核生物。它们主要有以下特点：不能进行光合作用；以产生大量孢子进行繁殖；一般具有发达的菌丝体；营养方式为异养吸收型；陆生性较强。真菌的种类繁多，形态各异，大小悬殊，细胞结构多样，多数对动物、植物和人类有益，少数有害的称为病原性真菌。

1)真菌的致病性与感染

不同类型真菌致病形式不同，主要分为致病性真菌感染、条件致病性真菌感染和真菌性中毒。

致病性真菌感染：主要是外源性真菌感染，可引起皮肤、皮下和全身性真菌感染。组织胞浆菌等致病真菌侵袭机体，遭吞噬细胞吞噬后，不被杀死而能在细胞内繁殖，引起组织慢性肉芽肿炎症和坏死。例如，体表受伤后真菌在受损部位寄生，称为肤霉病。

条件致病性真菌感染：主要为内源性真菌感染。有些真菌是机体正常菌群的成员，致病力弱，只有在机体全身与局部免疫力降低或菌群失调情况下才引起感染。例如，内源性真菌病是感染的真菌进入机体使内脏器官发生病变，称为内脏真菌病或全身真菌病。

真菌性中毒：有些真菌在粮食或饲料上生长，人、动物食用后可导致急性或慢性中毒，称为真菌中毒症。

2) 常见海洋病原真菌种类

危害水产动物的真菌主要是藻菌纲的一些种类，如水霉、绵霉、鳃霉、鱼醉菌、离壶菌等，同时还有半知菌类的镰刀菌以及丝囊菌等。[15] 真菌病不仅危害水产动物的幼体及成体，且危及卵。目前对真菌病尚无理想的治疗方法，主要是进行预防及早期治疗。

（1）水霉和绵霉

水霉病又称肤霉病或白毛病，是水生鱼类的真菌病之一，引起这种病的病原体到目前已经发现有十多种，其中最常见的是水霉和绵霉。该病是由真菌寄生鱼体表引起，主要是真菌门鞭毛菌亚门藻状菌纲水霉目水霉科的水霉属和绵霉属。

疾病早期肉眼看不出异状，当肉眼能看出时，菌丝不仅在伤口侵入，且已向外长出外菌丝，似灰白色棉毛状，故俗称生毛，或白毛病。由于霉菌能分泌大量蛋白质分解酶，机体受刺激后分泌大量黏液，病鱼开始焦躁不安，与其他固体物发生摩擦，以后鱼体负担过重，游动迟缓，食欲减退，最后瘦弱而死。在鱼卵孵化过程中，此病也常发生，内菌丝侵入卵膜内，卵膜外丛生大量外菌丝，故称为"卵丝病"；被寄生的鱼卵，因外菌丝呈放射状，故又有"太阳籽"之称。

（2）镰刀菌

属半知菌亚门，是对虾、鱼类镰刀菌病的病原。

A. 镰刀菌对养殖鱼类的影响

腐皮镰刀菌（*Fusarium solani*）寄生在鳃、头胸甲、附肢、体壁和眼球等处的组织内，可以造成养殖鱼类的腐皮镰刀菌病。该菌的特征是形成 2 种大小的分生孢子，另外还形成后垣孢子。其主要症状是被寄生处的组织有黑色素沉淀而呈黑色，在日本对虾的鳃部寄生，引起鳃丝组织坏死变黑；中国对虾的鳃感染镰刀菌后，有的鳃丝变黑，有的鳃丝虽充满了真菌的大分生孢子和菌丝，但不变黑。有的中国对虾越冬亲虾头胸甲鳃区感染镰刀菌后，甲壳坏死、变黑、脱落，如烧焦的形状。黑色素沉淀是对虾组织被真菌破坏后的保护性反应。在组织切片中可看到变黑处是由许多浸润性的血细胞、坏死的组织碎片、真菌的菌丝和分生孢子组成的。在对虾体表甲壳表皮下层中的菌丝周围通常由许多层变黑的血细胞形成被囊，在内表皮中往往有大量菌丝存在，但没有形成被囊；上表皮一般完全被破坏。

B. 镰刀菌对养殖虾类的影响

日本对虾（*Penaeus japonicus*），美国的褐对虾属（*Crangon*）、加州对虾（*Penaeus californiensis*）、南美蓝对虾（*Penaeus stylirostris*）和南美白对虾（*Penaeus vannamei*）等都发生过镰刀菌病。在显微镜下检查受感染的鳃丝，可看到鳃丝表面和内部组织中都有许多大分生孢子。有镰刀菌寄生的鳃丝顶端变成黑褐色并萎缩，甚至组织破损。有时鳃的其他部分或受感染的体壁及附肢等也变黑。变黑是由黑色素沉积形成的。在变黑的组织中并有血球聚积成的大块，阻碍血液流通，使鳃的呼吸机能发生障碍，并能继发性地感染细菌、真菌或原生动物等。

C. 霍氏鱼醉菌

霍氏鱼醉菌（*Ichthyophonus hoferi*）属藻菌纲，可引起虹鳟等多种鱼类的鱼醉菌病。在鱼组织内看到的主要有两种形态：一种是球形合胞体，由无结构或层状的膜包围，内部有几十至几百个小的圆形核和含有高碘酸席夫氏反应阳性的许多颗粒状的原生质，最外面有宿主形成的结缔组织膜包围，形成白色胞囊；另一种是胞囊破裂后，合胞体伸出粗而短、有时有分枝的菌丝状物，细胞浆移至菌丝状体的前端，形成许多球状的内生孢子。

鱼醉菌病随霍氏鱼醉菌寄生的部位不同，症状也有所不同。霍氏鱼醉菌可寄生在鱼的肝脏、肾脏、脾脏、心脏、胃、肠、幽门垂、生殖腺、神经系统、鳃、骨骼肌、皮肤等处，寄生处均形成大小不同（1~4 mm）、密密麻麻的灰白色结节；疾病严重时，组织被病原体及增生的结缔组织所取代，当病灶大时，病灶中心发生坏死。如鱼醉菌主要侵袭神经系统，则病鱼失去平衡，摇摇晃晃游动；鱼醉菌侵袭肝脏，可引起肝脏肿大，比正常鱼的肝大 1.5~2.5 倍，肝脏颜色变淡；鱼醉菌侵袭肾脏，则肾脏肿大，腹腔内积有腹水，腹部膨大；鱼醉菌侵袭生殖腺，则病鱼会失去生殖能力；当皮肤上有大量鱼醉菌寄生时，皮肤像砂纸样，很粗糙。

D. 藻状菌

藻状菌(*Phycomycetes*)中的一种菌丝体常呈现不规则间隔的卵圆形肿胀,菌丝体内含空泡、各种电子密度体及核、内质网、线粒体等细胞器。有的呈球形体,其内的内质网增生,卵圆形肿胀形成多层厚壁,称为厚壁孢子。该真菌会感染牡蛎,导致牡蛎壳病的发生。症状是在贝壳内面产生白点,随着菌丝体的生长穿透,出现更多的白点并融合成片状,后贝壳穿孔,继而引起外套膜分泌异常,使病灶中心的壳基质沉积形成 2~4 mm 厚的赘疣,严重时赘疣肿大并在肌肉基底部融合成一个或多个结节,最终肌肉附着区形成一个隆起的肿块。这种壳基质异常沉积的范围很大程度取决于真菌侵袭的强度。组织病理表现是在鳃、外套膜和消化道产生大量纤维组织。该病在法国、英国、荷兰及加拿大均流行,总感染率为 10%,但大多数处于病损早期,不到 1% 的总病例数发展到赘疣期。当水温在 2℃ 以上持续超过两周时,壳病侵袭的程度加重。

除上述致病真菌外,仍有一些真菌存在感染水产动物的可能性,但至今未被证实。如在太平洋牡蛎——长牡蛎的幼体上,发现了一种严重的缘膜疾病,主要特征是缘膜的机能障碍,认为其与缘膜上皮细胞内的病毒样颗粒有关。但后续研究中发现了另一种缘膜病损与病毒颗粒引起的缘膜病损不同,在该种缘膜病损的牡蛎幼体的胃肠道内发现一种球形体,形态极类似于一种海洋真菌,从而推测导致缘膜病变的致密包涵体与胃肠道内的这种真菌有某种联系。

3.2.1.5　海洋病毒对水产养殖生物健康的影响

病毒由一种核酸分子(DNA 或 RNA)与蛋白质构成或仅由蛋白质构成。个体微小,结构简单。病毒没有细胞结构,由于没有实现新陈代谢所必需的基本系统,所以病毒自身不能复制。但是当它接触到宿主细胞时,便脱去蛋白质外套,它的核酸侵入宿主细胞内,借助后者的复制系统,按照病毒基因的指令复制新的病毒。

1)病毒的致病性与感染

病毒感染的传播途径与病毒的增殖部位、进入靶组织的途径、病毒排出的途径和病毒对环境的抵抗力有关。无包膜病毒对干燥、酸和去污染的抵抗力较强,故以粪至口途径为主要传播方式。有包膜病毒对干燥、酸和去污染的抵抗力较弱,必须维持在较为湿润的环境,故主要通过飞沫、血液、唾液、黏液等传播,注射和器官移植亦为重要的传播途径。

病毒的传播方式包括水平传播和垂直传播。水平传播指病毒在群体的个体之间的传播方式,通常是通过口腔、消化道或皮肤黏膜等途径进入机体。垂直传播指通过繁殖，直接由亲代传给子代的方式。

病毒对细胞的致病作用主要包括病毒感染细胞导致细胞损伤和免疫病理反应。病毒感染细胞表现为以下三种形式。

顿挫感染：亦称流产型感染，病毒进入非容纳细胞，由于该类细胞缺乏病毒复制所需的酶或能量等必要条件，致使病毒不能合成自身成分，或虽能合成病毒核酸和蛋白质，但不能装配成完整的病毒颗粒。

溶细胞感染：溶细胞感染指病毒感染容纳细胞后，细胞提供病毒生物合成的酶、能量等必要条件，支持病毒复制，从而以下列方式损伤细胞功能：①阻止细胞大分子合成；②改变细胞膜的结构；③形成包涵体；④产生降解性酶或毒性蛋白。急性病毒感染均属于溶细胞感染。

非溶细胞感染：被感染的细胞多为半容纳细胞。该类细胞缺乏足够的物质支持病毒完成复制周期，仅能选择性表达某些病毒基因，不能产生完整的病毒颗粒，出现细胞转化或潜伏感染。有些病毒虽能引起持续性、生产性感染，产生完整的子代病毒，但由于通过出芽或胞吐方式释放病毒，不引起细胞的溶解，表现为慢性病毒感染。

抗病毒免疫所致的变态反应和炎症反应是主要的免疫病理反应。病毒感染表现为显性感染或隐性感染，可引起急性疾病或慢性疾病。隐性病毒感染表示感染组织未受损害，病毒在到达靶细胞前，感染已被控制，或轻微组织损伤不影响正常功能。显性感染有急性感染和持续性感染，后者包括慢性感染、潜伏感染和慢发病毒感染。

急性感染：一般潜伏期短，发病急，病程数日至数周，恢复后机体不再存在病毒。

慢性感染：显性感染或隐性感染后，病毒持续存在于血液或组织中，并不断排出体外，病程长达数月至数十年，临床症状轻微或为无症状携带者。

潜伏感染：经急性感染或隐性感染后，病毒基因组潜伏在特定组织或细胞内，但不能产生感染性病毒，用常规法不能分离出病毒，但在某些条件下病毒被激活而急性发作。

慢发病毒感染：病毒感染后，由于通过出芽或胞吐方式释放病毒，不引起细胞的溶解。潜伏期长达数年至数十年，且一旦症状出现，病情逐渐加剧直至死亡。

2）常见海洋病原病毒种类

(1)疱疹病毒科

疱疹病毒为双链 DNA 病毒，呈球形、二十面体立体对称衣壳结构。核衣周围有一层厚薄不等的非对称性被膜，最外层是包膜，有糖蛋白刺突。

A. 疱疹病毒对养殖鱼类的影响

研究发现，在广岛县鱼苗场曾发现过一起牙鲆（*Paralichthys olivaceus*）疱疹病毒感染病例。病鱼鱼体瘦弱，消化管萎缩，腹部下陷，成长不良，体色变黑，活力不强，顺水流游动的个体增多。发现有死亡鱼时，几乎全发病，发病之后最快的 1 周死亡，慢则 2~3 周死亡，最终全部死亡。发病时病鱼尾鳍、臀鳍及背鳍的前端呈乳白色，软鳍条弯曲，鳍变形。光学显微镜观看到鳍及下颚到胸部的表皮细胞球形化，上皮细胞数目增多，表皮层比正常鱼增厚一倍。病理学组织检查得出体表全部上皮细胞增生。

B. 疱疹病毒对养殖贝类的影响

鲍疱疹样病毒感染也称鲍病毒性死亡，或称鲍病毒性神经节神经炎（AVG），是在亚洲、大洋洲流行的一种接触传染性病毒病。病毒能感染九孔鲍（*Haliotis diversicolor supertexta*）、杂色鲍（*Haliotis diversicolor*）等，从苗种到成鲍都能生病。通常 24℃ 以下才显示临床症状。病鲍活力很低，无食欲，怕光，生长速度变慢，体液增多，足变黑变硬，病鲍不能贴壁，一旦翻倒无法还原。病鲍嘴部肿胀和凸出，齿舌凸出，足边缘向内蜷曲，导致暴露出清洁光亮的壳。由于濒死和死亡的鲍被掠食而有大量空壳。感染的鲍不断出现死亡，死亡率达 90% 以上。感染的组织是消化道、肝胰腺、肾、血细胞和神经组织，死亡鲍肝胰腺和消化道肿大。患病组织的切片用 HE 染色后，常见到所有器官中的结缔组织坏死和紊乱，血细胞和上皮细胞坏死。健康鲍鱼没有嘴部凸出或足蜷曲，壳也被一层外套膜所覆盖。

该病病原为鲍疱疹样病毒（AbHV）。国际病毒分类委员会（ICTV）建议将鲍疱疹样病毒归为贝类疱疹病毒科，作为继牡蛎疱疹病毒 I 型后的第二个成员。

（2）虹彩病毒科

虹彩病毒颗粒呈球形，二十面体对称状，核酸为双链 DNA，有些病毒有囊膜。虹彩病毒科共分为 5 个病毒属，即虹彩病毒属、绿虹彩病毒属、淋巴囊肿病毒属、蛙病毒属和细胞肿大病毒属。其中，细胞肿大病毒属虹彩病毒，是鱼类重要病毒性病原之一。虹彩病毒主要感染无脊椎动物和低等脊椎动物，近年来在东亚、东南亚和欧洲地区，由该类病毒引起的鱼类疾病已呈明显上升趋势，患病鱼的死亡率从 30%（成鱼阶段）到 100%（幼苗阶段）不等，给水产养殖业造成重大的经济损失，严重阻碍了鱼类养殖业的健康发展，在国内外受到愈来愈广泛的关注。

A. 虹彩病毒对养殖鱼类的影响

淋巴囊肿病毒（Limphocystis disease virus，LDV）是最早发现的鱼类病毒病，现至少已知 42 科 125 种以上的鱼发现感染淋巴囊肿病，如鲈鱼、牙鲆、云纹石斑鱼等。淋巴囊肿病一般在初夏或夏季的高水温期流行，一般为非急性病，不造成死亡。但也有地区曾报道亚急性暴发，发病率高，死亡率高，一年四季均可发病。病鱼体表出现多个大小不等的囊肿，肉眼可以见到其中有许多细小颗粒。取淋巴囊肿作组织切片染色观察，可发现小颗粒为巨大细胞，体积是正常细胞的数万倍，有很厚的细胞膜。细胞质里有许多网状的嗜伊红包涵体。病变组织细胞浆内可见大量六角形立体对称病毒颗粒，有包膜，完整毒粒约为 210nm，大量毒粒堆积呈晶格状排列，被认为是虹彩病毒科病毒。

真鲷虹彩病毒病（RSIVD）是危害海水养殖鱼类的病毒性疾病。可感染鲈形目、鲽形目和鲀形目鱼类，以真鲷、五条鰤、花鲈和条石鲷等为主。疫情仅限于日本、韩国的海水养殖鱼类。感染真鲷虹彩病毒病鱼昏睡，严重贫血，鳃上有瘀斑，脾肿大。该病病原为真鲷虹彩病毒（RSIV），属虹彩病毒科、巨大细胞病毒属。

传染性脾肾坏死病（ISKN）俗称鳜暴发性出血病。患病的鳜鱼头部充血，嘴部四周和眼部也出血。解剖可见鳃发白，肝肿大发黄甚至发白，腹部呈"黄疸"症状。组织病理变化最明显的是脾和肾内细胞肥大，感染细胞肿大形成巨大细胞。其临床症状和组织病理特征与真鲷虹彩病毒病相似。传染性脾肾坏死病毒（ISKNV）属虹彩病毒科、巨大细胞病毒属，为双链 DNA 病毒，大小约为 110 kb，其基因组胞嘧啶 5'端高度甲基化。由于它和真鲷虹彩病毒的基因序列几乎一样，而且也能感染海水鱼发生真鲷虹彩病毒病，因此，传染性脾肾坏死病毒、真鲷虹彩病毒两者可能是同物异名。目前，已构建了 ISKNV 基因组文库和物理图谱，为诊断和防治 ISKNV 提供了基础资料和理论依据。

B. 虹彩病毒对养殖虾类的影响

凡纳滨对虾是全世界水产养殖当中一个最重要的养殖甲壳类品种，尤其是在一些沿海发展中国家，占有非常重要的经济地位。发病的凡纳滨对虾出现生长滞缓，肝胰腺色浅萎缩等症状并大量死亡。组织病理学研究发现，血细胞中存在嗜碱性包涵体和核固缩现象。对这批样品进行了病毒宏基因组学测序，对数据进行拼接获得大量注释到虹彩病毒科的 DNA 片段。结果显示，该病毒属于虹彩病毒科，但不属于虹彩病毒科下已经建立的 5 个属。因此我国将其命名为虾血细胞虹彩病毒（SHIV）。目前，除凡纳滨对虾以外，还有中国对虾和罗氏沼虾样品也出现了 SHIV阳性。

C. 虹彩病毒对养殖贝类的影响

牡蛎缘膜病毒病（OVVD）是由虹彩病毒引起的一种牡蛎病害，主要症状为长牡蛎(*Crassostrea gigas*)幼体缘膜和外套膜组织的腐蚀性病损，影响着壳高超过 150 μm 的太平洋牡蛎。病毒包涵体主要见于缘膜上皮细胞内，其次是口、远端食管上皮细胞，极少见于外套膜上皮细胞，呈嗜碱性，有少量嗜酸性成分。受感染细胞肿胀，微绒毛等表面结构消失，线粒体疏松，球形肿胀，核肿胀变大且染色质分散，终而细胞脱落。患病牡蛎幼体很少活动，缘膜失去正常运动功能，严重者会导致死亡。经组织化学显示病毒呈孚尔根和吖啶橙反应阳性，说明其为 DNA 病毒。OVVD 仅在美国华盛顿州太平洋牡蛎养殖中报道，呈现季节性发病。但该州的牡蛎最先是 1902 年由日本引进的原种，以后在亚洲、南北美洲、欧洲和澳大利亚等地都广泛养殖，因此该病也有可能在上述地区发生。

(3)弹状病毒科

病毒性出血性败血症(VHS)是一种能感染各种年龄的养殖鲑(*Oncorhynchus keta*)、鳟(*Salmo playtcephalus*)、大菱鲆(*Scophthalmus maximus*)、牙鲆(*Paralichthys olivaceus*)以及多数淡水和海洋野生鱼类的致死性、全身性传染病。该病一般在水温 4~14℃时发生。根据症状的严重程度及表现差异，VHS 可以分急性型、慢性型和神经型三种类型。急性型常见于流行初期，主要表现有体色发黑，眼球凸出，眼和眼眶四周以及口腔上腭充血，鳃苍白或呈花斑状充血，肌肉和内脏有明显出血点，肝、肾水肿、变性和坏死，发病快，死亡率高。慢性型的病程长，见于流行中期。除体黑、眼凸出外，鳃肿胀、苍白贫血，很少出血。肌肉和内脏可见出血。神经型多见于流行末期，表现为运动异常，或静止不动，或沉入水底，或旋转运动，或狂游甚至跳出水面。该病组织病理变化主要是肾脏、肝脏及脾脏细胞呈现区域性变性及坏死，细胞质空泡变性，细胞核浓缩或破裂，坏死区有淋巴细胞浸润。横纹肌的肌束间有出血病灶。该病病原为病毒性出血性败血症病毒(VHSV)，又称埃格特维德病毒，属弹状病毒科、粒外弹状病毒属。

传染性造血器官坏死病(IHN)是一种感染大多数鲑、鳟等鱼类的急性暴发的病毒性疾病。IHN 主要感染各种年龄的鲑(*Oncorhynchus keta*)、鳟(*Salmo playtcephalus*)，其鱼苗感染后的死亡率可达 100%，大菱鲆(*Scophthalmus maximus*)、牙鲆(*Paralichthys olivaceus*)等某些海水鱼也能被感染致病。该病流行于北美、欧洲和亚洲，在水温 8~15℃时流行。该病的症状是行为异常：昏睡、狂暴乱窜、打转等；体表发黑，眼球凸出，腹部膨胀；有些病鱼的皮肤和鳍条基部充血；肛门处拖着不透明或棕褐色的长"假粪"是本病较为典型的特征，但并非该病所独有。剖检时最典型的是脾、肾组织坏死，偶尔可见肝、胰坏死，因此肝和脾往往苍白。该病病原为传染性造血器官坏死病毒(IHNV)，属弹状病毒科、粒外弹状病毒属。

牙鲆弹状病毒病主要危害海水鱼类，尤其是鲆、鲽及香鱼等易感。该病流行于日本、韩国等国。当水温低于15℃时流行，10℃为发病高峰；当水温升高时自然停止死亡。患病鱼死亡率为2%~90%，在不同的养殖场差异很大。该病产生的危害曾经在短时间内迅速扩大，但近年来已经没有这种疾病的大面积发生。病鱼在外观上以鳍条发红为主要症状，其中也能见到腹部膨胀的个体。体内症状主要以腹腔积水、肌肉内出血以及生殖腺的淤血为特征。

（4）杆状病毒科

杆状病毒的核衣壳均呈杆状，为螺旋对称。病毒核酸为双链DNA。杆状病毒常见于养殖虾类的病原感染。

对虾杆状病毒（BP），是一种能产生三角形包涵体的杆状病毒。国际病毒分类委员会（ICTV）也称它为PvSNPV（从南美白对虾分离出的最具代表性的BP本地株），但通常仍称为BP。对虾杆状病毒是严重威胁对虾幼体、仔虾和稚虾的病原，广泛感染南美洲和北美洲（包括夏威夷）的养殖对虾和野生对虾。其特征就是对虾感染病毒后，在肝胰腺和中肠腺的上皮细胞内出现大量的三角形的核内包涵体，或在粪便中裂解的细胞碎片内有游离的三角形包涵体。

斑节对虾杆状病毒（MBV），是一种产生球形包涵体的杆状病毒。国际病毒分类委员会（ICTV）也称它为PmSNPV（从斑节对虾分离出的单层囊膜的核多角体病毒），但通常仍称为MBV。斑节对虾杆状病毒是对虾幼体、仔虾和稚虾早期阶段的潜在病原。病毒宿主范围广，在养殖对虾和野生对虾中广泛分布。但在正常情况下并不会生病，只在环境恶劣时会暴发疾病，引起斑节对虾大量死亡。该病的特征是，在肝胰腺和中肠腺感染了病毒的细胞核内出现成堆的球状包涵体，或在粪便中裂解的细胞碎片内有游离的包涵体。

（5）双RNA病毒科

双RNA病毒颗粒呈二十面体对称，球形，无囊膜，表面无突起，无双层衣壳。核酸为双链RNA。本科病毒有三个属，包括水生双RNA病毒属、禽双RNA病毒属、昆虫双RNA病毒属。其中引起水生动物感染的为水生双RNA病毒属。

传染性胰脏坏死病（IPN）是鲑、鳟的高度传染性疾病，流行于欧洲、亚洲和美洲各国，但只在人工养殖条件下流行。幼鱼从开口吃食起到3个月内为发病高峰，水温为10~14℃流行。病鱼苗首先表现为日死亡率突然上升并逐日增加，病鱼作螺旋状运动，体色发黑，眼球凸出，腹部膨大，皮肤和鳍条出血。肠内无食物且充满黄色黏液，胃幽门部出血。组织切片可见胰腺组织坏死；黏膜上皮坏死；肠系膜、胰腺泡坏死。该病病原为传染性胰脏坏死病毒（IPNV），是双RNA病毒科、水生双

RNA 病毒属的成员，有多个不同毒力的血清型。按血清型分为Ⅰ、Ⅱ和Ⅲ型，VR299、Ab、Sp 分别为其代表株。

（6）线状病毒科

对虾白斑综合征是国内外传播最为广泛、对产业影响最大的虾蟹病毒疾病。患病对虾甲壳上常会出现直径 0.5~3.0 mm 的白斑，病虾头胸甲脱离组织，通体发红，一旦暴发死亡率可达 100%。1992 年该病首次在我国台湾检出，此后传播到日本，此后蔓延到整个亚洲。该病病原白斑综合征病毒（WSSV）属于线形病毒科，是一种椭球形的杆状病毒，呈规则的几何对称，直径 120~150 nm，长 270~290 nm，病毒囊膜一端带有一条类似鞭毛的延伸物。对虾的胃上皮、鳃、甲壳下表皮、肝胰腺上皮、循环血细胞、肠上皮、肝胰腺上皮、结缔组织、心脏、肌肉等均可被 WSSV 感染，感染者有异常临床表现，而蟹类只有鳃、甲壳下表皮被 WSSV 感染，感染者无异常临床表现。如今，WSSV 仍然是威胁对虾养殖业最重要的病原之一。

此外，病毒性疾病只在国内养殖的刺参疾病中见报道。我国曾报道山东和辽宁沿海刺参出现大规模死亡现象。该病仅在刺参越冬期发生，患病刺参外观症状主要表现为表皮大量溃烂，表面黏液增多，对外界刺激反应迟钝。溃烂通常从口围部开始，迅速扩散到全身。触手臂以及围口部肿胀以至无法全收回触手，并形成"肿嘴"现象。发病期间经常伴有"吐肠"现象，严重时刺参体壁变形，骨片散落，逐渐融化成鼻涕状胶体，最后其躯体全部化掉。大连地区发病高峰在 2 月初到 3 月初，刺参如出现上述症状 7 d 内，死亡率达 90%以上。利用电镜负染技术检测发病的养殖刺参组织提取液发现，提取液中存在大量病毒样粒子。该病毒粒子近似球形，具有囊膜。根据观察，该病毒是一种无包涵体病毒。但仅凭形态学的观察，病毒感染的靶组织还难以确定刺参体内病毒的分类地位，仍需进一步研究。

3.2.2　海洋微生物的共生性

3.2.2.1　共生微生物及其宿主的种类

浩瀚的海洋中蕴藏着种类繁多、数量极为丰富的海洋微生物，与海洋动物、植物共生及共栖的海洋微生物多样性是海洋微生物多样性中的重要组成部分。共生指微生物和别的生物在相互受益的情况下，生活在一起。目前，海洋共生细菌主要集中在假单胞菌属（*Pesudomonas*）、弧菌属（*Vibrio*）、微球菌属（*Micrococcus*）、芽孢杆菌属（*Bucillus*）、肠杆菌属（*Enterobacter*）和交替单胞菌属（*Alteromonas*）；放线菌主要包括链霉菌属（*Streptomyces*）和小单胞菌属（*Micromonospora*）。海洋共附生真菌主要有枝顶孢霉属(*Acremonium*)、链格孢属(*Alternaria*)、曲霉属(*Aspergillus*)、小球腔菌属(*Leptosphaeria*)、青霉属(*Penicillium*)和茎点霉属(*Phoma*)等。[16]

　　红树林根际、根表的海洋固氮螺菌是联合共生固氮菌，一些根瘤菌属菌株则是共生固氮菌。此外，海洋中的一些发光细菌，如发光杆菌属(*Photobacterium*)和贝内克氏菌属(*Beneckea*)与海洋无脊椎动物和鱼类，可以建立一种互惠的共生关系。发光细菌生活在海鱼的特殊囊状器官中，这些器官一般有外生的微孔，微孔允许细菌进入，同时又能与周围海水相互交换。发光细菌发出的光有助于鱼类配偶的识别，可在黑暗的地方看清物体，光线还可以成为一种聚集的信号，或诱惑其他生物以便于捕食。这些都是与海洋动物、植物共生微生物的代表。

　　共附生海洋微生物的宿主主要有藻类植物(如红藻、绿藻、褐藻，蓝细菌)、海绵、海葵、珊瑚、海鞘、虾、蟹、鱼类等。其中，由于海绵中共生的微生物种类繁多且多样性丰富，因此围绕海绵共生微生物方面开展了大量的研究工作。与海绵共生的微生物主要具备为其提供营养物质、帮助构成海绵的骨架、提供化学防御的功能。此外，海绵共生微生物(也包括一些其他的共生微生物)与海洋中的碳、氮循环也有重要的相关性。

3.2.2.2　共生微生物与宿主的关系

　　海洋微生物与海洋动植物共附生是一个非常普遍的现象，有关此现象的描述也越来越多。但是对共附生海洋微生物与其宿主的确切关系却了解得不多。1988年报道的化能自养菌与生活在海底热液喷口的无脊椎动物的共生关系表明，海底火山口喷发的硫化物为化能自养菌提供所需的能量和还原力，而生活于海底火山口的无脊椎动物一般具有退化的消化道或根本没有消化道，因而不得不依靠与其内共生的化能自养菌来生存。海洋动植物宿主提供与其共附生的微生物富养环境以利于生长，而共附生微生物则产生各种活性物质以利于宿主生长代谢或对其提供化学保护。研究巨指长臂虾(*Palaemon macrodactylus*)的致病菌时发现并证明了这一现象。巨指长臂虾的卵表面覆盖着交替单胞菌(*Alteromonas* sp.)，若用抗生素处理除去这些表面细菌，卵很快就会因病原性真菌感染而死亡。进一步研究发现，交替单胞菌可产生一种有力的抗真菌化合物2，3-二氢吲哚，正是这种物质使卵免受病原性真菌的侵害。在美洲螯龙虾和热带蓝细菌中也发现了类似现象，并分别分离出2-p-羟基苯基乙醇和苯醌这两种抗病原性微生物的化合物。

　　对于许多寄居在其他生物表面、组织或内腔中的海洋附生微生物与其宿主间的真正关系和相互作用更是知之甚少。有研究发现，许多微生物与其宿主附生是具有种属特异性的。如夏威夷短尾鱿鱼（*Euprymna scolopes*）与发光细菌费氏弧菌（*Vibrio fischeri*），这种共生体间可能存在着特异的识别信号。一些环境因子，如温度，可影响附生菌在宿主中的数量。[17]

3.2.2.3　共生海洋微生物产生的活性物质

对于海洋共生微生物的研究，主要是为了获得有用的活性物质，包括一些具有抗菌、抑菌能力的物质，或者是有抗癌活性的物质，又或是具有特殊功能的酶和酶抑制剂，还有一些毒素、色素等，这些均有希望研发成有价值的海洋微生物创新药物（农用药物和医用药物）。这些活性物质是由与这种生物共生的微生物合成，再分泌出来的。

1）毒素

新骏河毒素（Neosurugatoxin）是最早从海洋共附生微生物中发现的毒素。1965年，生长于骏河（Suruga）湾的日本东风螺（*Babylonia japonica*）在日本引起大规模的食物中毒。通常人们认为海洋毒素的积累是由食物链引起的，但是日本东风螺并不吞食有毒的浮游生物，而且，日本东风螺只在 6—9 月当海水温度达到 25℃ 时才会有毒。所以很多人认为毒性可能是由微生物产生有毒物质并在日本东风螺体内积累而引起的。进一步研究发现，分离于日本东风螺消化腺中的一种革兰氏阳性棒杆菌（*Corynerorm bacterium*）可产生化合物骏河毒素。骏河毒素具有很强的交感神经阻滞剂，活性高于现有药物甲钴胺近 5 000 倍，而且专一性地阻滞烟碱性受体。[18]

大家熟知的河鲀鱼毒素——把产生河鲀毒素 Tetrodotoxin（TTX）的海洋细菌视为其宿主的共生微生物，至今研究表明 TTX 至少可以由 15 个浅海和深海细菌属所产生，在如此广泛的菌属中发现同一种次级代谢产物 TTX，说明 TTX 毒素的产生体，可能是一种可在海洋环境中转移的质粒。肉毒素是一种麻痹性的有壳水生动物毒素，是由与海洋甲藻 *Protogonyanlas tamarensis* 共附生的莫拉氏菌（*Moraxella* sp.）产生的。

2）抗生素

海洋其独特的生境条件已成为寻找新抗生素的重要来源。迄今为止已在海洋共附生微生物中发现了许多活性很高的抗生素。从一种未鉴定的水母表面分离到的链霉菌 CNB-091 可产生一种新的二环肽 Saliamide A 和 Saliamide B。这两种化合物具有新的缩酚酸肽骨架，可抑制所有革兰氏阳性菌。从海绵 *Hyatella* sp. 制备的匀浆中分离得到一株弧菌(*Vibrio* sp.)，其发酵产物为肽类抗生素。在采自阿拉斯加 Wales 岛的被囊类动物中分离到一种荧光假单胞菌(*Pseudomonas flurescens*)。此菌可产生有抗菌活性的 Andrimid 和 Moiramides A-C，它们结构中的酰基琥珀霉素部分是活性部分，对有甲氧基苯基青霉素抗性的金黄色葡萄球菌(*Staphylococcus aureus*)有显著的拮抗作用。分离自新几内亚的海洋蠕虫组织的芽孢杆菌(*Bacillus* sp.)可产生一种环状十肽抗生素 Ioloatin B，其结构与短杆菌酪肽相似，对金黄色葡萄球菌、有万古霉素抗性的肠球菌(*Enterococcus* sp.)和有青霉素抗性的肺炎链球菌(*Streptococcus pneumoniae*)均有拮抗作用。一种存在于水草表面的细菌黄杆菌(*Flavobacterium* sp.)可产生一种含岩藻糖、甘露糖、葡聚糖的中性异多糖"海拿登"(Marinactan)，具有明显的抗肿瘤活性。给小鼠每天注射 10~50 mg/kg 的"海拿登"，10 d 就对实体瘤 S180 的生长有抑制作用，抑瘤率为 70%~90%。

3) 抗肿瘤活性物质

海洋共附生微生物产生的抗肿瘤活性物质也已得到广泛深入的研究。在采集于加利福尼亚海沟的一种珊瑚 *Pacifigugia* sp. 的表面分离到的链霉菌的培养物中发现了结构新颖的 Octalacions A 和 Octalacions B。这两种化合物分别是寡霉素 A 的 20-羟基衍生物和肠菌素的 5-脱氧衍生物，是含有少见的八元环的内酯官能团的 19 碳酮基化合物。Octalacions A 在体外有抗 B16-F17 鼠黑素瘤和 HCT-116 人胃瘤细胞活性。在海鱼 *Halichkoeres bleekeri* 的胃肠道中分离到吸水链霉菌(*Streptomyces hygroscopicus*)，此菌在人工海水培养基中可产生 Halichomycin，其为一种新的大环内酯类化合物，此化合物在体外有抗 P388 细胞的活性。

4) 其他

海洋微生物有产生铁载体的能力，以弥补海洋环境中的铁离子不足。Anguibactin 是一种从海鱼病原体鳗弧菌(*Vibrio anguillarum*)中分离到的新的铁载体。它的结构是含噻唑环和咪唑环的新型儿茶酚。研究表明，Anguibactin 的生物合成与鳗弧菌中一个 65 kb 的质粒有关。从雪蟹(*Chinoecetes opilio*)中分离的茎点霉(*Phoma* sp.)中发现一种血小板活化因子拮抗剂 Phomactine。海洋船蛆 Deshayes 腺体内的共生细菌可以产生碱性蛋白酶，该酶具有较强的去污活性，在 50℃ 可以加倍提高磷酸盐洗涤剂的去污效果，在工业清洗方面有一定的应用价值。从太平洋鲐鱼中分离到的一株海洋细菌，可产生不饱和脂肪酸 EPA(二十碳五烯酸)，含量占总脂的 24%~40%，占细胞干重的 2%。从日本矾海绵(*Reniera japonica*)中分离出产生类胡萝卜素的海洋细菌屈挠杆菌(*Flexibacter* sp.)。

　　总而言之，海洋共生微生物不但与海洋生物的生存密切相关，还能为人类造福。虽然海洋活性物质的研究已取得一定成果，但是由于大多数微生物都无法在常规的实验条件下培养，这极大地限制了海洋活性物质的筛选及进一步研究。据估计，目前只有不足 5% 的海洋微生物可以培养鉴定，已发现的活性物质只占总数的 1%。因此，在加强海洋微生物基础生物学的研究基础上，精心设计分离条件与发酵条件，以适应海洋微生物特殊的生理性状和遗传背景，可以更好地挖掘海洋共附生微生物的潜力。

3.2.3　海洋微生物的协同进化

3.2.3.1　协同进化的概念

　　协同进化是指相互作用的物种在自然选择压力下彼此演化的过程，是物种生存和进化最主要的推手之一。由于生物个体的进化过程是在其环境的选择压力下进行的，而环境不仅包括非生物因素也包括其他生物。因此一个物种的进化必然会改变作用于其他的生物的选择压力，引起其他生物也发生变化，这些变化又反过来引起相关物种的进一步变化，在很多情况下两个或更多的物种单独进化常常会相互影响形成一个相互作用的协同适应系统。

3.2.3.2　典型海洋微生物的协同进化

　　海洋微生物之间的协同进化在促进生物多样性的增加、促进物种间的共同适应与维持微生物群落的稳定性方面有着重要且十分积极的作用。

　　1)"藻菌"互作

　　海洋微生物的协同进化以"藻菌"互作最为典型。"藻菌"互作是浮游植物共生环境中的一对复杂关系，细菌以分解者的身份转化营养物质促进藻类的生长，也与藻类争夺必需的养分。同时，健康或濒死的藻类会释放有机质供异养细菌利用。这些释放的化合物，其化学性质和浓度因浮游植物的种类和生理状态而异。不同的浮游植物有着不同的生化组成，其细胞中的蛋白质、脂肪酸、糖和核酸的相对比例也各不相同。这种差异会影响 C/N/P 的化学计量比、浮游植物所分泌的颗粒有机质（particulate organic matter，POM）和可溶性有机质（dissolved organic matter，DOM）的生物活性，进而影响异养细菌的代谢活动、生长效率和有机物的转化去向。由于藻菌长期共栖的优势促进了彼此的共同进化，使得藻菌间的水平基因存在转移，在代谢机制上也会出现补充和简化，使得藻菌关系更为密切。在亚硫酸杆菌（*Sulfitobacter*）和硅藻（*Diatom*）的共生系统中，虽然两者体内都含有合成色氨酸的基因，但是共生体系中亚硫酸杆菌合成色氨酸的基因相比于单独培养的菌株来说会有所下调，而硅藻中参与合成 IAA 的色氨酸的相关基因上调。布氏双尾藻(*Ditylum brightwelli*)中的基因数目有部分来自于细菌，其中最具代表性的基因元件是在参与光合作用的元件，包括捕光蛋白、光敏色素等。造成这种结果的原因也许是藻类在正选择压力下的一种适应机制；其次广泛认为大部分的真核藻类是由蓝细菌通过原发性内共生的方式进化而来的，即蓝细菌会影响真核藻类的进化；还有研究证明，藻类可以分泌刺激细菌 DNA 合成的活性物质，[19]以上均属于藻-菌在分子水平上的交流。

2)"珊瑚-微生物"共生体

珊瑚礁生态系统是海洋中生产力水平极高的生态系统之一，被誉为"海底热带雨林"。它具有很高的生物多样性和重要的经济价值。珊瑚生态环境中的自身黏液、外周水体以及海底沉积物中的微生物共同组成了"珊瑚-微生物"共生体，构成了珊瑚礁微生物生态系的基本组成。珊瑚与共生菌的关系中，在属的阶元上有研究表明，宿主珊瑚与共生菌之间存在系统发育的一致性，具有协同进化的趋势。共生体中的另外一对关系"珊瑚-藻类"中，造礁石珊瑚宿主与共生藻协同进化的存在，为共生体诸多关系中的协同进化研究开辟了先河。然而，针对微生物的协同进化理论还暂时停留在推测阶段，且微生物的多样性繁多，研究珊瑚与微生物的协同进化面临工作量巨大和研究难度的挑战。高通量方法和新的分子标记技术的成熟，或许能帮助揭示协同进化的形成及相关机制。[20]

3.2.4 海洋微生物的适应性

3.2.4.1 海洋微生物适应性的概念

海洋微生物的适应性是指其为了适应地球海洋环境的漫长的进化过程。地球有约 46 亿年的历史，但是在早期的地质历史时期，大气中是没有氧气的。约 35 亿年前，最古老的自养产氧光合微生物——蓝细菌在海洋中出现，开始积累氧气，改变了缺氧的大气环境，促成了有氧的地球大气的形成。这其中以原绿球藻(*Prochlorococcus*)最为典型，原绿球藻通过多样的生态型分化，提高其基因组多样性和环境适应能力，从而使原绿球藻作为一个整体，丰度远超过其他竞争者，成为其所在环境的主导物种。目前，已发现的原绿球藻生态型共 12 个。通过对不同光强适应的特性、环境分布和分子进化分析，这 12 个生态型可以分为高光型适应类群(highlight adapted，HL)和低光型适应类群(lowlight adapted，LL)两大类群。原绿球藻在生态型分化的基础上，发生了亚生态型分化，这是其对海洋环境中亚生态位适应的结果。海洋中存在复杂而多样的原绿球藻亚生态型，至少有 35 种不同的原绿球藻生态型和亚生态型。原绿球藻生态型和亚生态型的分化反映了其适应地球海洋环境的漫长的进化过程。

3.2.4.2　海洋微生物的适应机理

海洋微生物的适应性体现在深海微生物极端环境适应性机理方面，主要包括深海微生物低温适应性机理和深海微生物高压适应性机理。

1) 深海微生物低温适应性机理

在深海微生物低温适应性机理的研究方面，低温会阻碍基因的转录和翻译，这是因为它会降低转录和翻译相关酶的活性，而且还会降低 DNA 和 RNA 二级结构的稳定性。微生物主要通过调节细胞膜中脂肪酰基的组分来维持细胞膜流动性。常用的方式有增加细胞膜中不饱和脂肪酸的含量，降低脂肪酸链的长度，增加支链脂肪酸的含量以及增加前异构分支与异构分支的比率等。在所有微生物中，通过脂肪酸的不饱和度以及改变脂肪酸链的长度来调节细胞膜流动性是最常见的方式，而支链脂肪酸的变化大部分是出现在革兰氏阳性菌中的。

2) 深海微生物高压适应性机理

在深海微生物高压适应性机理的研究方面，海洋平均深度为 3 800 m，平均压力为 380 个大气压。最深的马里亚纳海沟深度达到约 11 000 m，海底压力为 1 100 个标准大气压。目前国外已报道的嗜压细菌(包括极端嗜压细菌)绝大部分分布于科尔韦尔氏菌属(*Colwellia*)、脱硫弧菌属(*Desulfovibrio*)、发光杆菌属(*Photobacterium*)、希瓦氏菌属(*Shewanella*)、摩替亚氏菌属(*Moritella*)五个属。另外，还发现两株脱硫弧菌属(*Desulfovibrio*)的硫还原细菌以及一株肉食杆菌属(*Carnobacterium*)的革兰氏阳性细菌也属于嗜压细菌。在深海微生物高压适应性机理的研究中发现，压力调节的操纵子和长链多聚不饱和脂肪酸(PUFAs)在深海微生物适应深海压力方面起着重要的作用。压力调节的操纵子在许多深海细菌中具有高度保守的序列，PUFAs 会随着温度的降低和压力的升高而增加在细胞中的含量，因此推测 PUFAs 对嗜压细菌在低温高压环境中维持细胞膜的流动性有着重要作用。

海洋微生物的适应性对于维持其群落的稳定性，维持海洋生物多样性有着重要的作用，同时在其适应环境的基础上还有可能产生新的物种，对于海洋生态以及人类的发展都有着重要的意义。

3.2.5 海洋微生物的群体感应

3.2.5.1 群体感应的概念

群体感应是指微生物群体在其生长过程中，由于群体密度的增加，导致其生理和生化特性的变化，显示出少量菌体或单个菌体所不具备的特征。这个变化的原因在于：当环境中微生物种群密度达到阈值，信号分子的浓度也达到一定的水平时，通过包括受体蛋白在内相关蛋白的信号传递，诱导或抑制信号最终传递到胞内，影响特定基因的表达，调控微生物群体的生理特征，如生物发光、抗生素合成、生物膜形成等。群体感应的存在提高了细胞对营养的获取能力，改善了对抗竞争对手的防御机制，增强了微生物在不利环境下的生存能力。[21]

3.2.5.2 群体感应信号分子及其类型

细菌可以合成一种被称为自身诱导物质(auto-inducer，AI) 的信号分子，细菌根据特定的信号分子的浓度可以监测周围环境中自身或其他细菌的数量变化，当信号达到一定的浓度阈值时，能启动菌体中相关基因的表达来适应环境的变化。如芽孢杆菌中感受态与芽胞形成、病原细菌胞外酶与毒素产生、生物膜形成、菌体发光、色素产生、抗生素形成等。

根据细菌合成的信号分子和感应机制的不同，细菌群体感应系统基本可分为三个代表性的类型：革兰氏阴性细菌一般利用酰基高丝氨酸内酯类分子(AHL)作为AI；革兰氏阳性细菌一般利用寡肽类分子(AIP)作为信号因子；许多革兰氏阴性和阳性细菌都可以产生一种AI-2的信号因子，一般认为AI-2是种间细胞交流的通用信号分子。另外最近研究发现，有些细菌利用两种甚至三种不同信号分子调节自身群体行为，这说明群体感应机制是极为复杂的。

3.2.5.3 海洋微生物的群体感应系统

某些海洋生物产荧光现象、"海洋雪"的形成过程以及海洋生物的某些群游现象等都与群体感应调控有着密切的联系。目前，海洋微生物的群体感应研究主要集中在弧菌和假单胞菌。[22]

1) 弧菌的群体感应

革兰氏阴性菌群体感应系统的模式系统是弧菌的 LuxI/LuxR 系统。LuxI 蛋白是自诱导物合成酶，主要负责 N-酰基高丝氨酸内酯类物质信号分子 AHLs 的合成；LuxR 蛋白是细胞质内自诱导物感受蛋白，主要负责结合 AHLs，也是一种 DNA 结合转录激活元件，能够激活荧光素酶基因等的转录。LuxI 合成 AHLs 并扩散到细胞外，当信号积累到一个临界阈值时才与 LuxR 结合，结合后的复合物就会激活荧光素酶基因等的转录。这种细胞与细胞信号交流系统还参与调节许多的生理过程，包括生物被膜的形成、抗生素的产生、毒力因子分泌和接合作用。

2）假交替单胞菌的群体感应系统

假交替单胞菌广泛存在于不同的海洋生境中，能够产生多种活性物质。目前，对假交替单胞菌的研究主要集中在胞外活性物质、遗传操作及群体感应。假交替单胞菌群体感应没有被报道出一整套系统，目前都是基于实验和生物学信息分析发现假交替单胞菌存在的群体感应现象和 LuxI/LuxR 系统。假交替单胞菌和弧菌主要是水生微生物，而假交替单胞菌和铜绿假单胞菌在亲缘关系上较近，因此我们推测假交替单胞菌群体感应为弧菌和假单胞菌的复合形态。这种复杂的群体感应系统可能与假交替单胞菌环境适应能力相关。

3）其他微生物的群体感应系统

目前，已经有研究发现海洋中其他微生物也存在群体感应系统，如桥球菌（*Ponticoccus sp.*）PD-2 基因组中鉴定了两个完整的 AHLs 依赖性群体感应系统（被命名为 *zlaI/R* 和 *zlbI/R*）。将 *zlaI* 和 *zlbI* 基因在大肠杆菌中表达时，会产生 3-O-C8-HSL 和 3-O-C10-HSL。耐油具柄菌（*Muricauda olearia*）Th120 具有很强的 AHL 降解活性。菌株 Th120 中被鉴定出 AHL 内酯酶（命名为 MomL），其可以降解在 C-3 位具有或不具有氧代基取代的短链和长链 AHL。MomL 是一种新型分泌型 AHL 内酯酶的代表，属于含有 N-末端信号肽的金属-β-内酰胺酶超家族的 AHL 内酯酶。此外，MomL 显著减弱了秀丽隐杆线虫感染铜绿假单胞菌的毒力，由此表明 MomL 有可能被用作治疗剂。

3.2.5.4　海洋微生物的群体感应功能

1）抵抗不良环境

群体感应现象需要微生物个体合成信号分子并排出体外，这对于微生物个体来说是一个消耗能量的过程。因此，只有当微生物感受到环境中存在充足的营养物质以及有足够多的同种微生物细胞即细胞密度较高时，才能够引起微生物释放特定的群体感应信号分子，调控特定种类的微生物利用相关营养物质用于生存和繁殖。

从进化的角度来看，微生物的群体感应可能与微生物的亲缘关系有关。简单来说，亲缘关系理论可以用来解释个体存在利他主义行为，也就是个体的利他主义有利于整个群体，但要求个体付出一定代价的行为。个体通过帮助具有亲缘关系物种的繁殖，可以间接地传递它的基因到下一代。当发现所处环境中存在丰富的营养物质时，细菌通过消耗能量生成特定的群体感应信号分子，以吸引更多的同种微生物利用营养物质进行繁殖，进而可以将个体的基因传递下去。海洋微生物的群体感应的存在提高了细胞对外界营养物质的获取能力，改善了对抗竞争对手的防御机制，增强了微生物在不利环境下的生存能力。

2）控制藻类生长

海洋微生物的群体感应可以控制藻类生长。海洋微生物桥球菌（*Ponticoccus* sp.）PD-2 可能通过群体感应控制藻类的生长菌株，PD-2 对东海桥藻（*Ponticoccus donghaiense*）及两种赤潮微藻球形棕囊藻（*Phaeocystis globosa*）和塔玛亚历山大藻（*Alexandrium tamarense*）的抑制作用分别达到 84.81%、78.91% 和 67.14%，但 AHLs 依赖型群体感应抑制剂 β-环糊精使杀藻活性降低 50% 以上。由此表明，群体感应可以调控海洋微生物杀藻能力，说明群体感应可能是控制赤潮的一种潜在的有效方式。[23]

3）调控生物污损物的形成

群体感应信号分子对海洋生物污损具有一定的作用。海洋生物污损主要是指附着在船舶或人工设施的表面，给人类的海洋经济活动带来巨大损失的海洋微生物、植物和动物的总称。海洋生物污损的形成过程是一个从细菌、硅藻、大型藻类、动物逐级有序的过程，这种过程受到多种代谢或信号物质的调控。目前很多研究表明细菌群体感应调控了污损生物群落的形成，细菌产生的群体感应信号分子 AHLs 不仅介导细菌之间的信号传递，同时也介导细菌与真核生物（藻类、动物）之间的信号传递，从而影响污损生物的附着。因此，研究海洋环境中普遍存在的革兰氏阴性菌的群体感应对硅藻附着的影响，对揭示海洋污损生物的形成过程具有重要意义，也对环境友好型高效抗污材料的开发具有积极的指导作用。

3.2.5.5 群体感应淬灭

群体感应控制细菌的很多活动，如抗生素的产生及对抗生素的抗性、接合作用、毒力因子的产生、胞外酶合成、生物膜形成及生物发光等。群体感应的存在提高了细胞对外界营养物质的获取能力，改善了对抗竞争对手的防御机制，增强了微生物在不利环境下的生存能力。但群体感应也有利于细菌的致病性，从而给农牧业和水产业以及健康医学领域等带来很大的挑战。[24]

群体感应淬灭是利用某种方法干扰或者降解群体感应产生的特定化学信号分子，使信号分子浓度低于启动致病因子表达所需要的阈值，使得致病菌的致病因子由于无法启动表达，从而使致病菌不表现出致病力。群体感应淬灭是利用微生物本身对微生物群体感应进行阻断来控制病害，是一种环境友好型的病害防治手段。群体感应淬灭主要有 3 种方式：①干扰信号分子的合成；②降解信号分子，使信号分子浓度低于阈值；③阻止信号分子与感应蛋白结合，使之不能行使转录调节功能，从而阻断信号的产生和识别。

群体感应淬灭在生物污染防治方面的应用主要体现在抑制生物膜的形成。有研究表明，在膜生物污损中存在产 AHLs 的细菌，表明细菌群体感应系统可能调控生物膜的形成，从而导致生物污染。目前在细菌属中，已经鉴定的群体感应淬灭酶大多数是从海洋环境中分离出来的。群体感应淬灭目前已经成为早期阶段抑制生物污染的一项重要技术。

海水中细菌或原生动物以及藻类等与船只、渔网、管道等接触，继而形成的大颗粒污染会造成海洋生物污损。这些生物污染物往往附着在船体表面，引起燃油消耗过高，维护成本上升，造成巨大的经济损失。群体感应淬灭或群体感应抑制剂可以减少由群体感应调节的生物膜的形成，防止生物污损。

对群体感应深入研究有助于了解细菌之间的信息交流与细菌行为特性的关系，揭示种内和种间细胞交流以及细胞内和细胞间信号传递的新机制，建立化学信号物质与生理行为之间的联系。通过人为干扰细菌的群体感应系统从而调控某种功能，如通过调控群体感应可以促使某些细菌生成抗生素、阻止某些细菌生物膜的形成和毒性因子的表达，在寻找新型药物、污水处理以及防止病原菌的毒害等方面具有实际的应用价值。[25] 目前仅有少数海洋细菌群体感应特征及其调控作用被发现和研究，但随着海洋资源的开发，越来越多的海洋新种被发现，进一步研究细菌个体间、细菌与宿主间的群体感应调控机制将成为生物防控领域的热点。

第二篇　技术篇

第4章　海洋微生物采样技术

样品采集是海洋科学研究中最重要的组成部分，但在实践中常被忽视。由于普通海洋学研究中对海水和沉积物样品的采集相对比较简单，因此通常认为海洋微生物采样也很简单。然而，海洋微生物学工作者所遇到的困难之一，就是如何在特定海区的特定深度采集到不受外界环境污染的水体和沉积物样品。理想的海洋微生物检样应该只含取自采样现场的微生物，因此必须采用无菌操作，并尽量避免由采样器械和采样操作所带入的污染。金属对微生物有杀伤作用，因此一般不用金属制品直接盛取水样。此外，鉴于在远离海岸的调查船上进行采样操作时有诸多困难，采样器设计应考虑的因素还包括操作简单而又牢固可靠。

4.1　海洋微生物采样站位布设[1]

4.1.1　海水样本的站位布设

4.1.1.1　布设基本原则

监测站位和监测断面的布设应根据监测计划，结合水域类型、水文、气象、环境等自然特征，综合诸因素提出优化布点方案，在研究和论证的基础上确定。采样的主要站点应合理地布设在环境质量发生明显变化或有重要功能用途的海域。在海域的初期调查过程中，可以进行网格式布点。影响站点布设的因素很多，确定采样站点时主要考虑以下因素：①能够提供有代表性的信息；②站点周围的环境地理条件；③动力场状况、潮流场和风场；④社会经济特征及区域性污染源的影响；⑤站点周围的航行安全程度；⑥经济效益分析；⑦站点在地理分布上的均匀性，并尽量避开特征区划的系统边界；⑧水文特征、水体功能、水环境自净能力等因素的差异性。同时，还要考虑到自然地理差异及特殊需要。

4.1.1.2　监测断面布设原则

监测断面的布设应遵循近岸较密、远岸较疏，重点区（如主要河口、排污口、渔场或养殖场、风景、游览区、港口码头等）较密，对照区较疏的原则。断面设置应根据掌握水环境质量状况的实际需要，力求以较少的断面和测点取得代表性最好的样点。一个断面可分左、中、右和不同深度，通过水质参数的实测之后可做各测点之间的方差分析，判断显著性差别。同时分析判断各测点之间的密切程度，从而决定断面内的采样点位置。为确定完全混合区域内断面上的采样点数目，有必要规定采样点之间的最小相关系数。海洋沿岸的采样，可在沿海设置大断面，并在断面上设置多个采样点。

入海河口区的采样断面应与径流扩散方向垂直布设。根据地形和水动力特征布设一至数个断面。港湾采样断面站位，视地形、潮汐、航道和监测对象等情况布设。在潮流复杂区域采样断面可与岸线垂直设置。海岸开阔海区的采样站位呈纵横断面网格状布设。也可在海洋沿岸设置大断面。

在海域进行站点布设时，要在海洋水团、水系锋面、重要渔场、养殖场、主要航线、重点风景旅游区、自然保护区、废弃物倾倒区以及生态敏感区设立测站或增加测站密度。在河流支流入汇口、湾中部以及湾海交汇处进行站点布设时，除遵循以上布设原则外，同时需参照湾内环境特征及受地形影响的局部环流状况在辐合区设定测站。

4.1.1.3　采样层次

采样层次见表4-1。

表4-1　水体采样层次范围[1]

水深范围/m	标准层次	底层与相邻标准层最佳距离/m
<10	表层	
10～25	表层、底层	
25～50	表层、10 m、底层	
50～100	表层、10 m、50 m、底层	5
>100	表层、10 m、50 m、以下水层酌情加层、底层	10

注：1. 表层系指海面以下0.1～1 m；

　　2. 底层指河口及港湾海域最好取离海底2 m的水层，深海或大风浪时可酌情增大离海底的距离。

4.1.1.4　布设站位的优化

监测站位的设置是能否准确监测海洋状况最重要的因素之一。在布设站位时，实际采样位置与设定站位出现差别时，其采集的样品往往会具有较大差异，有时会完全失去其代表性。实测站位与设定站位之差达1海里时，除现场测定资料如溶解氧的影响较小外，对水温、盐度、营养盐等的影响是很大的。因此，要着重注意站位布设的合理性，以提高测定数据的可靠性和代表性。近年来，多名国内外学者对检测水质站位布局的优化进行了探索。

1）采用统计方法进行站位布局

监测站位可以采用多种统计方法进行优化。其中包括指数法、水质标准级别法、贴近度法等。利用统计方法进行聚类分析，可以重新划分等级，进行站位优化。优化后的站位应具备效率更高、覆盖面更广、数量更少和有效数据量更高等优点。

2）根据生态环境进行站位布局

根据水质模拟结果，可在生态分区的基础上确定监测的代表性单元，建立各区质心点计算方法，在常态化监测的基础上优化站位，建立基于水动力、水质、生态分布特征的港湾海洋环境监测站位优化布局方法，从而确定各单元的监测位置，使有限的站位获取尽可能全面的监测信息，以分析主要生态污染特征参数的长周期变化。

4.1.2 海洋沉积物样本的布设

4.1.2.1 布设基本原则

沉积物采样站位布设应遵循以下原则：①沉积物采样断面的设置应与水质断面一致，以便将沉积物的机械组成、理化性质和受污染状况与水质污染状况进行对比研究；②沉积物采样点应与水质采样点在同一重线上，如沉积物采样点有障碍物影响采样时可适当偏移；③站位在监测海域应具有代表性，其沉积条件要稳定。选择站位应考虑以下几个方面：水动力状况（海流、水团垂直结构）；沉积盆地结构；生物扰动；沉积速率；沉积结构（地貌、粒径等）；沉积物的理化特征；历史数据和其他资料。

4.1.2.2 采样站位的布设原则

采样站位布设的原则如下：①选择性布设：在专项监测时，根据监测对象及监测项目的不同，在局部地带有选择性地布设沉积物采样点。如排污口监测以污染源为中心，顺污染物扩散带按一定距离布设采样点。②综合性布设：根据区域或监测目的不同，进行对照、控制、消减断面的布设。如在某港湾进行污染排放总量控制监测中，可按区域功能的不同进行对照、控制、消减断面的布设。布设方法可以是单点、断面、多断面、网格式布点。

4.2 海洋微生物样品采集器

4.2.1 海水样品采集器

早在100多年前，当海洋微生物学作为海洋学的一个分支出现的时候，科学家就开始考虑无菌采样装置问题了。海洋真光层可能是现有学者对微生物研究得最为详尽的区域。虽然海水是垂直分层的，但是我们可以很容易地使用任何一种商品化的或是自制的采水装置对海水采样，分析海水中的溶解组分、活的浮游微生物和非生命的颗粒物。根据实验目的，样品体积范围可从小于1 mL到大于30 L，前者用于从不连续的微环境中采样，后者一般用于可溶性物质和颗粒物质的常规采样。

世界各国设计出来的采水器达百种以上，结构和性能各有不同，但多数只适用于采取表浅层水，且存在不同的弊端，因此这些采水器中的绝大部分已经不再继续使用。下面介绍几种国际上比较常见的采水器。

4.2.1.1 佐贝尔采水器

C. E. ZoBell 于1941年在 Johnston 采水器的基础上设计出一种细菌学采水器，又称佐贝尔采水器（Johnston-ZoBell sampler，简称 J-Z 采水器）。该装置包括一个可回收的消毒玻璃瓶、一个固定的塞子及玻璃和橡胶制的管子与末端封口的玻璃管相连接。整个装置可在海上现场高压灭菌，然后固定到一个呈90°开角的翼形铜架上，再拴到采样用的缆绳上。一个铜制重物锤，又称传令器，在接到指令后沿同一缆绳下沉，碰触到一个制动杆，制动杆将玻璃管敲破，水被自动吸入已灭菌的采样瓶中。为了适应更高的压力，在更深处采样时可用一个可压缩的橡胶球来代替玻璃瓶（因在水深约200 m处玻璃瓶会开始破碎，到600 m深时所有玻璃瓶会由于海水静压力而全部破裂）。

4.2.1.2 Jannasch 和 Maddux 采水器

Jannasch 和 Maddux 于1967年设计了一种新的采水装置。这个装置包括一个无菌注射器和一个玻璃采样管，后者被放入一个充满无菌水的透析袋中。这个装置被装在一个可移动臂上，而可移动臂被固定在支架上，支架则被拴在采样缆绳上。一个风向标使注射器处于上升流方向以降低潜在污染的可能性。当传令器激活采水器时，可移动臂从支架上移开，这样可把保护性透析袋从无菌玻璃采样管上剥开。同时连接注射器活塞的绳子绷紧，并在可移动臂离开支架最大距离时（大约75 cm）开始吸入海水。

4.2.1.3　尼斯金采水器

尼斯金采水器，又称蝴蝶袋式采水器，是由尼斯金(S. Niskin)于 1962 年设计的一种气囊式采水器。它包括一个由弹簧激活的金属支架和一个可拆卸、密封无菌的 2L 的一次性聚乙烯袋。接到指令后，传令器激活一个刀片切开密封的口部，然后释放扭杆弹簧打开气囊，由此产生吸力，可把海洋中任何深度的水样吸入采样袋。[2]

4.2.1.4　界面区采水器

空气-海洋界面区，是指海平面以下 150~1 000 μm 的区域，是一块高表面张力和高光照(尤其是 UV-B 射线)的特殊区域，其温度和盐度变化很大。因为海洋的"皮肤"对于海水的热量交换、动量交换和包括气体通量在内的质量交换至关重要，这一区域可能对全球环境变化起到很重要的作用。海洋表面微层区极有可能由一系列相互重叠的区域组成，这无疑给量化采样带来很大困难。多年来，科学家设计了多种界面区采水器，主要包括：①菱形采水器；②筛式采水器；③旋转陶瓷鼓式采水器；④不锈钢碟式采水器；⑤玻璃盘式采水器。这些采水器的效果都已在实验室和实地研究中进行过测试。[3]另外，还有报道述及研究海平面表层的移动式平台。

4.2.1.5　玫瑰花式采水器

大多数现代海洋学研究都把多个采样瓶安装在一个直径为 1~2 m 的环状支架上，形如玫瑰花，因此被称为玫瑰花式采水器。通常把装载有 12~24 个采样瓶的支架从海面的调查船上由电控装置下放到海里，这个装置称为塔门。用这种采水器采集水样，必须有一个电控采样缆绳和一个环境感应器，这种环境感应器又称温盐深仪，用于提供海水电导(盐度)、温度和深度实时信息。现代的温盐深仪装置可以附加水下环境传感器，以提供更多的生态参数，如光线、光的吸收和散射、荧光和溶解氧等。

4.2.2　海洋沉积物采集器

目前还很少有为微生物学研究专门设计制作的沉积物采集器，在采集沉积物样品时，多借用底栖生物的采泥器。泥样中含有的微生物数量远高于上层海水中含有的微生物数量，种类上包括底泥上面水层中所含有的全部微生物种类。采泥器本身所带的微生物则在采集器下沉到海底的过程中已经受到充分的冲刷，因此采泥器在使用前一般不必进行灭菌处理。

4.2.2.1　抓斗式采泥器

抓斗式采泥器中最常见的是 Van Veen 抓斗式采泥器，通常是由不锈钢制成的蛤壳式铲斗，适合于在较软的海底采集相对较多的泥样。利用抓斗式采泥器一般最多可采集深 20 cm、截面约为 0.2 m² 的沉积物。这种采泥器重量较轻，容易操作，技术含量较低，但是样品采集过程中的沉积物容易发生搅动。[4]

4.2.2.2　箱式采泥器

箱式采泥器的表面积为 200~2 500 cm²，采样深度在 0.5 m 左右，随配重的增减有所变化。一些类型的箱式采泥器内部含有多个隔板，可将沉积物分隔成不同的层次，不同层次的样品可以被分别取出用于科学研究。该类型采泥器需由缆绳悬挂，绞车配合进行作业，采泥器在下放的时候，为了减小压力对沉积物的扰动，其顶端和底端闭合铲保持敞开，允许水流自由通过，当采集器在海底着陆后闭合铲自动闭合，从而将沉积物保留在采泥器内。一般适用于质地较软的沉积物样品采集、底栖生物定量研究、地球化学过程研究及沉积物上覆水采集等。[5]

4.2.2.3　柱状采泥器

柱状采泥器依靠重力，将采样管插入沉积物中。它能减小对沉积物的扰动，保证沉积物的完整性。柱状采泥器的采样深度可达数米，是研究沉积过程（年代变化）、生物和化学物质的剖面分布、寻找化石证据等的理想工具，对人们了解过去及推测未来气候的变化历程具有重要意义。柱状采泥器易于使用，但由于其重量较大，一般需要专业人员进行操作。[6]

4.3　海洋微生物检样储存[7]

4.3.1　海洋微生物检样

海洋微生物样品采集后应立即短期保存于 4~8℃ 的环境中。空样容器送往采样地点或装好样品的容器运回实验室供分析，都应非常小心。包装箱可使用多种材料，以防止破碎，保持样品的完整性，使样品损失降低到最小。包装箱的盖子一般都应衬有隔离材料，用以对瓶塞施加轻微压力，增加样品瓶在包装箱内的固定程度。如无条件，则需将样品暂时储存于适宜的低温环境中，低温环境可以减少其中的微生物种类与数量的变化。由于在出海采样时，常常不能装备 -80℃ 的超低温冷冻设备，因此，从样品采集到最终运输到实验室的中间阶段，一般是将样品存放到 -20℃ 的环境中。此外，如果样品数量少，还可将样品存放到液氮(-196℃)中，以便最大程度地保存样品中微生物的完整性。

4.3.2　海洋微生物分离

样品经采集后应立即从泥样或水样中分离出目的菌株。分离海洋细菌的方法很多，但所用的方法都有其优缺点或一定的局限性。稀释平板法是分离纯化海洋细菌的纯培养物及计算样品中活菌数量最常用的一种方法。这一方法使用简便，可以从样品中同时得到较多种、属的海洋微生物，因此，被国内外海洋微生物分离纯化时所通用。苏联科学家设计的 Zobell 2216E 培养基，是培养海洋好气性异养细菌较好的培养基，用它所培养出来的菌落和细菌种类较多。然而海洋微生物检测受到海水理化性质成分及海洋特殊环境的影响，检验效果不佳。因此针对海洋生态环境特点，分离海洋菌，有必要在培养基内加入一些化合物，选择适合的培养基为其提供适宜的繁殖条件，并抑制海洋耐盐自生菌丛的生长速度，才能提高检出率。

4.3.3　海洋微生物储存

分离纯化后的菌株保存于相对应的斜面上，存放于4℃的冰箱中。海洋微生物在4℃冰箱中储存一段时间后，不能培养复壮，目前认为这是由于海洋细菌在低温下变成了不可培养的休眠细胞。保存在室温下的菌种在 1 个月左右要转接，否则会造成海洋细菌的保存失败。一年中，3—5 月与 9—11 月海洋细菌的保存状况最为良好，这时的温度最为适宜，适合海洋细菌的保存。

第5章 海洋微生物鉴定、培养及保种技术

海洋中蕴藏着极丰富的微生物资源，其以巨大的数量和特殊的作用在海洋生态系统，甚至全球的生态系统中占有重要的地位。微生物是海洋生物群落的一个重要组成部分，在海洋生态系统生物地球化学循环中起着重要的作用。作为分解者和次级生产者，微生物影响着生态系中颗粒有机质的溶解与沉降、溶解有机物的形成和消耗、无机营养盐的形成等生态过程。微生物中有些种类还是初级生产者，能通过光合自养、化能自养等营养方式生产有机物。微生物在海洋环境中的重要性，使其新的检测和鉴定技术不断地发展。

5.1 海洋微生物鉴定技术

微生物鉴定即对一个具体的不知名的微生物个体的各种性状进行研究，然后查找分类系统确定其位置。传统的细菌系统分类的主要依据是形态特征和生理生化性状，采取的主要方法是对细菌进行纯培养分离，然后按形态学、生理生化反应特征以及免疫学特性加以鉴定。自19世纪60年代开始，分子遗传学和分子生物学技术的迅速发展使细菌分类学进入了分子生物学时代，许多新技术和新方法在细菌分类学中得到广泛应用。随着仪器分析技术的进步和计算机技术的广泛应用，微生物菌种鉴定逐渐由传统的形态学观察和人工生理生化实验鉴定发展进入了基于仪器自动化分析的鉴定系统阶段。其中碳源利用分析的 Biolog 系统与 DNA 序列分析的 16s rRNA 基因进化发育系统已经成为目前国际上细菌多相分类鉴定常用的技术手段。拉曼光谱法作为当今微生物鉴定研究的热点，相比于传统的微生物分离培养技术与分子生物学鉴定技术，具有免培养、快速、高效的优点。[1]

5.1.1 传统分类鉴定法

传统的分类鉴定主要是指对微生物的形态特征、培养特征、生理生化特性等表型进行描述。[2]

5.1.1.1 形态特征分析方法

细菌形态特征是细菌最原始的分类鉴定指标，是细菌特征描述不可或缺的一部

分，主要包括菌落形态、孢子形成、细胞内含物、细胞的染色反应、细菌的运动性、色素。许多微生物的鉴定一直依赖于传统的分类鉴定指标和技术，如革兰氏染色、鞭毛染色和荚膜染色等。

1) 菌落形态

菌落形态的描述主要包括菌落的形态、大小、颜色、表面和边缘状况、隆起、透明程度、黏稠度、涌动扩散或迁徙行为等。由于细菌在不同温度、pH 值、大气环境、菌龄和培养基上的形态是不同的，因此人们应当在标准培养基和最适培养条件下培养细菌并进行定期观察。

2) 细胞形态和大小

无论是细菌还是古菌，不同物种细胞的形态和大小差异很大。观察原核生物细胞形态最传统的工具是光学显微镜。目前，扫描电子显微镜和透射电子显微镜也广泛应用于细胞形态的观察中，通过透射电子显微镜可以观察到细胞内部结构（细胞内膜的结构和细胞质内含物等）。常见的细胞形态有杆状、球状、弧形和螺旋状。细菌的特殊排列和聚合方式也是重要的特征之一。另外，一些细胞的特殊结构如鞭毛、芽孢、孢子、荚膜和细胞附属物等也需要进行详细的描述。

(1) 鞭毛

鞭毛是细菌分类中的一个重要指标。细菌鞭毛的数量和着生位置不完全相同，根据鞭毛的着生位置可以分为极生鞭毛和侧生鞭毛。有的细菌只具有一根鞭毛；有的在极端或次极端有一束鞭毛，可称为丛毛菌；有的细菌具有周生鞭毛。一般需要透射电子显微镜来观察细菌的鞭毛，也可将鞭毛染色后进行光镜观察，但必须要选择处于最适生长时期的细胞。由于鞭毛的着生并不十分牢固，因此在固定细菌进行电镜检测时，要避免因鞭毛脱落而对结果的观察和描述造成影响。

(2) 孢子形成

孢子可以分为内生孢子（芽孢）和外生孢子。芽孢是非常重要的细菌分类与鉴定指标，可以通过孔雀绿染色后在光学显微镜下观察，对芽孢的描述应当包括其位置和大小。外生孢子的形状和颜色对于放线菌的鉴定非常重要。

(3) 细胞内含物

在细菌中，细胞内含物为细胞内部结构，包括聚磷酸盐颗粒、聚-β-羟丁酸盐脂粒、气泡和硫黄状小粒等，通过特定试剂染色后可在光学显微镜下观察。

(4) 细胞的染色反应

目前经常使用的染色反应是革兰氏染色，此外抗酸性染色、苏丹黑染色和印度墨水染色也常应用于某些特定细菌的鉴定中。

（5）细菌的运动性

由于不同微生物的运动速度和方式不同，因此运动性可以作为微生物分类中的一个重要参数。运动速度有快有慢，运动方式可分为由鞭毛引起的运动和滑行运动（一般发生在无鞭毛的菌体中）。由于运动性很难被观察到，因此在观察运动性时要使用新鲜菌体；有的菌在海水中才显运动。观察运动性可用相差显微镜。

（6）细胞的色素

细胞的色素可通过细胞悬液和菌落颜色进行分析。细菌细胞中常见的色素包括：类胡萝卜素、Flexirubin 型色素、细菌叶绿素、黑色素和绿脓菌素等。不同细胞色素的光吸收波长范围是不同的。测定吸收光谱的具体方法：将待测菌株接种于 2216E 平板上，在适宜的温度下培养一段时间，收集菌体于 4 mL 离心管中，用丙酮–甲醇（7：2，V/V）溶液避光萃取菌体 12 h，轻微离心，吸取上清，全波长紫外可见光分光光度计在 300~700 nm，测定吸收光谱。例如，类胡萝卜素的光吸收波长在 400~600 nm。因此，可以利用分光光度计来检测细胞的光吸收波长，从而判断细胞色素的类型。

5.1.1.2　生理生化特征分析方法

大多数情况下，生理生化实验是根据菌株与不同底物反应而产生的颜色和浑浊度变化，或通过其他检测试剂来检测产生的物质，以判断实验结果。实验主要包括温度试验、耐盐试验、pH 值实验、O/129 敏感性、氧化酶和过氧化氢酶、H_2S 产生、柠檬酸盐利用、硝酸盐还原、V. P. 反应和甲基红反应、吲哚产生、Thormley 氏精氨酸双水解酶、精氨酸、赖氨酸和鸟氨酸脱羧酶、苯丙氨酸脱氨酶、O/F 试验、葡萄糖产气、糖发酵产酸、唯一碳源的利用、厌氧试验和酶的产生等。

具体的生理生化特征分析方法如下。

1）温度试验

接种新鲜细菌培养物于 1% 胰化蛋白胨水溶液（1% 蛋白胨+3% NaCl+0.1% 酵母膏）中，28℃ 培养 6~10 h，至培养液出现轻微浑浊。将 10 μL 菌液和 170 μL 2216E 液体培养基（酵母膏，1 g；蛋白胨，5 g；$FePO_4$，0.01 g；陈海水加至 1 000 mL；pH 值 7.6）混合，接种于 96 孔板，用 180 μL 2216E 液体培养基作为空白对照，每组设 3 个平行实验。将 96 孔板分别置于 0℃、4℃、10℃、28℃（对照）、35℃ 和 42℃ 的条件下培养，每天测一次吸光值（OD 值，590 nm），2~4 d 后（0℃ 和 4℃ 需测试 21 d）可判断菌株的温度生长范围及最适生长温度。

2）耐盐试验

分别配制 NaCl 含量为 0、1%、2%、3%、4%、5%、6%、7%、8%、9%、10%、11%、12%、13%、14% 和 15% 的 2216E 液体培养基（NaCl 溶液代替陈海水），接种新鲜细菌培养物于 1% 胰化蛋白胨水溶液中，28℃ 培养 6～10 h，至培养液出现轻微浑浊。将 10 μL 菌液和 170 μL 2216E 液体培养基混合，接种于 96 孔板，用 180 μL 2216E 液体培养基作为空白对照，每组设 3 个平行对照实验。将 96 孔板置于 28℃ 培养 1 周，每天测一次 OD 值（590 nm），判断菌株的盐度生长范围及最适生长盐度。

3）pH 值试验

分别配制 4 种缓冲体系，调节 2216E 液体培养基 pH 值至 2～10。接种新鲜细菌培养物于 1% 胰化蛋白胨水溶液中，28℃ 培养 6～10 h，至培养液出现轻微浑浊。将 0.5 mL 菌液和 9.5 mL 2216E 液体培养基混合，接种于小试管中，用 10 mL 2216E 液体培养基作为空白对照，每组设 3 个平行实验，28℃ 培养，分别测定 0 h、24 h、48 h、72 h、96 h 时的 OD 值（590 nm），确定菌株的 pH 值生长范围及最适生长 pH 值。

当范围为 pH＝6～10 时，常用生物缓冲对：MES（pH＝6）；MOPS（pH＝7）；Tricine（pH＝8）：CAPS（pH＝9～10）。当范围为 pH<5 或 pH>10 时，为嗜酸或嗜碱菌，常用无机缓冲对：磷酸-磷酸二氢钾缓冲体系（pH＝2）和乙酸钠-乙酸缓冲体系（pH＝3～5）。接种前需要调整溶液 pH 值，以防止培养液放置过久，吸收过多的空气中二氧化碳而导致 pH 值发生变化。

4）O/129 敏感性

此特征主要用于弧菌科的属间鉴别。将 2216E 海洋琼脂培养基，121℃ 高压灭菌 20 min，冷却至 50℃ 左右。O/129（2，4-二氨基-6，7-异丙基蝶啶，2，4-diamino-6，7-diisopropylpteridine）母液（0.3%，W/V）：称取 0.413 g 2，4-二氨基二异丙基蝶啶磷酸盐（相当于 0.3 g O/129），溶于 100 mL 蒸馏水中，过滤除菌。取 950 mL 灭菌后冷却至 50℃ 的 2216E 培养基，加入 50 mL 新鲜配制过滤除菌的 O/129 母液（0.3%，W/V），摇匀，倒平板，其 O/129 终浓度即为 150 μg/mL。取 897 mL 灭菌后冷却至 50℃ 的 2216E 培养基，加入 3 mL 新鲜配制过滤除菌的 O/129 母液（0.3%，W/V），摇匀，倒平板，其 O/129 终浓度即为 10 μg/mL。接种新鲜细菌培养物于 1% 胰化蛋白胨水溶液中，28℃ 培养 6～10h，至培养液出现轻微浑浊，点种于 O/129 平板，同时也点种于未加 O/129 的 2216E 平板作对照，28℃ 培养 2～4 d，观察有无菌落长出。有菌落生长为不敏感，记录为阴性；否则为敏感，记录为阳性。

也可以将制作或购买商业化的 O/129 纸片（含药 40 μg）放在已覆盖待测菌液的

培养基平板中央，观察是否产生抑菌圈以判断敏感性。O/129 纸片制作即是将 10 μL 饱和的 O/129 溶液加到已灭菌的纸片上。

5）氧化酶和过氧化氢酶

氧化酶试验：用几滴 1%四甲基对苯二胺二盐酸盐水溶液浸湿滤纸片，用白金环（用普通镍铬金属环可能出现假阳性反应）、灭菌牙签或细玻璃棒挑取新鲜活化的细菌培养物点在上述溶液浸湿的滤纸上。在 10 s 内出现紫罗兰色或紫色者为阳性；10~60 s 出现紫罗兰色或紫色者为延迟反应；60 s 以上出现反应或不反应者为阴性。因为试剂在空气中也会氧化变色，所以需要同时用氧化酶阳性和阴性的细菌作为对照。

过氧化氢酶试验：接种于 2216E 平板或斜面，28℃培养 18~24 h。用接种环从菌苔中央挑取一环菌于干净载玻片上，滴 1 滴 30%的过氧化氢（H_2O_2）。立即出现气泡者为阳性，30 s 后不产生气泡者为阴性。也可以直接将 30%的过氧化氢加到斜面或平板的菌苔上，观察是否立即有气泡产生。

6）H_2S 产生

培养基：蛋白胨，20 g；$Na_2S_2O_3$，0.5 g；柠檬酸铁铵，0.5 g；NaCl，30 g；琼脂，20 g；蒸馏水加至 1 000 mL；pH 值 7.2。先将蛋白胨、琼脂溶解，冷却至 60℃左右，再加入其他成分，分装至小试管（高琼脂柱，管总高度的 2/5），112℃灭菌 30 min，穿刺接种，28℃培养 2~7 h，沿穿刺线或试管底部变黑者为阳性。

7）柠檬酸盐利用

培养基：柠檬酸钠，2.0 g；$MgSO_4$，0.2 g；K_2HPO_4，1.0 g；$NH_4H_2PO_4$，1.0 g；NaCl，20 g；琼脂，20 g；蒸馏水，990 mL。溶解上述各成分，调 pH 值至 6.8~7.0，加 1%（W/V）溴麝香草酚蓝溶液 10 mL，混匀，培养基呈黄绿色，分装试管。121℃，高压灭菌 20 min，摆成斜面。接种新鲜活化的菌株，28℃培养，3 d、7 d 和 14 d 观察结果。培养基由黄绿色变为普鲁士蓝者为阳性，阴性不变色。

8）硝酸盐还原

培养基：蛋白胨，5 g；牛肉膏，3 g；KNO_3，1.0 g；NaCl，30 g；蒸馏水加至 1 000 mL；pH 值为 7.2。分装小试管，121℃灭菌 20 min。试剂：①Griess 试剂。A 液，对氨基苯磺酸，0.5 g；稀乙酸（10%），150 mL。B 液，α-萘胺，0.1 g；蒸馏水，20 mL；稀乙酸（10%），150 mL。②锌粉或二苯胺试剂。二苯胺试剂：二苯胺 0.5 g，溶于 100 mL 浓硫酸，用 20 mL 蒸馏水稀释。

在上述培养基中接种细菌，28℃培养 24 h，取出少许培养液于两个比色瓷盘中，在一个瓷盘中分别滴加 A、B 液各 1 滴，若出现红、橙、棕色则有 NO_2^- 产生，为阳性。若无红色出现，在另一瓷盘中加入少量锌粉（或滴加 2 滴二苯胺试剂，但二苯胺试剂与硝酸根反应蓝色不明显，结果较难观察），不显蓝色，表明硝酸盐和形成的亚硝酸盐都已还原成其他物质，按硝酸盐还原阳性处理；若显蓝色，表明培养液中仍有硝酸盐，为阴性反应（若为阴性，再培养 5 d 观察）。需要注意的是，A 和 B 液应储存于棕色瓶中。

9）V. P. 反应和甲基红反应

V. P. 反应（Voges-Prokauertest）培养基：蛋白胨，5 g；葡萄糖，5 g；K_2HPO_4，5 g；NaCl，20 g；蒸馏水加至 1 000 mL；pH 值为 7.0～7.2。试剂：5% α-萘酚无水乙醇溶液（避光密封保存）和 40% KOH 溶液。培养基溶解后，分装试管，112℃灭菌 20～30 min（温度切勿过高）。于培养基中接种新鲜活化的菌种，28℃培养 24～48 h。将培养基分为两管，向一管中加入等量的 5% α-萘酚试剂，然后再加入等量的 40% KOH 试剂，用力振荡，或置于涡旋振荡器上振荡，室温下静置 10～30 min，出现红色者为阳性。亦可置 28℃条件下保温，以加快反应速度。

甲基红反应试剂：甲基红，0.04 g；95% 乙醇，60 mL；蒸馏水，40 mL。先将甲基红溶于 95% 乙醇中，然后加蒸馏水。向 V. P. 反应剩余的另一管培养物中滴加 1 滴甲基红试剂，培养液变红色者为阳性反应，黄色为阴性。

10）吲哚产生

培养基：蛋白胨，10 g；NaCl，30 g；蒸馏水加至 1 000 mL；pH 值为 7.6。Ehrlich 氏试剂：对二甲氨基苯甲醛，8 g；95% 乙醇，760 mL；浓盐酸，160 mL；Ehrlich 氏试剂避光且 4℃储存。1% 蛋白胨水溶液，分装试管（每管 3～5 mL），112℃灭菌 30 min。接种新鲜活化的菌种，28℃培养 24 h。加入 4～5 滴乙醚（或苯二醛），振荡，待分层后沿管壁轻轻加入 2 滴 Ehrlich 氏试剂，液层界面出现玫瑰红色环者为阳性反应。

11）Thormley 氏精氨酸双水解酶

培养基：蛋白胨，1 g；K_2HPO_4，0.3 g；L-精氨酸，10 g；NaCl，30 g；酚红，0.01 g；琼脂，3 g；蒸馏水加至 1 000 mL；调 pH 值至 6.8。除琼脂和指示剂外，其他成分充分溶解，调 pH 值至 6.8，加入指示剂，培养基变为紫红色。加入琼脂，煮沸，分装小试管，112℃灭菌 30 min，冷却后培养基为橙红色。穿刺接种，加封无菌液体石蜡，28℃培养 1～2 d，观察培养基颜色变化，同时设不加 L-精氨酸的空白对照管。培养基变为亮玫瑰红色为阳性，黄色为阴性。如果是阴性，则需观察一周。

12）精氨酸、赖氨酸和鸟氨酸脱羧酶

Moller 氏脱羧酶肉汤培养基：蛋白胨，5.0 g；牛肉膏，5.0 g；NaCl，30 g，葡萄糖，0.5 g；维生素 B_6（吡哆醛，pyridoxal），5 mg；溴甲酚紫1.6%溶液，0.8 mL；甲酚红溶液（0.2%），2.5 mL；琼脂，3 g；蒸馏水加至1 000 mL。调 pH 值至6。再加琼脂和指示剂，将上述成分分为4等份，其中3份分别加入 L-精氨酸、L-赖氨酸和 L-鸟氨酸的盐酸盐，使浓度达到1%，再调 pH 值为6.0。未加氨基酸的一份作为空白对照。煮沸，分装小试管，112℃灭菌30 min，取新鲜活化18~24 h 的培养物，穿刺接种，加封无菌液体石蜡油，28℃培养1~2 d，每天观察，阴性管培养1周。对照管变黄色（仅葡萄糖发酵），实验管培养基变为紫色或带红色的紫色者，为阳性。

13）苯丙氨酸脱氨酶

培养基：酵母膏，3.0 g；L-苯丙氨酸，1.0 g；Na_2HPO_4，1.0 g；NaCl，30 g；琼脂，12 g；蒸馏水加至1 000 mL；pH 值为7.3。加热溶解，煮沸，分装试管，12℃灭菌20 min，制成斜面。大量划线接种，28℃培养12~18 h，在斜面上滴加4~5滴10%（W/V）的 $FeCl_3$ 溶液，斜面与试剂液面交界处呈现绿色者为阳性反应。

14）O/F 试验

培养基：蛋白胨，2.0 g；酵母膏，0.5 g；柠檬酸铁，0.1 g；Tris（三羟甲基氨基甲烷），0.5 g；NaCl，30 g；酚红，0.01 g；葡萄糖，10 g；琼脂，3.0 g；蒸馏水加至1 000 mL。除琼脂和指示剂外，其他成分充分溶解，调 pH 值至7.6，加入指示剂，培养基变为橙红色，加入琼脂，煮沸，分装小试管，112℃灭菌30 min。每个菌株接种两管，穿刺接种，一管加封无菌液体石蜡为闭管，另一管不加为开管，28℃培养1~2 d。观察培养基颜色变化，闭管培养基全部变为黄色（开管或者全变，或者不变），结果为发酵产酸，记为发酵"F"；若闭管培养基不变色，开管培养基变为黄色，则为氧化产酸，记为氧化"O"；若两管都不变色，为不反应。酚红在 pH 值为7.6时为红色，pH 值低于6.8时则变为黄色，细菌利用培养基中的糖产酸，使培养基 pH 值下降，所以培养基变为黄色；若细菌利用培养基中的蛋白胨产碱，则培养基 pH 上升，颜色加深。

15）葡萄糖产气

在 O/F 试验中，同时观察培养基中及培养基与管壁之间是否有气泡产生，有气泡产生者为阳性。注意：接种后要及时观察，特别是一些生长快的菌株，要在几小时内就开始观察。否则，产生的气泡会散失，若错过观察时间会误记为阴性结果。

16）糖发酵产酸

基础培养基：蛋白胨，5 g；酵母膏，1 g；氯化钠，30 g；柠檬酸钠，0.1 g（可先制成浓的母液）；Tris，0.5 g；蒸馏水加至 1 000 mL；琼脂，3 g；酚红，0.01 g（可先配制成0.1%的母液，而后每 1 L 培养基加 10 mL）。

除琼脂和指示剂外，其他需加入的成分要充分溶化，调节 pH 值为 7.6，加入指示剂，培养基变为橙红色，加入琼脂，煮沸溶解。试剂糖类：阿拉伯糖、肌醇、D-甘露醇、D-棉子糖、鼠李糖、蔗糖、甘露醇、乳糖、水杨苷、α-氨基葡萄糖、苦杏仁苷和蜜二糖等。其中，鼠李糖、蜜二糖、阿拉伯糖、α-氨基葡萄糖等不能高压灭菌，需要过滤除菌（0.22 μm）。然后以 1% 终浓度加入经灭菌（121℃，20 min）冷却至 50~60℃ 的基础培养基中。其余的糖类可直接加入基础培养基中灭菌（112℃，30 min），终浓度为 1%。最好所有糖类都采用过滤除菌。

分装小试管，每个菌株两管，穿刺接种，一管加封无菌液体石蜡，为闭管；一管不加，为开管，28℃培养 1~2 d。观察培养基颜色变化，闭管培养基全部变为黄色，为阳性。若闭管培养基不变色，开管培养基变黄色，则为氧化；若两管都不变色，则不反应，阴性管继续观察 1 周，同时观察在培养基与管壁之间是否有气泡产生。酚红在 pH 值为 7.6 时为红色，pH 值低于 6.8 时则变为黄色，细菌利用培养基中的糖产酸，使培养基 pH 值下降，所以培养基变为黄色；若细菌利用培养基中的蛋白胨产碱，则培养基 pH 值上升，颜色加深。

对于好氧菌糖发酵产酸实验，还可采用液体振荡培养方法，接种量为 1%。然而，当培养基变为黄色时，液体振荡方法只能证明是否产酸，却不能区分是氧化产酸还是发酵产酸。

17）唯一碳源的利用

基础培养基溶液 A：NH_4Cl，10 g；NH_4NO_3，2.0 g；Na_2SO_4，4.0 g；K_2HPO_4，6.0 g；KH_2PO_4，2.0 g；NaCl，20 g；双蒸水加至 1 000 mL。

基础培养基溶液 B：$MgSO_4 \cdot 7H_2O$，0.2 g；$MgCl_2 \cdot 6H_2O$，8 g；双蒸水加至 1 000 mL。溶液 A 和 B 分别于 121℃灭菌 20 min，冷却至 50~60℃，均匀混合。

碳源底物：γ-氨基丁酸盐、纤维二糖、乙醇、L-瓜氨酸、D-葡萄糖酸盐、D-葡萄糖醛酸盐、L-谷氨酸盐、L-亮氨酸、腐胺、蔗糖、丙二酸盐、木糖、L-阿拉伯糖、丙二酸盐、α-酮戊二酸盐、L-山梨醇和 L-丙醇等。

配制10%浓度的碳源底物，用0.22 μm的乙酸纤维素滤膜过滤除菌(可事先配好保存于4℃冰箱)，然后每种底物以终浓度0.1%(W/V)加入A、B混合液中，混合均匀。对于难溶的碳源底物可以0.2%的终浓度加入溶液A煮沸溶解或112℃灭菌10 min溶解，然后再与溶液B混合。菌种用蛋白胨水培养基(1%蛋白胨，2% NaCl)活化8~10 h，培养基变浑浊，即可接种于上述混合液中，接种量为1%。28℃振荡培养1~2周，检测吸光值为590 nm下的变化情况。以不含维生素的0.1 g酪蛋白水解物培养基作为阳性对照，不加任何碳源的溶液A、B混合物为阴性对照，每组设3个平行，振荡培养后测OD值的变化。OD值升高者表明有菌株生长，为阳性。

需要注意的是，试验中所有玻璃器皿必须用洗液浸泡，双蒸水冲洗干净，所用试剂必须是高纯度，最好使用新开封的分析纯药品。

18)厌氧试验

培养基：蛋白胨，5 g；酵母粉，1 g；磷酸铁，0.01 g；琼脂，20 g；海水加至1 000 mL(或以3% NaCl溶液代替)；刃天青，0.001 g；L-半胱氨酸，0.1 g；适当添加HCO_3^-、SO_3^{2-}等生长因子；pH值为7.6。

在验证菌株是否在厌氧条件下生长时，可将待测菌株接种在该培养基上，适宜温度下严格厌氧环境倒置培养1个月(大约30 d)，观察菌株是否生长。若有菌落在平板上长出，则证明该菌株在严格厌氧环境下可以生长。

19)酶的产生

(1)褐藻胶酶

选择性培养基：褐藻酸钠，5 g；(NH_4)$_2SO_4$，2 g；KH_2PO_4，3 g；$K_2HPO_4 \cdot 3H_2O$，7 g；$MgSO_4 \cdot 7H_2O$，0.1 g；$FeSO_4 \cdot 7H_2O$，0.05 g；陈海水加至1 000 mL(或以3% NaCl溶液代替)；pH值为7.5。固体培养基中添加1.5%(W/V)的琼脂。

配制培养基时，应先将褐藻酸钠加适量水后水浴加热溶解，再加入其他成分，煮沸，待冷却至50℃左右，调pH值至7.5(由于培养基黏性大，调pH值时应充分摇匀)，121℃灭菌20 min，倒平板。用灭菌牙签或接种针点种，每个平板点种3~5株菌，28℃培养1~2周，观察菌落周围有无凹陷。若出现凹陷，则反应为阳性。若凹陷不明显，可在菌落周围滴加几滴10% $CaCl_2$溶液。因为海藻酸是由甘露糖醛酸和古罗糖醛酸两部分组成的混合多糖，所以当平板上覆盖$CaCl_2$溶液后，由于菌株能够产生不同的裂解酶而使菌落周围表现出差异，即裂解甘露糖醛酸和古罗糖醛酸部分的菌落周围分别出现白色晕圈和透明圈。若菌株能够产生裂解两部分的双功能酶，则菌落周围出现透明圈，产生双功能酶的菌株较少。

（2）淀粉酶

A. 固体平板检测法

培养基：蛋白胨，5 g；酵母粉，1 g；磷酸铁，0.01 g；可溶性淀粉，2 g；琼脂，20 g；陈海水加至 1 000 mL（或以 3% NaCl 溶液代替）；pH 值为 7.6。Lugol 氏碘液：碘，1 g；碘化钾，2 g；蒸馏水，300 mL。该液体最好避光保存在棕色瓶中，且一周内使用。称取淀粉，加至适量的陈海水中，搅拌加热溶解，然后加入其他成分（琼脂除外），调 pH 值至 7.6，加入琼脂煮沸，121℃灭菌 20 min，冷却至 50℃左右，倒平板。用灭菌牙签或接种针点种，每个平板点种 3~5 株，28℃培养 1~4 d，在菌落周围滴加新鲜配制的 Lugol 氏碘液，菌落周围出现无色透明圈者为阳性。

B. DNS 液体法检测还原糖

碱性条件下，还原糖与 3，5-二硝基水杨酸（DNS）共热发生氧化还原反应，DNS 被还原为 3-氨基-5-硝基水杨酸（棕红色），还原糖被氧化成糖酸及其他产物。在一定范围内，还原糖的量与棕红色物质颜色深浅程度呈一定比例关系。在 540 nm 波长下测定棕红色物质的吸光值，与该波长下阳性对照吸光值比较，便可判断出该菌是否有淀粉酶活性。

（3）几丁质酶（chitinase）

培养基：蛋白胨，5 g；酵母粉，1 g；磷酸铁，0.01 g；几丁质膏状物（10%），100 mL；琼脂，20 g；陈海水，900 mL（或以 3% NaCl 溶液代替）；pH 值为 7.6。将除琼脂外的其他成分溶解，调节 pH 值为 7.6，加入琼脂煮沸溶解，121℃灭菌 20 min，冷却至 50℃，倒平板（平板凝固后，浅乳白色不透明的为好）。用灭菌牙签或接种针点种，每个平板点种 3~5 株，28℃培养 1~2 周，菌落周围出现透明圈者为阳性。

几丁质的配制：①粗制未漂白的几丁质粉末分别在 1 mol/L NaOH 和 1 mol/L HCl 溶液中轮流浸泡 5 次，约 24 h，95%乙醇洗涤 4 次，自然干燥；②取 20 g 漂洗过的几丁质，室温条件下溶解于 600 mL 50%的浓硫酸中，不断搅拌（4~5 h），加 10 L 的 0~4℃蒸馏水沉淀几丁质，并加 10 mol/L NaOH 溶液，调 pH 值至 7.0，沉淀 24 h 后，弃上清液，加蒸馏水，剧烈搅拌漂洗几丁质（反复沉淀洗涤），4 000 r/min，冷冻离心 15 min，几丁质沉淀用蒸馏水悬浮，制成 10%膏状物，121℃灭菌 20 min，4℃保存。目前已有商品化的几丁质粉，处理方法大大简化。

（4）脂酶

培养基：蛋白胨，10 g；$CaCl_2 \cdot H_2O$，0.1 g；琼脂，20 g；陈海水加至 1 000 mL

（或以 3% NaCl 溶液代替）。加热溶解，调 pH 值至 7.4，121℃灭菌 20 min，冷却至 50℃左右，加入终浓度为 0.05%（*V/V*）的 Tween80，充分摇匀，倒平板（注意：避免产生气泡）。用灭菌牙签或接种针点种，每个平板点种 3~5 株菌，28℃培养 3~5 d，菌落周围出现不透明晕圈者为阳性，表示能水解此脂类。

（5）明胶酶

培养基：蛋白胨，4.0 g；酵母粉，1.0 g；磷酸铁，0.01 g；明胶，15.0 g；琼脂，20.0 g；陈海水加至 1 000 mL（或以 3% NaCl 溶液代替）；调 pH 值至 7.6。将除琼脂外的其他成分充分混合溶解，调 pH 值至 7.6，加琼脂煮沸，112℃灭菌 30 min，冷却至 50℃，倒平板。用灭菌牙签或接种针点种，每个平板点种 3~5 株菌，28℃培养 1~2 d，在菌落周围滴加酸性汞溶液（$HgCl_2$，15 g；浓 HCl，20 mL；加蒸馏水至 100 mL）或 20%~50% 的三氯乙酸。菌落周围出现透明圈者为阳性，出现白色沉淀者为阴性。

（6）卵磷脂酶

培养基：1 000 mL 2216E 海洋琼脂培养基，121℃灭菌 20 min，冷却至 55~60℃，无菌加入 10 mL 蛋黄，充分混匀，倒平板。用灭菌牙签或接种针点种，每个平板点种 3~5 株，28℃培养 3~5 d，菌落周围出现乳白色浑浊环者为阳性。

（7）酪蛋白酶

培养基溶液 A：陈海水，500 mL；琼脂，10 g；蛋白胨，10 g；酵母膏，3 g。培养基溶液 B：蒸馏水，250 mL；酪蛋白，10 g。溶液 C：蒸馏水，250 mL；琼脂，10 g。酪蛋白需要在碱性条件下溶解，所以配制溶液 B 时，滴加 NaOH 溶液使酪蛋白刚好全部溶解。然后分别将 3 种溶液 121℃灭菌 20 min，冷却到 50℃左右，先混合 B 液和 C 液，然后倒入平板形成一薄层，凝固后再倒入 A 液，制成双层平板（注意：勿将酪蛋白和琼脂混合灭菌，否则容易凝固）。不用调 pH 值。用灭菌牙签或接种针点种，每个平板点种 3~5 株菌，28℃培养 2~7 d。在培养基表面覆盖 30% 的三氯乙酸溶液约 15 min 后倒掉。菌苔下或菌落周围出现透明圈者为阳性。

（8）脲酶

培养基：蛋白胨，1 g；葡萄糖，1 g；KH_2PO_4，2 g；酚红，0.012 g；琼脂，20 g；陈海水加至 1 000 mL。除酚红和琼脂外，溶解上述各成分，调 pH 值至 6.8~6.9（注意：pH 值不要大于 7.0），加入酚红指示剂，培养基呈橙黄色（或橘黄色），煮沸，过滤，加入琼脂，112℃灭菌 20 min。冷却至 50℃左右，加入过滤除菌的 20% 脲水溶液，使培养基中脲的终浓度为 2%。立即分装无菌试管，制备斜面。同时制备不加尿素的基本培养基斜面作空白对照。取新活化的菌种在斜面上划线，28℃

培养 1~4 d，培养基变红色者为阳性。

（9）β-半乳糖苷酶

ONPG 溶液：ONPG，0.6 g；0.01 mol/L Na_2HPO_4，100 mL。室温下溶解，调 pH 值至 7.5，过滤除菌，避光 4℃ 保存。ONPG 溶液 100 mL，蛋白胨水（1% 蛋白胨 + 2% NaCl）300 mL。先将蛋白胨水溶液 121℃ 灭菌 20 min，待冷却至室温，无菌操作，将 ONPG 溶液加入蛋白胨水溶液中，混匀，分装无菌小试管中（每管加入 1~2 mL）。接种细菌，28℃ 培养 24 h，培养液变黄色者为阳性。

注意：①新鲜配制的 ONPG 溶液是无色的，变黄以后则不能用；②ONPG 试剂稳定性比较差，应置于棕色瓶 4℃ 避光保存，用前可用大肠杆菌（+）和变形杆菌（-）作质量检查；③接种前应事先在含乳糖的培养基斜面上活化细菌再接种，以加速 ONPG 反应。

（10）琼胶酶

培养基：蛋白胨，5 g；酵母粉，1 g；磷酸铁，0.01 g；琼脂，20 g；陈海水加至 1 000 mL（或以 3% NaCl 溶液代替）；pH 值为 7.6；121℃ 灭菌 20 min。冷却至 50℃ 左右，倒平板。用灭菌牙签或接种针点种，每个平板点种 3~5 株，28℃ 培养 1~4 d，在菌落周围滴加新鲜配制的 Lugol 氏碘液，菌落周围出现无色透明圈者为阳性。

（11）纤维素酶

培养基：羧甲基纤维素钠（CMC-Na），10 g；KNO_3，1 g；K_2HPO_4，0.5 g；$MgSO_4 \cdot 7H_2O$，0.5 g；$FeSO_4 \cdot 7H_2O$，0.01 g；NaCl，0.5 g；琼脂，20 g；陈海水加至 1 000 mL（或以 3% NaCl 溶液代替）；pH 值为 7.6；121℃ 灭菌 20 min。在配制该培养基时可先将羧甲基纤维素钠（CMC-Na）溶解。

检测方法：将 1 mg/mL 刚果红溶液（刚果红，1 mg；蒸馏水，1 mL）滴加在菌落周围覆盖 1~2 h，倒去染液，再滴加 1 mol/L NaCl 溶液覆盖 1 h，倒去后观察，有透明圈者为阳性。

由于操作简便及成本低廉，培养方法在检测和鉴别环境微生物上的应用最为广泛。该方法主要限制在于所检测的微生物必须是可培养的，但环境中可培养的微生物数量不到总数的 10%，而对于极端环境下的微生物用现有的技术手段可培养的仅有 0.001%~1%，因此基于培养的技术不能应用于检测环境中的所有微生物。对大量菌种的分类鉴定是一项繁琐、费时的工作，而且由于海洋独特的环境，如高盐、高压、低营养、低温等，造就了海洋微生物有别于陆地微生物的诸多特异性（如不易培养，形态多变且在保藏和移种过程中很容易死亡等）而导致对它们种类区分的困难。由于微生物对内外环境变化很敏感以及表型容易变异，因此容易导致错误的分类结果。

5.1.2 化学分类鉴定

化学分类鉴定是研究微生物细胞中不同化学组分的特性，并根据这些特性对其进行鉴定。由于细胞特定的化学组分及分子结构具有较好的稳定性，因此是进行原核生物系统分类鉴定的主要方法之一。目前经常使用的特异性细胞化学特性包括：细胞壁化学组分、脂肪酸、磷酸类脂、醌组分、全细胞蛋白和核糖体蛋白电泳分析等。

5.1.2.1 肽聚糖

无论是革兰氏阴性菌还是革兰氏阳性菌，肽聚糖都是最主要的细胞壁组成成分。革兰氏阳性菌具有复杂的多层肽聚糖结构，而革兰氏阴性菌肽聚糖的结构简单，仅为单层。由于革兰氏阴性菌的肽聚糖组成并没有太大差异，尤其对于变形菌门和拟杆菌门的细菌来说其肽聚糖的结构几乎是完全一致的，因此肽聚糖作为分类指标只用于革兰氏阳性菌。在鉴定新物种时，描述和鉴定肽聚糖的结构和氨基酸的组成是革兰氏阳性菌必不可少的特征分析之一，多肽链中氨基酸的组成在属的水平上是一致的，所以在阳性菌属的特征中应当包括对氨基酸组成的描述；另外，在鉴定新种时，也可以利用肽聚糖中肽桥的差异区分不同物种。

5.1.2.2 脂肪酸

脂肪酸是几乎所有细菌细胞膜的重要组成成分。通常当表型特征不能准确区分亲缘关系相近的物种时，脂肪酸组分的分析可以起到至关重要的作用。细菌中脂肪酸的种类是多种多样的：饱和与不饱和直链脂肪酸、顺式与反式支链脂肪酸及环状分支脂肪酸等。多不饱和脂肪酸在细菌中并不常见，但常出现在低温环境下生长的细菌细胞膜中。对于厌氧细菌来说，挥发性脂肪酸是一个重要的鉴定指标。目前，人们常用气相色谱分析法来鉴定脂肪酸。MIDI 系统为脂肪酸的分析提供了一个综合数据库，但该数据库并不完善，还需后续的补充。细菌的脂肪酸鉴定应当描述所有含量超过 1% 的已知脂肪酸，同时对于不是已知脂肪酸的物质也应当以等量链长的形式列出，结果通常保留一位小数。脂肪酸鉴定最为关键的是要与参考的模式菌株在相同条件下一起测定，这样它们的脂肪酸差异才有可比性。

5.1.2.3 极性脂

原核生物细胞膜中含有各种各样的极性脂。极性脂的多样性与细胞膜相关而又不仅限于磷脂。根据其连接的官能团不同可以把极性脂分为磷脂、糖脂、糖磷脂、氨基磷脂、氨基脂和鞘脂类等。这些官能团能够被不同的染料所染色,根据各种显色反应和 Rf 值(比移值)可以确定脂质种类。目前已知的古菌细胞膜中的极性脂只含有磷脂、糖脂和含糖磷脂。甘油可以与不同类型的脂肪酸连接,而与每一种脂肪酸的结合都将形成一种新的化合物,因此在薄层层析板上呈现出的单一点可能是连接不同脂肪酸的极性脂混合物。

5.1.2.4　呼吸醌

呼吸醌在电子传递中起着十分重要的作用,为非极性类脂,在细菌和古菌中广泛分布。根据其组成成分可以分为两大类:苯醌类和萘醌类。另外一种呼吸醌,即苯并噻吩衍生物在原核生物中发现很少。呼吸醌十分容易氧化分解,需要避光保存并避免接触强酸强碱。在应用 HPLC(高效液相色谱)分析呼吸醌的组分之前,可以通过薄层层析板将泛醌(属于苯醌)和甲基萘醌(属于萘醌)先分离开。一般分别用 Q-n 和 MK-n 代表泛醌和甲基萘醌,n 是指侧链中异戊二烯的数量,通常为 5~15 个。这个侧链通常是不饱和的,在特定的基团上加氢形成不同类型的萘醌类。甲基萘醌和泛醌作为微生物分类指征的基础在于其聚异戊二烯侧链的长度及氢的饱和度。泛醌仅存在于 α-变形菌纲、β-变形菌纲和 γ-变形菌纲中。呼吸醌在不同的类群中分布不同,因此呼吸醌、极性脂和脂肪酸并称为细菌化学特征鉴定的三大指标。

5.1.3　遗传学分类法[3]

近年来,分子生物学的研究方法和理论被引入细菌鉴定中,形成了一种新的分类方法,即遗传学分类法。这种方法能够体现细菌的遗传进化过程,使细菌分类地位的确定得到了分子水平的辅助。

5.1.3.1　16S rRNA 同源性分析

16S rRNA 序列分析技术的基本原理就是从微生物样本中的 16S rRNA 的基因片段,通过克隆、测序或酶切、探针杂交获得 16S rRNA 序列信息,再与 16S rRNA 数据库中的序列数据或其他数据进行比较,确定其在进化树中的位置,从而鉴定样本中可能存在的微生物种类。rRNA 结构既具有保守性,又具有高变性。保守性能够反映生物物种的亲缘关系,为系统发育重建提供线索;高变性则能揭示出生物物种的特征核酸序列,是属种鉴定的分子基础。而且 rRNA 在细胞中含量大,一个典型的细菌中含有 10 000~20 000 个核糖体,易于提取,可以获得足够的使用量供比较研究之用。16S rRNA 测序技术鉴定细菌具有高效、准确、特异性强的优点。

5.1.3.2　16S rRNA 同源性分析技术步骤

1）基因组 DNA 的获得

首先从微生物样品中直接提取总 DNA，对易于培养的微生物可通过培养富集后再进行提取。另一种选择是提取微生物细胞中的核糖体 RNA。rRNA 在细胞中的含量很高，易于获得较多的模板，但是 RNA 易于降解，RNA 的提取技术相对于 DNA 的提取较为复杂。由于 rRNA 在死亡的细胞中很快降解，提取 rRNA 通过反转录获取 16S rDNA 序列的方法能够区分被检测的细胞是否为活体细胞。

2）16S rRNA 基因片段的获得

过去常常将提取的总 DNA 经酶切后克隆到 λ 噬菌体中建立 DNA 库，进一步通过 16S rRNA 通用探针进行杂交，筛选含有 16S rDNA 序列的克隆（鸟枪法）。由于 PCR 技术的产生和发展，现在一般采用 16S rRNA 引物 PCR 扩增总 DNA 中的 rRNA 序列，或通过反转录 PCR 获得 CrDNA 序列后再进行分析。采用 PCR 技术的优点在于不仅一次性从混合 DNA 或 RNA 样品中扩增出 16S rRNA 序列，而且方便了后面的克隆和测序。但也同样会出现 PCR 所固有的缺点，尤其是采用 16S rRNA 保守序列的通用引物对多种微生物混合样品进行扩增，可能出现嵌合产物和扩增偏嗜性现象，影响结果的分析。

3）通过 16S rRNA 基因片段分析对微生物进行分类鉴定

16S rRNA 基因片段的分析方法主要包括三种：①将 PCR 产物克隆到质粒载体上进行测序，与 16S rRNA 数据库中的序列进行比较，确定其在进化树中的位置，从而鉴定样本中可能存在的微生物种类。该方法获得的信息最全面，但在样品成分复杂的情况下需要大量的测序工作。②通过 16S rRNA 种属特异性的探针与 PCR 产物杂交以获得微生物组成信息。该方法简单快速，主要应用于快速检测，但可能出现假阳性或假阴性结果。③对 PCR 产物进行限制性片段长度多态性（restriction fragment length polymorphism，RFLP）分析，通过观察酶切电泳图谱、数值分析，确定微生物基因的核糖体型，再同核糖体库中的数据进行比较，分析样品中微生物组成或不同微生物的种属关系。

在分析 16S rRNA 基因序列时，需要注意三个关键方面：序列质量、序列匹配排列和系统发育树的构建。

只有高品质的接近全长（至少 1 400 bp）的序列才能被应用于序列分析中，因此需要对 16S rRNA 基因的 PCR 产物进行克隆测序，而不能使用 PCR 产物直接测序的结果。所有进行比对的序列都需要满足这项要求，否则将影响分析结果，因此在向数据库提交序列、发表文章或者保藏菌株时都需要慎重选择高品质的序列。数据库中序列的品质并没有经过严格的控制，因此从初级数据库（如 NCBI 数据库）中选择使用序列时一定要慎重。韩国 Eztaxon 数据库是专门针对细菌 16S rRNA 基因鉴定所设立的，与 NCBI 相比，该网站的优点在于数据库中几乎所有序列都来自于模式菌株，大大地提高了序列比对的可信度。

序列的匹配排列是系统发育分析中最困难也是最重要的一部分。因此我们需要使用专业的序列比对工具：ARB（http：//www. arb-home. de）、RDP（http：//rdp. cme. msu. edu/）、SILVA（http：//www. arb-silva. de）或者 LTP（http：//ngdc. cncb. ac. cn）。从数据库中获得序列后，为了保持位点同源性，一般需要通过引入 gaps 的方式重新构建分子数据。

系统发育树是新类群与相近类群的系统发育关系图示。一般运用三种计算方法来构建进化树：邻接法、最大似然法及最大简约法。虽然运用的分析方法不同，但最终所表示的亲缘关系是相似的。在构建系统发育树时，序列选择十分重要。对于未知物种而言，需要选择属内所有物种标准株序列作为参照序列；当属内物种特别多时，只需保留不在一个分支上的少量种类。对于新属而言，需要选择科内所有属的模式种；当科内属的数量较多时，只需对在同一分支上的属保留 2~3 个种，而其他分支上保留属的模式种。进化树分为有根树和无根树，在新物种进化树构建时一般选择有根树，并以一个与其他种属亲缘关系足够近但又不至于混到其中的种作为外群来确定进化树的根。外群的选择对树形结构影响也很大，因此对于外群的选择需要慎重，不能选取亲缘关系太远或太近的种作为外群。另外，进化树中还要标明自展值不小于 70% 的节点。

5.1.3.3 DNA G+C 含量测定

自从 20 世纪 50 年代发现 DNA 碱基组成具有种特异性且不受菌龄和外界环境因素影响以来，(G+C) mol% 便成为了细菌鉴定的一个重要遗传指标。(G+C) mol% 含量测定使微生物分类学依据由表型特征向遗传型特征深化，对表型特征相似的疑难菌株鉴定、新菌种的命名和建立一个新的分类单位等是一项重要的、必不可少的分类鉴定指标；(G+C) mol% 含量测定也可作为细菌种属间亲源关系的参考标准。一般认为，两株细菌的 (G+C) mol% 含量差别小于 2% 是无意义的，含量差别在 2%~5%，判定为同种内不同菌株；差别在 5%~15%，判定两株细菌同属不同种；差别大于15%，判定两株细菌不同属甚至不同科。细菌 (G+C) mol% 含量测定法的局限性：(G+C) mol% 含量测定主要作用在于否定，即 (G+C) mol% 含量不同的两个菌株，可肯定回答不是同种细菌，但（G+C）mol%含量相同的细菌，不能武断地认为是相同或相似的细菌，因为（G+C）%含量虽相同，其碱基排列顺序（遗传密码）不一定相同，尚需结合表型鉴定为未知菌定种或通过核酸杂交鉴定菌株间的亲源关系。目前 DNA（G+C）mol%含量测定已广泛用于微生物鉴定中，测定方法也不断加以改进。

1）纸层析法

纸层析法是最早测定 DNA（G+C）mol%的方法，它是利用层析滤纸上吸附的水作固定相，有机溶剂作流动相，不同碱基在两相间分配系数不同，因此在滤纸上移动距离不同而得以分离，但该法准确度低。

2）浮力密度法

20 世纪 60 年代初人们开始使用浮力密度法测定（G+C）mol%含量，其原理是：氯化铯超速离心时形成密度梯度区带，DNA 在其中的浮力密度与其（G+C）mol%含量呈正比，利用公式 $\rho = 1.66 + 0.098\% (G+C)$ 即可求 DNA（G+C）mol%含量，但此法需使用超速冷冻离心机作长达 44 h 的离心且氯化铯试剂价格昂贵。

3）高效液相色谱法

高效液相色谱从 70 年代开始用于 DNA 碱基的分离，DNA 样品随流动相进入色谱柱后，4 种碱基 A、T、C、G 依次分离形成 4 个峰，每种标准碱基的保留时间作为谱峰自动识别的依据，根据每种待测碱基的光吸收强度和谱峰面积分析结果。高效液相色谱法快速、灵敏、准确，所需样品少，但仪器精密、昂贵且所提细菌 DNA 必须高度纯化，限制了普通实验室应用。高效液相色谱法是根据多组分混合物在固定相和流动相分配系数不同先后流出色谱柱而得以分离，此法在 DNA 高度纯化的基础上测定的（G+C）mol%准确可靠，结果稳定，适于细菌分类研究。[4-5]

4）热变性温度（Tm）测定法

Tm 法是最普遍使用的（G+C）mol%含量测定方法，具有稳定、重复性好、准确度高、仪器较易解决（只需带加热装置的紫外分光光度计即可）等优点。

5）连续荧光检测法（荧光法）

90 年代发展起来的连续荧光检测法（荧光法）也是 Tm 测定法的一种，它是应用双股 DNA 结合染料（SYBR Green1）和能够快速升降温度的连续荧光检测仪测定细菌染色体的 Tm 值，根据相应公式算出（G+C）mol%。此法简便快速且不受 DNA 纯度影响，适用于临床微生物的快速检测。[6]

5.1.3.4 核酸杂交分析

核酸分子杂交技术是利用碱基互补配对的原理，使亲缘关系相近的变性核酸单链在特定的条件下形成双链杂交体的过程。由于这个技术是应用已知顺序的 DNA 作为分子探针，因此具有特异性强、定位准确和灵敏度高等优点，是目前生物学研究中应用最为广泛的技术之一。按杂交分子的种类可以分为 DNA 与 DNA 杂交，DNA 与 RNA 杂交和 RNA 与 RNA 杂交。在菌株分类方面，基本不使用 DNA 与 RNA 杂交和 RNA 与 RNA 杂交这两种杂交方式。

DNA 杂交法的原理是用 DNA 解链的可逆性和碱基配对的专一性，将不同来源的 DNA 在体外加热解链，并在合适的条件下，使互补的碱基重新配对结合成双链 DNA，然后根据生成双链的情况，检测杂合百分数。若 2 条单链 DNA 的碱基序列全部互补，则它们能生成完整的双链，即杂合率为 100%；若 2 条单链 DNA 的碱基序列只有部分互补，则它们仅部分生成双链，即杂合率小于 100%。因此，杂合率越高，代表 2 个 DNA 之间碱基序列的相似度越高，它们之间的亲缘关系也越近。G+C 含量的测定结合 DNA-DNA 杂交实验将细菌分类带到了碱基水平，现已成为新种鉴定的金标准。

目前 DNA 杂交大体分为固相杂交和液相杂交两种类型。固相杂交在过去 30 年中应用得较为广泛，它是利用一条核酸链固定在固体支持物上，另一条反应核酸游离在溶液中，未杂交的游离片段可容易地漂洗除去，因此具有容易检测、结果准确的特点，但操作步骤相对繁琐。液相杂交则由于杂交后的过量探针去除较为困难，因此误差较高。近几年经过液相杂交技术的改良和商品化试剂盒的应用，DNA 杂交法的精确度有所提高，且操作较为简单，更适合于一般实验室应用。

DNA 杂交法必须注意的事项有：①当待定菌株与其最相近菌种的 16S rDNA 序列相似度低于 97 时，可以不做 DNA-DNA 杂交试验。当相似度高于 97 时，所有与之相似度高于 97 的菌株都应该做 DNA-DNA 杂交试验。②DNA-DNA 杂合率不低于 70%时，可以认为二者属于同 1 个种，但此标准不可绝对化。可能存在 2 个菌株的所有其他分类特征显示为同 1 个种，但杂合率却低于 70%的情况。③进行 G+C 含量分析和 DNA-DNA 杂交分析之前一定要确保细菌 DNA 的质量，否则会导致错误的结果。

5.1.3.5　多位点序列分析

16S rDNA 在几乎所有物种中都是高度保守的，因此它的分辨率仅能满足属以上水平的分类，若要鉴定到种，还需要其他分辨率更高的基因序列分析，这些基因同样需要满足高度保守但又含有可变区的条件，同时基因长度适中。一般需要 7 个左右的保守基因才能满足上述要求，此法即为多位点序列分析。常用的基因有 gyrB、 recA、recG、rpoB、atpA 和 Hsp60 等。目前，除 gyrB 已有相对成熟的数据库外，其他基因的数据库大多数据量较小。另外，所用引物并不是在每个种中都能扩增出来，只能小范围应用于某些种，序列相似度的临界值也难以界定，因此这种方法更适合于分析种内的系统发生关系。MLSA 虽然因此而受限，不过作为一项开放性技术，随着数据库的不断扩容，不久的将来会得到更广泛的应用。

5.1.3.6 全基因组测序

随着基因测序技术的发展，测序所花费的时间和金钱都大大降低，在不久的将来细菌全基因组测序技术可能会变为常规手段。目前测序技术有 Sanger 测序法和焦磷酸测序法两种。Sanger 测序法需要先构建 650~800 bp 的 DNA 文库，输出的最大通量为 0.44 Mb/7 h；而焦磷酸测序法不需要构建文库，且输出通量高出许多，但每个片段仅有 25~250 bp。目前最新的是 454 平台，其中 GSFLX 系统升级了 Titanium 系列试剂后，每轮测序能产生 100 万个读长，每读长增至 400 bp，10 h 通量可达到 4 亿~6 亿个 bp，但精确度比 Sanger 稍差。由于焦磷酸法测序速度快，花费低廉，在检测基因突变和 SNP(单核苷酸多态性)这类需要大量检测短序列的应用中有不可比拟的优势。

5.1.3.7 核酸指纹识别技术

核酸指纹识别技术主要包括：扩增片段长度多态性 PCR(AFLP)、脉冲场电泳后的限制性图谱分析(M-PFGE)，随机扩增片段多态性分析(RAPD)、rep-PCR[包括 REP-PCR、ERIC-PCR、BOX-PCR、(GTG)5-PCR]和核糖体分型分析。一般来说，这类技术分辨率较高，但更适用于种内关系的比较，比如可以用于测定 B 菌株是否为 A 菌株的克隆，还是属于另 1 个亚种。核酸指纹识别技术的合理应用有助于在种和亚种水平上鉴定菌株，除了 AFLP 和核糖体分型技术以外，其他分析技术的最大缺陷是来自不同实验室的结果难以进行比较分析，其原因是这些技术在各实验室之间还未实现标准化。

5.1.3.8 基因芯片技术

基因芯片也称 DNA 芯片、DNA 微阵列，是指将许多特定的寡核苷酸片段或基因片段作为探针，采用原位合成或显微打印手段，将数以万计的 DNA 探针有规律地排列固化于支持物表面上，产生二维 DNA 探针阵列。将微生物样品 DNA 经 PCR 扩增后制备荧光标记探针，与位于芯片上的已知碱基顺序的 DNA 探针按碱基配对原理进行杂交，最后通过扫描仪定量和分析荧光分布模式来确定检测样品是否存在某些特定微生物。

基因芯片的基本原理是分子生物学中的核酸分子杂交测序方法，即利用核酸分子碱基之间互补配对的原理，将很多 DNA 探针按照顺序固定在支持物的表面，然后与进行标记的样本进行杂交，并且将杂交后获取的信号进行分析，从而能够获得样品的基因排列顺序和基因表达等信息。在基因芯片上固定住的 DNA 探针，一方面来自 DNA 片段和核苷酸，另一方面来自基因组中的基因片段，这些都被固定在芯片上形成了基因探针序列。

可用作基因芯片载体的材料有玻片、硅片、瓷片、聚丙烯膜、硝酸纤维素膜和尼龙膜等，其中最常用的是玻片。为确保实验中探针能够牢固地固定于载体上，通常在载体表面进行多聚赖氨酸修饰、醛基修饰、氨基修饰、巯基修饰等，使载体具有生物特异性的亲和表面。最后将制备好的探针固定到活化的基片上，放入适宜的条件下，使之发生核酸杂交反应。

基因芯片技术在微生物检测中的实用性表现在很多方面。第一，能够实现样品高通量的检测，一次杂交反应就可达到检测众多靶点的目的。其克服了 PCR 等传统分子生物学检测方法和免疫学检测方法低通量的弱点，并且减少了每次实验之间所产生的检测误差，大大提高了检测的准确性，缩短了检测时间，在检测不同环境中微生物的基因表达模式的应用上非常有效。第二，能够对大量的样品进行同步检测。在进行杂交的时候，反应的体积和条件能够保持抑制，有效排除了实验中人为因素或者其他因素带来的影响。第三，分析的过程能够采用多荧光进行样品的标记，能够同时对多个样品进行分析。既减少了外界因素的干扰，又提高了检测的速度，该技术能同时分析数万个基因，进行高通量筛选与检测分析。

基因芯片技术具有灵敏度低的缺陷，特别是在检测低拷贝的基因时更为突出，只能通过对样品进行 PCR 或 RT-PCR 扩增以提高其检测的灵敏度，基因芯片的制作成本较高，应用操作和信号读取的设备昂贵，这是目前 DNA 芯片应用中普遍存在的问题。

5.1.3.9　荧光抗体技术

荧光抗体技术（fluorescent antibody technique，FAT）又称免疫荧光技术，是将不影响抗原抗体活性的荧光色素标记在抗体（或抗原）上，与相应的抗原（或抗体）结合后，在荧光显微镜下呈现一种特异性荧光反应。采用间接荧光抗体技术（IFAT），能够准确地检测出由副溶血弧菌引起的养成期对虾和苗期对虾疾病，这一过程所需时间很短，一般 3h 内即可完成。

间接荧光抗体技术的基本操作如下（以检测水产养殖动物中副溶血弧菌为例）：

取病灶组织涂片，晾干，60℃微热固定→在涂片上滴加兔抗副溶血弧菌血清，在室温下放置 5 min，最好置于避光、湿润的容器中→pH 值为 7.2 的 PBS 冲洗→滴加异硫氰酸盐荧光素标记的羊抗兔血清，放置 5 min→用 PBS 冲洗，晾干→加 1 滴封存液，盖上盖玻片，在荧光显微镜下镜检。如果在涂片的不同部位，视野中呈现发绿色荧光的个体，即证明样品中有副溶血弧菌存在。该方法简单易行，检测快速。由于需要荧光显微镜，因此不易于现场检测。

5.1.3.10　酶联免疫吸附技术

酶免疫技术发展较晚，但随着试剂的商品化及自动化操作仪器的广泛使用，使酶免疫技术日趋成熟，方法稳定，结果可靠，在很多领域取代了荧光技术和放射免疫测定法。酶免疫技术根据抗原抗体反应是否需要分离结合的和游离的酶标记物而分为均相和非均相两种类型，以非均相法较常用，包括液相免疫测定法与固相免疫测定法。固相免疫测定法的代表技术是酶联免疫吸附技术(enzyme linked immuno sorbent assay，ELISA)。

ELISA 是以免疫学反应为基础，将抗原、抗体的特异性反应与酶对底物的高效催化作用相结合的一种敏感性很高的实验技术。由于抗原、抗体的反应在一种固相载体——聚苯乙烯微量滴定板的孔中进行，每加入一种试剂孵育后，可通过洗涤除去多余的游离反应物，从而保证实验结果的特异性与稳定性。在实际应用中，通过不同的设计，具体的方法步骤可有多种，即用于检测抗体的间接法、用于检测抗原的双抗体夹心法及用于检测小分子抗原或半抗原的抗原竞争法等。比较常用的是双抗体夹心 ELISA 法及间接 ELISA 法。国内外均有将 ELISA 技术应用于检测致病性海洋细菌的报道。目前，采用间接 ELISA 技术对中国对虾育苗池和环境水体进行了哈维氏弧菌(*Vibrio harveyi*)的检测，其结果和常规法分离鉴定的结果基本一致，但速度要比常规法快得多，一般 6 h 内即可完成。

ELISA 方法比荧光抗体技术更灵敏，而且可以用酶标仪对病原菌进行定量分析，但操作比较复杂。单克隆抗体的发展增强了酶联免疫反应、荧光抗体技术和免疫组化技术等检测病原菌的可靠性。但是单克隆抗体也有一些缺点，如特异性太强以致有时检测不出病原菌包含的所有抗原；多克隆抗体则有更广泛的抗原组分。

5.1.4　细菌快速鉴定技术

由于传统鉴定方法需从形态、生理生化特征等方面进行数十项试验，才能将细菌鉴定到种，工作量大，花费时间长。因此，从 20 世纪 70 年代起国外开始实行标准化鉴定系统，并采用与之相结合的计算机辅助鉴定软件，使细菌鉴定技术日益朝着简便化、标准化和自动化的方向发展。这些系统的共同特点是，采用数值分类法进行数据处理，并建立了相应的数据库，可以通过比对直接获得鉴定结果。目前常见的鉴定系统有 API 系统、Biolog 系统、VITEK 系统等。应当注意的是，这些快速鉴定系统不是专门用于海洋细菌的鉴定，因此，鉴定结果需要进行全面的评价和分析。对其中某些试验条件，如温度、盐度等做出适当调整，才能符合海洋细菌的生长条件。

5.1.4.1　API 系统

API 系统是目前世界上应用最为广泛的细菌鉴定系统，主要由含几十种脱水基质的微型管组成的 API 试验条、试验结果读数表及检测试剂等组成。每个试验条可对一株细菌进行几十项生化试验。挑取分离纯化后的单个菌落，制成菌悬液，按要求加入 API 试验条的微型管中。适宜温度下，培养 24 h，并根据实验结果和说明书适当增加培养时间。以其自身代谢产物颜色的变化或加入试剂后颜色的变化加以鉴定，其结果以一个 7 位数字形式对检索表或直接输入计算机即可得到相应的种名。鉴定主要依据 API 试剂条的生化反应结果将一种/组细菌与其他细菌相鉴别，并用 %id(鉴定百分率)表示每种细菌的可能性。API 系统常用类型主要包括 API20E(肠杆菌科和其他非苛养 G–杆菌的标准鉴定系统)、API20NE(非肠杆菌非苛养 G–杆菌的标准鉴定系统)、AP1ZYM(半定量检测酶活性)和 API50CH(利用糖类产酸鉴定或碳源利用)。[7]

5.1.4.2　Biolog 微生物自动分析系统

碳源利用分析的 Biolog 系统是国际上细菌多类鉴定常用的技术手段。Biolog 自动微生物鉴定系统主要根据细菌对糖、醇、酸、酯、胺和大分子聚合物等 95 种碳源的利用情况进行鉴定。细菌利用碳源进行呼吸时，会将四唑类氧化还原染色剂(TV)从无色还原成紫色，从而在鉴定微平板上形成该菌株特征性的反应模式或"指纹图谱"，通过纤维光学读取设备——读数仪来读取颜色变化，由计算机通过概率最大模拟法将该反应模式或"指纹图谱"与数据库相比较，将目标菌株与数据库相关菌株的特征数据进行比对，获得最大限度的匹配，可以在瞬间得到鉴定结果，确定所分析的菌株的属名或种名。Biolog 系统由于反应颜色单一，降低了假阳性率；反应时间缩短，4~6 h 就可上机判读得到鉴定结果，最关键的是其数据库充足，可鉴定包括细菌、酵母和丝状真菌等 2 000 多种微生物，几乎涵盖了所有人类、动物、植物病原菌以及食品和环境微生物。

1) 细菌的纯培养

用于鉴定的细菌必须为纯培养物，可将菌种分离纯化获得单菌落，通过菌落放大灯观察菌落形态判断是否为纯培养物。制备不同类型的细菌必须按照相应的浊度标准品制备适宜浓度的菌悬液。

2) 微平板读数后进行结果分析

Biolog 软件将读取的 96 孔微平板反应结果按照与数据库的匹配程度列出 10 个结果，如果鉴定结果与数据库匹配良好，将显示鉴定的结果在绿色状态栏上；如果鉴定结果不可靠，结果栏为黄色，显示"No ID"，但仍列出最可能的 10 个结果。每个结果均显示 3 种重要的参数，即可能性 probability（PROB），相似性 similarity（SIM）和位距 distance（DIS）。DIS 和 SIM 是最重要的 2 个值。DIS 值表示测试结果与数据库相应数据条的位距，SIM 值表示测试结果与数据库相应数据条的相似程度。

Biolog 系统规定：细菌培养 4~6 h，其 SIM 值 ≥0.75；培养 16~24 h 时，SIM 值 ≥0.50，系统自动给出的鉴定结果为种名。SIM 值越接近 1.00，鉴定结果的可靠性越高；当 SIM 值小于 0.5，但鉴定结果中属名相同的结果的 SIM 值之和大于 0.5 时，自动给出的鉴定结果为属名。

Biolog 微生物鉴定系统使微量反应的基质准备（板条）及结果判读工序自动化，减少了操作时间；其操作过程借助浊度仪和电子连续加样器，操作简便，更提高了自动化程度。比常规生化鉴定法可提前 20~30 h 发出报告，比 16S rDNA 序列分析鉴定更是提前了 7 d 左右。Biolog 系统虽然具有操作简便、自动化程度高、鉴定快速、采用标准化程序和耗材等优点，但是，如果不配备具有一定专业背景的操作人员和科学适用的操作技术规程，准确使用该系统并得到正确的鉴定结果仍然具有一定的难度。

5.1.4.3 VITEK 鉴定系统

由生物梅里埃公司出品的全自动微生物鉴定/药敏分析系统 VITEK 是目前世界上最先进、自动化程度最高的细菌鉴定仪器之一。VITEK 已被许多国家定为细菌最终鉴定设备，并获美国药品食品管理局（FDA）认可。

VITEK 对细菌的鉴定是以每种细菌的微量生化反应为基础，不同种类的 VITEK 试卡（检测卡）含有多种的生化反应孔，可达 30 种。将手工分离的待检菌的纯菌落制成符合一定浊度要求的菌悬液，经充填机将菌悬液注入试卡内，封口后放入读数器/恒温培养箱，根据试卡各生化反应孔中的生长变化情况，由读数器按光学扫描原理，定时测定各生化介质中指示剂的显色（或浊度反应，然后把读出信息输入计算机储存并进行分析，再和预定的阈值进行比较，判定反应，再通过数值编码技术与数据库中反应文件进行比较，最后鉴定报告将在显示器上自动显示）并在打印机上自动打印。

该系统有高度的特异性、敏感性和重复性，还具有操作简便、检测速度快的特点，绝大多数细菌的鉴定在 2~8 h 内可得出结果，但只能对纯种培养的微生物进行鉴别，对含有多种细菌的环境样本中的不同细菌不能直接加以鉴别，需常规预处理，对有些菌的鉴定还需用生化补充试验[8]。

5.1.4.4　MIDI 鉴定系统

20 世纪 90 年代美国 MIDI 公司成功开发出微生物自动化鉴定系统（Sherlock MIS），该系统有一套完整的标准化程序，备有图谱识别软件和迄今为止微生物鉴定系统中最大的数据库资源，且操作简单，分析周期短，使得该项技术在微生物领域的研究中得到更广泛应用。将分离纯化后的细菌，按规定方法提取脂肪酸并甲酯化，利用气相色谱按照 MIDI 标准程序运行，测定结果可由 MIDI 软件自动分析细菌样品中的脂肪酸成分及相对百分含量，并与软件数据库中储存的细菌资料进行比较，鉴定出细菌的种名。目前，该软件已储存有 1 300 多种好氧菌及厌氧菌的资料，但实际上大部分海洋细菌不能与数据库中的细菌比对上。

5.2　海洋微生物培养技术

借助人工配制的培养基和人为创造的培养条件（如培养温度等），使某些（种）微生物快速生长繁殖，称为微生物培养。

与陆生细菌相比，海洋细菌在基础培养基上通常生长缓慢，代时较长，在平板上形成的菌落也相对较小。如果以平板菌落计数法计数陆生细菌，在适当温度下培养 2~5 d，最多 7 d 即能较准确地计数菌数。然而对于海洋细菌一般要经过 5~7 d，对于一些大洋水样甚至要经过 10~15 d 才可准确计数，因为有时培养 10 d 后，平板上的可见菌落数还会大量增加。这是由于一些海洋细菌对培养条件不适应，需要时间来合成新的酶类以适应新的营养环境。而有些完全不适应新环境的细菌，则根本不能在平板上生长。因此，以培养法计数海洋细菌是不恰当的，所得数据与实际菌数相差甚远。总之，对海洋细菌的培养具有一定的难度。

5.2.1　分离纯化与培养

海洋细菌多具有黏附性，菌体容易黏着在一起而产生聚集现象，要研究某一微生物，必须把它从混杂的微生物群中分离出来，这种过程称为"分离"。微生物学中把一个细胞通过分裂得到后代的过程叫作纯化培养。微生物分离与纯化的方法很多，传统的平板划线法通常很难将单个菌体完全分开而得到纯培养，目前使用较多的方法有稀释涂布平板法和培养条件控制法等。培养条件控制法包括：选择培养基分离法、好氧与厌氧培养分离法和 pH、温度控制分离法。应用上述方法使细菌单个细胞或同一类细胞在培养基上长出菌落，而后根据菌落及菌体的形态特征挑取所需单个菌落的菌苔少许，接种于斜面培养基中培养，然后再从斜面培养基的菌苔挑出分离（或直接从单菌落中挑出），反复数次直到生长的菌落形态一致及其菌体形态也一致为止，则可提供生理生化鉴定和研究。

人工合成培养基是依据微生物的原生态环境及生长条件而设计的。虽然 ZoBell 最早设计的 2216E 基础培养基适合多数常见的、适应性强的海洋异养菌的生长，但它也并不是"万能"的，有许多海洋异养菌不能在这种培养基上正常生长或生长很差。因此，用培养法分离海洋细菌时，除采样外还应检测其环境因子，分析其生长条件，"因菌制宜"地改变或补加营养成分，调整环境条件，才能提高成功率。单靠一成不变的培养方法是不现实的。例如，在分离大洋中的细菌时，由于其多生活在寡营养的环境中，长期处于半饥饿状态，如果突然将其接种到营养丰富的培养基上，这些细菌会不适应而使生长受到抑制，这是培养失败的常见原因之一。过渡性的适应培养是必要的，一些接近于海洋细菌原生态条件的营养物，虽然制取麻烦，但它比仅用现成培养基培养有更高的成功率。

对海洋细菌的原生态环境因素、生存条件、附生及共生性、VBNC 状态缺乏深入了解，是造成用传统培养法难以实现对许多海洋细菌分离、培养的主要原因。因此，必须改革传统的培养模式，创新多样化的培养方式和培养条件，才能适应新形势下开发利用海洋微生物资源的需要。

近年来，一些研究者开始尝试新的培养方法来增加可培养细菌的种类，这些新方法多采用稀释的培养基或模拟自然环境直接用无菌海水进行培养。模拟自然环境条件，维持微生物种群间的相互关系是维持海洋微生物可培养性的关键。但是提高海洋微生物的可培养性，不能仅依靠哪一种方法，在发展新的海洋微生物培养技术的同时，应该结合分子生物技术，使两种手段相辅相成，从而更好地提高海洋微生物的可培养性。

5.2.1.1 稀释培养法

目前海洋微生物获得纯培养的不到1%，这是由于海洋环境中主要是寡营养微生物，而在实验室培养时，培养基的营养物浓度远远高于微生物生长的自然环境。用传统的培养方法得到低存活率的主要原因是大多数海洋细菌在达到可见的混浊度之前就到达稳定期。传统培养方法中营养物质的添加刺激了某些微生物的生长，但也抑制了大多数微生物的生长。采用稀释培养法先将海洋微生物群落计数后再进行稀释，然后接种于灭菌海水中进行培养，培养 9 周后用流式细胞仪检测，发现微生物细胞的密度可达到 10^4 个/mL，细胞的倍增时间为一天到一周。

5.2.1.2　高通量培养法

采用高通量培养法（high-throughput culturing，HTC），是将样品密度稀释至 10^3 个/mL 后，用 48 孔细胞培养板分离培养微生物。通过这种方法可使样品中 14% 的细胞培养出来，远远高于传统微生物培养技术所培养的微生物数量。

该技术在一定程度上模拟了自然环境，使所有的微生物处在一个开放的、连续的培养环境中，不破坏微生物之间的生态联系，但同时又将单个微生物分离培养，避免了混合培养时的营养竞争问题，使微生物能够获得纯培养。该技术具有多个培养单元，操作简单，可以在短期内检测大量的培养物，并且可以培养出更多新物种，提高了工作效率，从而实现微生物的高通量培养。

基于培养板的高通量培养法有效地提高了微生物的可培养性，并且可以在短期内检测大量的培养物，大大提高了工作效率。但是也存在一定的局限性，即在样品稀释、降低微生物间不利作用的同时，其有利作用也被削弱。例如，当微生物被极度稀释、初始接种量很小时，微生物分泌的代谢产物也被稀释，其他共生微生物由于缺乏这些必需的代谢产物，生长就会受到抑制；再者，缺少种间的共生关系和群体效应，很多微生物仍然不可培养。

5.2.1.3　微囊包埋法

微囊包埋法是海洋微生物的另一种高通量分离培养技术。将海水和土壤样品中的微生物先进行类似稀释培养法的稀释过程，[9] 然后将稀释到一定浓度的菌液与融化的琼脂糖混合，制成包埋单个微生物细胞的琼脂糖微囊，将微囊装入凝胶柱内，使培养液连续通过凝胶柱进行流态培养。凝胶柱进口端用 0.1 μm 滤膜封住，防止细菌的进入而污染凝胶柱；出口端用 8 μm 滤膜封住，防止微囊随培养液流出。高通量培养技术一般采用微孔板结合以流式细胞仪检测，这样就可以增加细胞检测的灵敏度，缩短低生长率细胞的培养时间。该技术的主要优点是：①尽管每个细胞被单独包埋，但是来自环境的所有被包埋的细胞都在一起培养，这在一定程度上模拟了自然环境，由于微囊的孔径较大，代谢产物和一些其他分子（如信号分子）可以互相交换，这些由其他微生物产生的可以扩散的分子能增加微生物的可培养性；②微囊是在一个开放的、连续补充营养的系统中，而不是在一个封闭的系统中，模拟了大多数自然环境的开放条件；③不仅能够高通量地分离和培养微生物，而且较易进行下游的扩大培养。长出的微菌落可用于接种，进行扩大培养；④该分离培养技术可使大量的微生物获得纯培养。经典的海洋微生物的分离培养方法是将海洋环境中的微生物混合培养后再分离单菌落，最终只能得到少数几种微生物的纯培养；该方法是将海洋环境中的单一微生物分离后再进行培养，最终使大量的微生物获得纯培养。

微囊包埋培养技术能够有效培养海洋微生物，但仍有不足之处，包括：①目前使用较多的琼脂糖凝固点较低，在操作过程中需要加热，会对一些微生物造成危害；琼脂糖微球的机械强度不高，随着培养时间的延长，微球容易破碎影响分选结果。②常用的油水乳化法制备的微球粒径均一性较差，在一定程度上影响包埋微生物的生长和分选。

5.2.1.4 扩散盒培养法

扩散盒培养法模拟海洋微生物生长的自然环境，由一个环状的不锈钢垫圈和两侧胶连的 $0.1~\mu m$ 滤膜组成。将海洋微生物样品加至封闭的扩散盒中，在模拟采样点环境条件的玻璃缸中进行培养。扩散盒的膜可使化学物质在盒内与环境之间进行交换，但是细胞却不能自由移动。尽管用这种方法没有培养出新的微生物种类，但是在扩散盒中培养 1 周后却得到大量形态各异的菌落。获得的菌株在人工合成的固体培养基中不能生长，但是在其他微生物的存在下却能形成菌落。这种培养方法能较大程度地模拟微生物所处的自然环境，由于化学物质可以自由穿过薄膜，可保证微生物群落间作用的存在，提高了微生物的可培养性。

扩散盒培养微生物具有以下优势：①扩散盒本身对微生物细胞无毒性；②扩散盒也可以为微生物提供生长所需的成分，包括营养物质、信号分子，还可以移除代谢产物，维持微生物群落间的作用，获得微生物的多样性明显高于培养基培养获得的。[11]但是该培养方法仍然存在一定的缺陷，即扩散盒法操作比较繁琐，费时费力，并且该方法不能使微生物的高通量培养和物种分选同时进行。[10]

5.2.1.5 中空纤维膜装置培养技术

中空纤维膜装置是由中空的纤维膜-聚偏二氟乙烯膜(膜的透过率为 67%～70%，膜小孔的孔径为 $0.1~\mu m$)形成一个小室，每个装置系统包括 48～96 个这样的小室单元(小室内径为 0.76 mm，外径为 1.2 mm)。该装置的上部为注射器构成的注射进样口，在培养过程中下部浸在液相中，上部覆盖一个罩子保持无菌状态。将从环境中抽取的微生物样品稀释后注入小室,该装置可以提供原位环境,继而培养微生物。[11]

中空纤维膜装置培养微生物有以下几个特点:①多孔膜允许化合物的交换(例如,营养物质、信号分子),但是阻止微生物细胞进出,从而保持稳定的生长条件(例如,抑制微生物生长活性的代谢产物和分泌物可以快速地透过膜),允许微生物生长所必需的种间和种内的相互作用,因而微生物可以在模拟外界环境的条件下生长;②该装置系统可以摄取不同类型的底物,例如连续加入低浓度的底物有利于微生物的生长(有时高浓度的底物对微生物是有毒的)。[12]但是该方法培养微生物时必须依赖于稀释,因此在一个装置中只有小量的分离群体可以获得培养;并且该装置需要进一步的技术改善,结合细胞分选系统——流式细胞仪分选获得单个微生物细胞,使每个小室单元中孵化培养一个微生物细胞效果会更好。

5.2.1.6　分离芯片高通量培养技术

分离芯片是由包含有很多小孔的平板构成,这种平板由疏水性的可塑的聚甲醛制作而成,上下两块板通过螺丝钉固定在一起,形成多个直径为 1 mm 的小孔,整块板分为两个区域,每个区域有 192 个孔,用直径为 25~47 mm 的膜覆盖。在培养开始之前,将灭菌的中央板浸泡在微生物细胞悬浮液中,使每个小孔获得一定数量的微生物细胞,微生物细胞的数量取决于稀释的程度,当微生物细胞悬浮在液态琼脂中时,微生物细胞进入小的琼脂球中凝固,被每个小孔分别获取,从而与其他微生物细胞分离开来。然后用膜将板上的每一个区域覆盖,最后将上下两块板固定,形成多个密封的分散小室,在微生物原来的生存环境下进行原位培养。

分离芯片高通量培养分选微生物有以下几个优点:①该装置形成的小室是密封的,不允许微生物细胞进出,通过物质扩散获得原位环境,适于微生物生长,形成菌落的微生物细胞数量明显高于传统培养方法,易于观察,获得的微生物多样性明显高于传统培养方法;②培养同样的样品,该方法获得的代表物种与传统方法获得的代表物种明显不同;③该方法操作简单,取样容易,一个人一天可以建立 10~20 个分离芯片,孵化培养时不需要做任何工作,并且该方法能够一步完成微生物的生长和分选。但是该方法培养分选的效果同样依赖于样品的稀释程度;并且制作平板和膜的材料要求严格,不能危害微生物细胞的生存。

5.2.1.7　微操作技术

微操作技术可分为机械微操作和光学微操作两种类型。通过机械微操作技术可以把单细胞从复杂环境中分选出来用于纯培养。用这一技术已经获得了不同种类的微生物，包括潜在的新菌。光学微操作也称为激光镊子，通过高度集中的近红外激光束来捕获和操作细胞。因为没有物理接触，所以此操作可以在密闭无菌的培养室中进行，应用这种方法发现了新型的纳米级极端嗜热共生古菌。

5.3 海洋微生物保种技术

菌种保存可以保持菌种的长期存活、特性稳定及不受污染，对于微生物资源的保护、利用和研究开发，意义都非常重大。菌种保存技术开始于 19 世纪末，利用玻璃管封闭的琼脂斜面、明胶或土豆的薄切片来保存菌种。到目前为止，已建立发展了许多长期保存菌种的方法，各种微生物菌种保藏方法的主要原理是根据不同微生物的生理生化特点，人为创造缺氧、低温或者干燥的条件，降低微生物的新陈代谢，使其生命活动基本处于停滞或者休眠状态，停止生长繁殖的微生物，其遗传物质自然会更加稳定。因此微生物的性状在这种条件下保持稳定，达到维持种系的目的，以便为扩大微生物育种及微生物学研究提供大量可靠的优质菌种。一般是将细菌处于低温、干燥、缺氧和营养成分极度贫乏的环境条件下，使细菌处于长期休眠状态，以达到长期保存的目的。

保存方法大致可以分为两类：①在基质中低温保藏方法，包括斜面低温、液体石蜡、半固体穿刺、沙土管保藏法。这类保藏方法通过稍降低温度辅以缺氧及减少养分供给等方式，以降低微生物的新陈代谢，从而达到较长时间保藏菌种的目的。②在保护剂中超低温保藏，也包括冷冻真空干燥冻存法。通过保护剂减少溶液结晶，平衡微生物细胞内外渗透压，保证微生物的生存，同时把温度降低到冰点以下使微生物的新陈代谢完全停止。这类方法虽然操作复杂，要求的硬件条件较高，但可以实现长时间保持菌种稳定的目的。[13]

5.3.1 斜面低温保藏法

将待保藏的菌种接种在合适的斜面培养基上，在相应的条件下培养至得到充足的菌体或者孢子，随后密封试管置于 4℃ 左右保存，具体保存温度按照保存菌种设定。保藏时间依微生物的种类从 1 个月到 4 个月不等。

此法的优点是适用范围广，操作简便，成本低廉，恢复方便，能随时对微生物的状态进行观察。缺点是保藏时间较短，需要经常传代处理，因连续传代而容易引入基因突变或者杂菌，培养基的理化性质及微生物代谢产物等原因还会导致微生物性状发生改变。因此斜面低温保藏法适于短期保存常用菌株，而且应该与其他能够长期保存菌株的方法相结合防止种系丢失。

5.3.2　液体石蜡保藏法

此法是斜面低温保藏法的一种改进，只需将无菌干燥的液体石蜡注入上述培养好的斜面至高于斜面顶端 1 cm 处，再将试管密封，于 4℃ 左右直立冷藏保存，具体保存温度随菌种而变。注意要定期添加石蜡保证斜面处于液面以下。保藏时间至少可以达到 1 年(无芽孢细菌、酵母)甚至更长。

液体石蜡保藏法基本上克服了斜面低温保藏法保存时间短的缺点，简便有效，保藏时间 2~10 年，可用于丝状真菌、酵母、细菌和放线菌的保藏，特别是对类似难以冷冻干燥的丝状真菌和难以在固体培养基上形成孢子的担子菌的保藏更为有效，不需特殊设备，且不需经常移种。然而液体石蜡保藏法由于要求试管直立保存，因此比较耗费空间，不便于携带。此法要注意以下三点：①石蜡要保证无水，干热 160℃，2 h 灭菌后的石蜡可直接使用，若是用高压湿热 121℃，20 min 灭菌法灭菌，则要置于烘箱中至水分蒸发，石蜡液体变澄清后再使用；②用接种环取种复苏时，注意接种环要充分冷却防止液体石蜡飞溅伤人；③某些以石蜡为碳源，或对液体石蜡保藏敏感的菌株都不能用此法保藏。

5.3.3　半固体穿刺保藏法

配制半固体培养基，高压湿热灭菌后倒于无菌试管中至约 1/3，待培养基凝固，用接种环从平面培养基上挑取单菌落，穿入培养基若干次。在合适的条件下进行培养至菌体旺盛生长，之后密封试管，根据菌种特点在 4℃ 左右或者凉爽干燥处保存。保存时间至少可以达到 1 年，对于有些菌种甚至能达到 20 年之久。

此方法主要适用于工程大肠杆菌等细菌，操作简便，保存时间较长，适用于实验室使用，保存时注意培养基的营养不宜过于丰富，以进一步降低细菌的代谢。此法也可以用石蜡对培养基进行液封从而延长保藏时间。

5.3.4　加入保护剂冻存保藏法

体积分数 10%~20% 甘油是最常见的菌种冻存保护剂，将成熟期菌种培养物制成悬浊液于冻存管中，加入一定体积的无菌甘油，使甘油的最终体积分数为 10%~20%，密封。可以根据实验室的条件将菌种置于液氮、干冰、-80℃ 冰箱，或者 -20℃ 冰箱中保存，温度越低保存时间越长。

加入保护剂冻存的方法操作比较麻烦，对设备要求相对较高，然而此法应用范围极广。在低温条件下微生物的代谢完全停滞，因此此法保存时间长，可以使微生物的遗传物质以及表观性状较为稳定。应用此法对微生物进行保藏的关键是：①选取最合适的保护剂；②注意要"慢冻快化"。冷冻时降温速率保持1℃/min，复苏时用37℃水浴，能保证菌种最高的成活率。

5.3.5 冷冻真空干燥保藏法

将处于成熟期的微生物培养物悬浮于无菌的血清、卵白、脱脂奶或者海藻糖等保护剂中制成浓菌液，分装到无菌的安瓿瓶中，于低温冰箱中冷冻，达到预定温度后对浓菌液进行冷冻干燥处理，之后在真空状态下融封安瓿瓶，于20℃保藏。冷冻真空干燥保藏法是菌种保藏方法中最有效的方法之一。

冷冻真空干燥法虽然操作复杂，需要使用冷冻干燥以及抽真空的设备，然而一旦保存好，则可以最小程度地减少微生物的改变、死亡和泄漏扩散，因此适用于大批量菌种的长期保存，特别是一些致病微生物的保存。该法是各种保存方法中最为有效的方法之一，对于大多数微生物都适用，包括一些难以保存的致病菌。

海洋细菌的保存，是海洋微生物研究中长期以来的难题。与陆生细菌完全不同，海洋细菌，尤其是一些来自于大洋的细菌，很难在4℃条件下长期保存。有些海洋细菌甚至在一周后，就难以传代生长。其主要原因可能有以下几个方面。

一是有些海洋细菌在4℃条件下还会继续进行生长代谢，最后会进入衰亡期而自然死亡；一些产蛋白水解酶活力强的细菌会因酶量的累积而产生自溶；产抑菌物质的细菌也会因抑菌物质累积量的增大而形成对自身的抑制；一些产酸的硫杆菌也会因酸量的超标而无法生存。实验证明，以褐藻酸钙将硫杆菌固定包埋，定期排除代谢酸并补充培养液形成连续培养保存，一年后检测发现仍有细菌存活。

二是许多海洋细菌在10℃以下会形成VBNC状态的休眠体，用常规培养法不能使其繁殖。例如，许多常见的海洋弧菌在4℃条件下存放两周后就会出现"死亡"，但以DVC法检测证明，这些被认为是"死亡"的菌仍然是活的。实践表明，以往在4℃条件下保存海洋细菌是一种错误的做法，超低温保存才是有效的保存措施。

5.4 环境微生物组学技术

微生物组是指一个特定环境或生态系统中全部微生物及其遗传信息的集合，其蕴藏着极为丰富的微生物资源。微生物组学是以微生物组为研究对象，探究其内部群体间的相互关系、结构、功能及其与环境或宿主间相互关系的学科。全面系统地解析微生物组的结构和功能，将为解决人类面临的能源、生态环境、工农业生产和人体健康等重大问题带来新思路。微生物组学研究在很大程度上取决于其技术与方法的发展。微生物组学技术是指不依赖于微生物培养，而利用高通量测序和质谱鉴定等技术来研究微生物组的手段，目前已被广泛应用于环境微生物组研究。其研究对象包括土壤、水体、大气和人体等。在高通量测序技术出现以前，微生物研究主要基于分离培养和指纹图谱等技术，然而由于这些技术存在的缺陷，使得人们对于微生物的认识还十分有限。自 21 世纪初以来，尽管高通量测序和质谱技术的革命性突破极大地促进了人们对于微生物的认识，但微生物组学技术在微生物组研究中的应用仍面临着诸多挑战。

5.4.1　宏基因组

宏基因组是指特定环境中全部生物遗传物质的总和，决定生物群体的生命现象。宏基因组学就是一种以环境样品中的微生物群体基因组为研究对象，以功能基因筛选和测序分析为研究手段，以微生物多样性、种群结构、进化关系、功能活性、相互协作关系及与环境之间的关系为研究目的的新的微生物研究方法。在该方法的首次应用中，对提取的环境基因组 DNA 构建细菌人工染色体文库（bacterial artificial chromosome library，BAC 文库），克隆的片段长达 300 kb。利用 16S rRNA 基因的核酸探针，通过 Southern blotting 技术找到含有 16S rRNA 基因的 DNA 片段，然后用鸟枪法或焦磷酸法对其测序，这样成本较低，数据较好分析。二代测序技术和生物信息学技术大大推动了宏基因组学的发展。二代测序技术的基本思想是把 DNA 样品随机打断，通过大量的测序，获得重叠的 DNA 片段，通过生物信息学技术将 DNA 片段拼接成大片段，然后进一步分析 DNA 中的基因，特别是 16S rRNA 基因中的信息，从而对环境中的微生物群落进行分析，这种方法可以获得环境中高丰度的但是不可培养细菌的全基因组序列。[14]

5.4.1.1　宏基因组文库的构建

宏基因组文库的构建沿用了分子克隆的基本原理和技术方法，并根据具体环境样品的特点和建库目的采取了一些特殊的步骤和策略。获得高质量的总 DNA 是宏基因组文库构建的关键因素之一，既要尽可能地完全抽提出样品中的 DNA，又要保持其较大的片段以获得完整的目的基因或基因簇。提取方法主要有两种：一种为原位裂解法，即直接将样品进行处理抽提纯化；另一种是异位裂解法，先采用物理方法将微生物细胞分离出来，然后再用较温和的方法抽提 DNA。在载体方面，构建宏基因组文库目前多采用质粒、细菌人工染色体和黏粒载体。质粒一般用于克隆小于

10 kb 的 DNA 片段，适用于单基因的克隆与表达；黏粒(插入片段在 40 kb 左右)和细菌人工染色体(插入片段可达 350 kb)已被广泛地用于大插入片段文库的构建中，以期获得由多基因簇调控的微生物活性物质完整的代谢途径。为了提高宏基因的表达水平便于重组克隆子活性检测，有研究者直接利用表达载体构建宏基因组文库。宿主菌株的选择主要考虑转化效率、重组载体在宿主细胞中的稳定性、宏基因的表达、目标性状(如抗菌)筛选等因素。

5.4.1.2　宏基因组文库的筛选

目前用于宏基因组文库的筛选方法主要有基于功能筛选、基于序列筛选、化合物结构筛选和底物诱导基因表达筛选。基于功能筛选是根据克隆子产生的新的生物活性进行筛选，如抗菌活性、酶活性及溶血性；基于序列筛选是根据已知相关功能基因的序列设计探针或 PCR 引物，通过杂交或 PCR 扩增筛选阳性克隆；化合物结构筛选则通过比较转入和未转入外源基因的宿主细胞或发酵液、提取液的色谱图不同进行筛选，但该方法筛选的物质未必具有活性；底物诱导基因表达筛选是利用底物诱导克隆子分解代谢基因进行筛选，这种方法可用于活性酶的筛选，现已成功应用于地下水宏基因组中芳香族碳水化合物的筛选。

5.4.1.3　宏基因组文库的应用

随着 16S rRNA 序列分析、PCR 及扩增 DNA 限制性分析(amplified rDNA restriction analysis，ARDRA)等现代分子生物学技术的发展，宏基因组技术逐渐成为研究海洋微生物多样性的有力工具。采用鸟枪法构建马尾藻海的微生物群落基因组文库，从 1.05 Gbp 中发现了 $1.21×10^6$ 个新基因，包含了 1 800 种微生物基因组信息，其中 148 种为新的微生物物种，这为研究海洋生态学和海洋生命的代谢潜力提供了前所未有的原始素材。丹麦玛丽艾厄(Mariager)海峡样品所构建的基因组文库，对随机选取的 400 个样本进行测序，获得了 70 个属于不同种类微生物的可操作分类单元(operational taxonomic unit，OTU)。由此推测，不同环境压力可能对微生物碱基组成产生影响。利用宏基因组技术从海洋中发现了新的光合作用基因簇，并获得从未培养过的 11 类厌氧光合微生物。这些研究表明，宏基因组技术可以提供大量未能培养海洋微生物的基因信息，通过这些信息可以进一步研究海洋微生物的群落结构、生理生化特征、生态地位、系统发育及基因功能等。

5.4.2　宏转录组

宏转录组学是在宏基因组学之后兴起的研究特定环境、特定时期群体细胞在某功能状态下转录的所有 RNA(包括信使 RNA 和非编码 RNA)的类型及拷贝数的一门新学科。这种技术不但具有宏基因组技术的全部优点,而且能将特定条件下的生物群落及其功能联系到一起,对群体整体进行各种相关功能的研究。

转录组即特定的细胞在某一功能状态下全部表达的基因总和,代表一个基因的遗传信息和表达水平。宏转录组技术以生态环境中的全部 RNA 为研究对象,避开未培养微生物的分离培养问题,能有效地扩展微生物资源的利用空间,从而研究环境中的基因表达情况。[15]虽然宏基因组技术可以分析环境中可培养或不可培养微生物的群落结构及其基因的功能,但是并不知道基因的表达情况,因此通常需要结合宏基因组和宏转录组来研究环境中微生物的功能和其基因的表达调控。宏转录组的基本过程包括提取分离 mRNA,反转录获得 cDNA,然后测序并运用生物信息学技术进行分析。

宏转录组学的基本技术及应用如下。

5.4.2.1　cDNA-AFLP 技术

cDNA-AFLP 技术是 AFLP(amplified fragment length polymorphism)技术发展而来,是 RFLP(restriction fragment length polymorphism)技术和 PCR 技术相结合的产物。RFLP 基本原理是由于 DNA 突变增加或减少了某些内切酶位点,在限制性内切酶作用下,产生大小不等的片段,从而反映出不同样品 DNA 水平上的多态性。cDNA-AFLP 技术将 RT-PCR(reverse transcription-polymerase chain reaction)和 AFLP 技术相结合,研究基因的差异表达。

cDNA-AFLP 的试验流程大致分为 4 步:①模板的制备和 cDNA 的合成:以纯化的 mRNA 为模板,反转录合成双链 cDNA。②双链 cDNA 片段双酶切和人工接头的连接:用识别序列分别为 6 bp 和 4 bp 的 2 种限制性内切酶,酶切双链 cDNA,获得的酶切片段与人工接头连接。限制性内切酶的选择主要取决于酶切位点出现的频率。③酶切片段的预扩增和选择性扩增。利用与接头序列互补的引物进行预扩增和选择性扩增。④聚丙烯酰胺凝胶电泳分析。扩增产物通过聚丙烯酰胺凝胶电泳显示,从而确定差异基因(图 5-1)。

cDNA-AFLP 技术具有的特点:①重复性好,假阳性低,可检测低丰度表达的mRNA;②能够反映基因之间表达量的区别;③全面获取转录组的表达信息;④所需分析样品量少。cDNA-AFLP 技术在研究植物差异表达基因方面已经得到了广泛的应用,近年来随着该技术的发展,其应用范围已经逐渐扩展至微生物中差异表达基因的研究。微生物具有结构简单、繁殖速度快、变异易识别、研究周期短、进展迅速的特点，因此，是研究生物进化的良好材料。通过 cDNA-AFLP 技术对其基因组的研究分析，将为揭示一系列诸如生命起源、生物发育和进化等生命活动的重大基本问题提供极大的帮助。

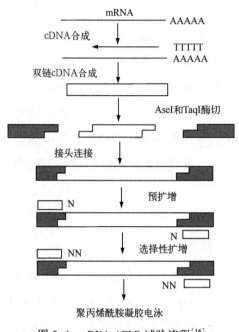

图 5-1　cDNA-AFLP 试验流程[16]

5.4.2.2　微阵列技术

微阵列技术是在一小片固相基质上储存大量生物信息的技术，即在一小片玻璃或尼龙膜上高密度排列成千上万个 DNA 片段、cDNA 片段或其他生物信息。含有大量生物信息的固相基质称为微阵列，又称生物芯片。根据储存的生物信息的类型，微阵列可分为组织微阵列、寡核苷酸微阵列、cDNA 微阵列等。DNA 微阵列和 cDNA 微阵列统称基因芯片。

组织微阵列：组织微阵列由大量组织样本高密度排列而成。先在石蜡块上打出间距为 0.1 mm，直径为 0.6 mm 的孔，用针获取直径为 0.6 mm 的组织块，挤压到石蜡块孔里，切出 5~8 μm 的切片贴到玻片上，经处理后用已知探针进行双色荧光原位杂交。

寡核苷酸微阵列：用照相平版印刷术和固相合成术结合在基片上生成寡核苷酸。该技术是先在玻片上涂上光敏化学材料，盖上罩，根据所要合成的碱基序列决定罩的透光位点。光照局部产生去防护作用，用所需核苷酸冲洗玻片，该核苷酸即在去防护部位黏合于玻片。核苷酸的 5' 末端修饰以光不稳定的保护基团，该基团经光照而去保护，与下一个核苷酸结合。如此重复直至获得所需核苷酸长度。每一层各点的 A、T、C、G 不同，故每合成一层核苷酸需要 4 个不同透光位点的罩和 A、T、C、G 分别冲洗一次。通过 $4 \times n$ 次步骤可合成含有 n 个核苷酸的寡核苷酸链。其主要特点是可按需要设计一定序列的寡核苷酸链。

微阵列应用的基本原理是分子杂交。用荧光染料标记样本 DNA 或 cDNA，与微阵列杂交。经激光共聚焦荧光显微镜检出杂交信号，通过计算机处理、分析，即可获得所需信息。用红、绿荧光分别标记实验样本和对照样本的 cDNA，混合后与微阵列杂交，可显示实验样本和对照样本基因的表达强度（显示红色、绿色或黄色）由此可在同一微阵列上同时检测两样本的基因差异表达。

微阵列技术真正实现了基因分析的大规模、平行、小型和自动化。这些重要特征已产生了一系列的成就，应用微阵列可以一次性获得大量的数据并进行平行分析，极大地加快了实验进程。一次性分析多样本是微阵列技术的一个重要特点，在一个阵列上进行多样本比较，由于排除了一系列复杂因素导致的各项比较实验的内在差异，使一次性多样本比较性分析的精确性大为提高。微阵列分析大大减少了试剂用量，使反应容积变小，样本浓度增加，反应动力学加快。与计算机相连的图像分析系统使研究结果更客观、准确。通过对表达谱、突变和许多其他类型基因组信息的大规模平行分析产生的数据将由功能强大的生物信息工具来处理，大大增加了研究内容的广度和深度。

5.4.2.3　焦磷酸测序

焦磷酸测序技术是一种新型的酶联级联测序技术。其原理是：引物与模板 DNA 退火后，在 DNA 聚合酶、ATP 硫酸化酶、荧光素酶和三磷酸腺苷双磷酸酶 4 种酶的协同作用下，每一个 dNTP 的聚合与一次荧光信号的释放偶联起来，以荧光信号的形式实时记录模板 DNA 的核苷酸序列。它具有快速、准确、经济、实时检测的特点，不需要凝胶电泳，也不需要对 DNA 样品进行任何特殊形式的标记和染色，有高度的可重复性、并行性和自动化。

焦磷酸测序的基本过程如下。

第一步，将测序引物杂交到 PCR 扩增的模板上，然后加入 DNA 聚合酶荧光素酶、三磷酸腺苷双磷酸酶、ATP 硫酸化酶及其反应底物 5'-磷酰硫酸（APS）组成一个反应体系。

第二步，将 4 种 dNTP 依次单独加入反应体系中进行聚合酶链式反应，在 DNA 聚合酶作用下，当每一种 dNTP 与模板上相对应的核苷酸根据碱基互补配对原则进行聚合时，便会产生相同摩尔数的焦磷酸。需要说明的是，在焦磷酸测序过程中，dATP 能被荧光素酶分解，对后面的荧光强度测定影响很大，而 dATPαS 对荧光素酶分析的影响只有 dATP 的 $\frac{1}{500}$，因此在焦磷酸测序中用 dATPαS(S 原子取代了 dATP 分子 α P＝O 上 O 原子)代替自然状态下的 dATP。

第三步，在 APS 存在的情况下，ATP 硫酸化酶将无机焦磷酸(PPi)转移到 APS 上形成 ATP，该 ATP 驱动荧光素酶将荧光素转化成氧化荧光素，同时释放出与 ATP 量成比例的荧光，发出的荧光信号被 CCD 摄像机拍摄下来，并以波峰形式被 pyrogram 软件记录下来。每一峰高(即荧光强度)都与参与 DNA 合成的核苷酸数成比例。

第四步，没有聚合的 dNTP、反应过剩的 dNTP 和 ATP 则迅速被反应体系中的三磷酸腺苷双磷酸酶降解，反应体系得以再生(图 5-2)。

第五步，随后加入另一种 dNTP，重复上述第二步至第四步反应过程，模板序列就可以随聚合酶链式反应的进行而被实时地同步测定。整个测序过程没有引物的标记、产物的染色、电泳等繁琐的操作。

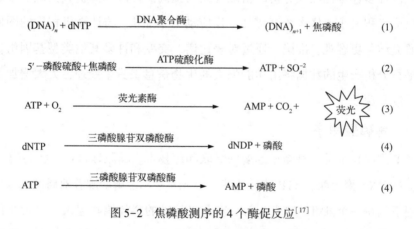

图 5-2　焦磷酸测序的 4 个酶促反应[17]

焦磷酸测序法适用于对已知的短序列的测序分析，目前的技术完全能满足 2 530 个核苷酸的短序列测定，其可重复性和精确性可与 Sanger DNA 测序法相媲美，而速度却大大提高。最近开发的 PO96MA 和 PO96HS 系统能在 1 h 内同时对 96 个样品进行 SNPs 分析和基因分析，工作效率大大提高，测序成本大大降低。Ronaghi 对该技术进行改进后也可以满足 50 100 个核苷酸序列的测序工作，这样该技术又可以满足对重要微生物的鉴定与分型、特定 DNA 片段的突变检测和克隆鉴定等方面的应用。

5.4.2.4　表达序列标签技术

表达序列标签(expressed sequence tags，EST)是 cDNA 的部分序列，是将 mRNA 反

转录成 cDNA 并克隆到载体构建成 cDNA 文库后，大规模随机挑选 cDNA 克隆，对其 5' 端或 3' 端进行一步测序，并将所获序列与基因数据库中已知序列进行比较，从而获得对生物体生长发育、繁殖分化、遗传变异、衰老死亡等一系列生命过程认识的技术。EST 标记是根据表达序列标签本身的差异而建立的 DNA 标记，它同样也是以分子杂交或 PCR 为核心技术。因此 EST 标记可分为两大类：第一类是以分子杂交为基础的 EST 标记，它是以表达序列标签本身作为探针，与经过不同限制性内切酶消化后的基因组 DNA 杂交而产生的，如很多 RFLP 标记就是利用 cDNA 探针而建立的；第二类则是以 PCR 为基础的 EST 标记，它是指根据 EST 的核苷酸序列设计引物，对基因组特定区域进行特异性扩增后而产生的，如 EST-PCR、EST-SSR 标记等。

EST 构建的技术路线为：提取样品的总 RNA 或带有 polyA 的 mRNA→构建 cDNA 文库，随机挑取大量克隆→EST 测序→对测得的 EST 序列进行组装、拼接→对网上已有的 EST 数据库进行同源性比较→确定 EST 代表的是已知基因还是未知基因→对基因进行定位、结构、功能检测分析。对于任何一个基因，其 5'-UTR 和 3'-UTR 都是特定的，即每条 cDNA 的 5' 端或 3' 端的有限序列可特异性地代表生物体某种组织在特定的时空条件下的一个表达基因。来自某一组织的足够数量的 ESTs 可代表某种组织中基因的表达情况。EST 的数目可以反映某个基因的表达情况，一个基因的拷贝数越多，其表达越丰富，测得的相应 EST 就越多。所以，通过对生物体 EST 的分析可以获得生物体内基因的表达情况和表达丰度。要获得生物体 EST 信息，通常应先构建其某个代表性组织的 cDNA 文库，然后从中随机挑取大量克隆，根据载体的通用引物进行测序，一般可以得到其 5' 端或 3' 端的 200~500 bp 的碱基序列，然后将测得的 EST 序列与网上已有的 EST 数据库进行比较，根据同源性大小，可以初步鉴定出哪些 EST 代表已知基因，哪些 EST 代表未知基因，并可以对生物体基因的表达丰度进行分析。

近年来，随着 EST 计划在不同物种间的展开和研究内容的深入，来源于不同物种、不同组织、不同细胞类型和不同发育阶段的表达基因序列的数目急剧上升。EST 技术被广泛应用于分子标记、分离鉴定新基因、基因表达谱分析、基因组功能注释、基因电子克隆、制备 DNA 芯片、RNAi(RNA 干扰)技术的研究、寻找其他序列特征等研究领域，并且取得了显著成效。

5.4.2.5　宏转录组学的应用

目前宏转录组学研究大部分仍集中在对海洋与土壤生态环境群落微生物宏转录

组的研究中，表5-1归纳了部分水体与土壤微生物宏转录组的研究概况。

表5-1　水体与土壤微生物宏转录组研究概况[15]

研究对象	主要研究方法	研究结果
法国西南部的松树林土壤	构建和分析土壤微生物cDNA文库并运用PCR技术从土壤DNA和经反转录后的18S RNA中扩增出18S rDNA基因	发现基因编码蛋白涉及不同的生物化学和细胞进程，并对松树林土壤中真核微生物进行分类
夏威夷海水微生物	运用焦磷酸测序对微生物群落的cDNA文库进行分析，并与同一样品的DNA文库比较	宏转录组的研究结果与宏基因组研究结果一致，且有50%为新基因
挪威海岸边的微生物	运用GS-FLX焦磷酸测序技术对一个随机获取的复杂海洋微生物群落的全部mRNA进行分析	研究证实宏转录组在海洋、土壤环境中的发现，即宏转录组可以挖掘一些新的高表达序列
美国东南部由潮汐形成的盐溪	构建环境宏转录组文库，并用高通量测序对其进行分析	环境中如硫氧化、氮固定重要的生化进程与转录组存在着必然的联系
北太平洋海水微生物	运用焦磷酸测序技术分别对白天、夜晚获取的微生物转录组mRNA进行测序分析	发现微生物群落的代谢活性以及其基因表达在白天、夜晚的差异
中性且贫瘠的沙地土壤	群落总的RNA被随机反转录成cDNA	获得丰富的不同营养水平土壤中三域微生物群落的实时定量信息和群落结构功能信息
夏威夷海的细菌浮游微生物	通过对自然环境收集的总RNA进行焦磷酸测序来研究微生物在环境中的基因表达	从微生物宏转录组的数据库中发现一段cDNA序列由被认知的sRNAs和未被认知的psRNAs组成
酸性水域环境水气界面微生物	将群体微生物总RNA经反转录成cDNA后再与基因组芯片杂交	发现生物膜的形成和稳定与混合酸发酵的基因上调存在着一定的联系
法国中部的山毛榉、云杉林土壤	构建和分析土壤微生物cDNA文库，并运用PCR技术从土壤DNA和经反转录后的18S RNA中扩增出18S rDNA基因	鉴定出12个假定的编码全长碳水化合物水解酶cDNA编码序列，并对土壤中真核微生物进行分类
波罗的海中部的次氧化海域	运用了一套新的原位固定系统	发现不同的采样技术对估测样品的转录子相对丰度有明显的影响
智利北部太平洋南部含氧量最低的海域	分别提取海域中四个不同深度水层的群落总RNA，运用焦磷酸测序技术对每个水层的cDNA文库进行测序分析	描绘了海洋含氧量最低区域的一些微生物代谢进程（如硫氧化），鉴定出一批关键的功能基因簇

5.4.3　宏蛋白质组

Wasinger等首次提出了"蛋白质组"的概念，即一个基因组所表达的全部蛋白质，也可以定义为细胞、组织或机体所表达的全部蛋白质。2004年，Rodriguez-

Valera 提出了宏蛋白质组的概念，即环境中所有生物的蛋白质组的总和。由于一些结构蛋白和酶类通过翻译后修饰才成为成熟的蛋白质，因此如果要了解环境中蛋白质的组成与丰度、蛋白质的不同修饰、蛋白质与蛋白质之间的相互关系，就需要对环境中的蛋白质进行研究。

　　宏蛋白质组的研究方法与传统的蛋白质组研究方法相似，其流程一般包括蛋白质样品制备、蛋白分离和蛋白鉴定等。目前的研究策略主要有两种：一种是采用凝胶染色为基础结合质谱（MS）分析（如二维电泳）；另一种是多重色谱分离与 MS 联用技术进行宏蛋白质组分析（图 5-3）。样品的制备是蛋白质组学研究中的关键步骤，其制备的优劣往往影响后续研究的成败。对于宏蛋白质组学而言，由于研究对象的复杂性，其中的微生物群落有极大差别，同时纯化一些具有重要功能的低丰度蛋白也是宏蛋白质组学研究的关键。因此，目前还没有一种提取宏蛋白的通用方法。

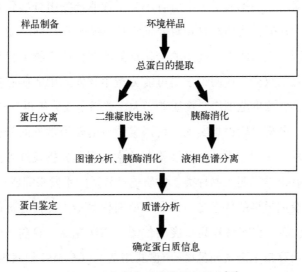

图 5-3　宏蛋白质组学研究策略[18]

　　宏蛋白组学中蛋白的分离与普通蛋白质组学的研究是一致的，早期的宏蛋白组主要利用二维凝胶电泳分离环境样品中的蛋白质，二维电泳可以很直观地呈现整个宏蛋白质组中特定蛋白质的变化。分离出不同蛋白点后，经图谱分析和蛋白鉴定，以构建蛋白参考图谱，为后续比较蛋白组及功能蛋白组的分析奠定基础。之后，对目标蛋白质利用质谱技术来进行鉴定。随着质谱技术的发展，利用高效液相色谱-质谱联用技术可一次性对大量的蛋白质进行分离鉴定，相对于二维电泳技术，色谱技术的操作方便，分离效果更优，但是分辨率和直观性较差。此外，轨道离子阱质谱灵敏度高，可鉴定痕量样品，应用于环境样品中低丰度蛋白质的分析检测。[19]

蛋白质的鉴定常用质谱方法进行，常用的方法有串联质谱、基质辅助激光解析时间-飞行质谱、四级杆-飞行时间串联质谱等。利用宏蛋白质组学的方法对切萨皮克湾海水中的微生物群落进行了研究，分别利用 MALDI-TOF 和 MS/MS 对相关蛋白进行了鉴定，研究结果表明，采用 MALDI-MS 技术鉴定蛋白质匹配度较低，不适宜对环境中蛋白质样品进行分析。此外，在蛋白质鉴定中，数据库的选择也很重要，可以根据特定的研究对象选择合适的数据库进行搜索，数据库中蛋白质来源相似度越高，则蛋白质鉴定的准确性也越高，特别是一些未培养的微生物，由于缺少相关蛋白质的信息，对宏蛋白质的鉴定构成严重挑战。因此，进一步丰富宏蛋白质组数据库是宏蛋白质组学研究中亟待解决的问题。

5.4.4　宏代谢组

代谢组学是对一个细胞或组织中所有小分子代谢产物组分的研究，各个细胞中代谢产物种类较为相似，代谢产物相对分子质量一般小于 1 000。这是细胞生理状态的直观反映。基因和蛋白质表达极小的变化都能够在代谢产物上得到放大，因此更容易得到生理变化的数据。代谢组学尽可能分析生物体系中的所有代谢产物，但由于代谢物种类繁多，浓度范围广，性质差异大，要想全面分析得到较为准确的数据，使用单一的分离、分析手段很难实现。代谢组学目前较为常见的分析技术有核磁共振技术、色谱技术、质谱技术、放射性检测技术、库仑分析及红外光谱技术等。在具体研究过程中会根据代谢产物种类、性质选择合适的手段来完成。

核磁共振是应用最早的技术之一，研究所需样品最少，但是灵敏度低、分辨率不高，低浓度的代谢产物容易被高浓度的代谢产物所掩盖。目前，应用最广泛、最有效的代谢组学研究技术是气相色谱-质谱联用技术（GC-MS）和液相色谱-质谱联用技术（LC-MS）。气相色谱主要分析小分子、热稳定、易挥发的化合物。而液相色谱主要分析更高极性、更高相对分子质量及热稳定性差的化合物。

利用传统的基因和表型在进行微生物分类时，可能会得出不同的结果。随着代谢组学在微生物分类方面的快速发展，可以利用气相色谱-质谱联用技术或者液相色谱-质谱联用技术对胞外的代谢产物进行测定，通过对比有效峰来进行微生物的分类。[20]

基于代谢组学技术通过质谱测定法从海洋弧菌 QWI-06 菌株中发现一系列新型抵抗鲍氏不动杆菌（*Acinetobacter baumannii*）的氨基酸聚酮化合物 Vitroprocines A-J 类抗生素，并鉴定此类化合物的结构与它抵抗鲍氏不动杆菌功能之间的关系。这是首次从海洋细菌物种中用氨基酸聚酮化合物衍生物揭示代谢组学技术在海洋微生物研究方面的应用，为揭开海洋细菌的多样性提供了一种新手段。

5.5　海洋微生物鉴定及培育技术的应用

海洋微生物种类繁多，且相对于陆地微生物而言，它们能够耐受海洋特有的高盐、高压、低营养、低光照等极端条件，因而在物种、基因组成和生态功能上具有多样性，是整个生物多样性的重要组成部分。随着海洋资源的开发，海上运输、海上作业日趋频繁，各个国家对海洋资源越来越重视。20 世纪 40 年代以来，人们一直采用分离培养的方法来研究海洋微生物，将海洋微生物从环境中分离纯化，然后通过一般的生物化学性状或者特定的表现型来分析。自 1985 年 Pace 等利用核酸序列测序来研究微生物的演化问题以来，对微生物的研究便进入了一个崭新的阶段。采用聚合酶链式反应、16S rRNA 序列分析以及 DNA 限制性分析等现代分子生物学技术在基因水平上研究海洋微生物，可以克服微生物培养技术的限制，能够对样品进行比较客观的分析，较精确地揭示海洋微生物的多样性。

5.5.1　利用传统方法分析舟山群岛海洋细菌种类[21]

浮游细菌是海洋生态系统中不可或缺的一部分，在海洋生物地球化学循环过程中起着关键性作用。为了解舟山群岛不同功能区划海域细菌群落结构及丰度变化，探索海洋生态因子对细菌群落结构的影响，实验选择舟山群岛海域海水进行了细菌学调查。

本研究采用无菌海水采样器采集海水进行海洋细菌增菌培养和细菌分离，挑选单个菌落，应用 VITEK 全自动微生物鉴定仪、API 微生物鉴定系统和 BIOMIC Vision 检测仪进行细菌鉴定和药敏实验，并对海水进行菌落计数。结果在 46 份海水样本中分离出海洋细菌 57 株，其中弧菌科细菌 28 株（49.1%）、肠杆菌科细菌 19 株（33.3%）、非发酵菌 8 株（14.0%）、肠球菌 1 株（1.8%）、真菌 1 株（1.8%）。无论是口岸、码头还是近海海水中，弧菌均为优势菌，其次是肠杆菌科细菌 19 株和非发酵菌 8 株。分析发现口岸和码头的海水中肠杆菌和非发酵菌的比例高于近海海水，弧菌的比例则低于近海海水。海水细菌密度方面，口岸与码头海水平均含菌量 4 656 cfu/mL，近海平均为 1 866 cfu/mL 并且呈现随离陆地距离的加大海水含菌量呈梯度下降的现象。

海洋资源作为战略资源越来越受到各国的重视，随着海上交通日益频繁，海上作业活动逐步增多，海上作业伤和海上意外伤合并海水浸泡条件下海洋细菌感染问题越来越受到医学界的关注。本研究建立了舟山群岛海域海洋细菌谱和细菌药物敏感性的本底数据库，初步摸清了舟山群岛海域细菌的种类、分布和该海域细菌对目前常用抗菌药物的敏感性情况，为海上作业伤与海上意外伤合并海水浸泡条件下，海洋细菌感染早期防治研究与抗菌药物的选用提供了理论依据。

5.5.2 基于 PCR-DGGE 分析南美白对虾肠道微生物多样性[22]

变性梯度凝胶电泳(denatured gradient gel electrophoresis，DGGE)起初主要用来检测 DNA 中的点突变，后来将其应用于微生物群落结构的研究。此后，逐渐被应用到微生物分子生态学的各个领域，包括土壤、植物根系、活性污泥、淡水湖、海洋、油藏、温泉、人体和动物肠道等。目前已经成为微生物分子生态学研究的主要方法之一。南美白对虾作为我国重要的水产养殖品种，肠道微生物多样性的研究多集中在可培养细菌的研究上，但是自然界中 99% 以上的微生物是不可培养的，而且在分子微生物方面的研究也不够系统全面。为了克服传统微生物培养技术的缺陷，更全面深入地了解对虾肠道的微生物群落结构，本实验利用直接提取的肠道微生物基因组 DNA，采用 PCR-DGGE 技术，建立了研究南美白对虾肠道微生物组成的分子方法。

实验采用液氮研磨法和化学裂解法从南美白对虾肠道中提取质量较好的微生物基因组总 DNA，以保证 DNA 的产量和纯度。以细菌 16S rRNA 基因通用引物 341F/534R 进行 V3 高变异区域 PCR 扩增，在引物 341F 的 5' 端添加 GC 夹以提高扩增片断的分离效果。长约 200 bp 的 PCR 产物纯化后经 DGGE，根据 DGGE 对具有相同大小而不同 DNA 序列的片段分离，每个独立分离的 DNA 片段在原理上可以代表一个微生物种属，获得微生物群落的特征 DNA 指纹图谱。通过 DGGE 图谱的半定量分析，发现样品的优势群落明显。研究发现南美白对虾肠道 12 种微生物中有 2 种优势种群，3 种次优势种群。

综上所述，PCR-DGGE 方法能够反映对虾肠道微生物中种群的组成关系，是研究水产动物肠道微生物区系组成的可行方法。DGGE 方法具有不需要培养、分辨率高、结果准确可靠、重复性好、检测速度快、可同时检测多种微生物等优点，但也存在通常只能分析 500 bp 以下的 DNA 片段、只能反映总 DNA 中占 1% 以上的菌群，可能对微生物群落结构组成造成高估的缺陷。可以通过使用类群特异性引物扩增基因组总 DNA、使用软件进行嵌合体分析以及优化 DNA 提取、PCR 及电泳条件等方法进行改进。还可以与其他技术方法结合使用，如纯培养、直接形态观察、克隆、核酸探针检测技术及原位杂交等，增加 DGGE 方法的灵敏度和准确性。

5.5.3　采用 16S rRNA 高通量测序法分析患病与健康虾夷扇贝闭壳肌菌群结构[23]

虾夷扇贝是我国水产养殖行业的重要养殖物种之一，随着高密度海水养殖模式的不断扩大，虾夷扇贝疾病发生的频率也在逐渐增大。虾夷扇贝的脓包病是一种对虾夷扇贝影响较为严重的细菌性疾病，患病贝的闭壳肌收缩无力，且闭壳肌上带有明显的脓包病变。然而，关于虾夷扇贝脓包病的研究基本围绕在其致病菌上，对虾夷扇贝整体菌群的动态变化与病害关系却鲜有报道。传统的微生物培养方法具有一定的局限性，不能全面了解微生物在动态发展过程中结构发生的改变，相较之下，MiSeq 平台对 16S rRNA 的一个或多个高变区测序，具有测序深度高、利于鉴定低丰度群落物种以及费用低的特点，已成为研究微生物群落多样性的首选之策。因此，采用 16S rRNA 高通量测序的方法对健康和患脓包病的虾夷扇贝的菌群结构进行分析，以研究健康和患病虾夷扇贝中菌群多样性和丰富度，比较健康和患病虾夷扇贝菌群结构及差异。

本研究取自同一养殖海域不同浮筏养殖笼中健康和患脓包病虾夷扇贝样品，健康虾夷扇贝样品标记为 CK，患病样品分别标记为 S1、S2 和 S3。无菌环境下打开虾夷扇贝贝壳，剪取闭壳肌部分，用液氮迅速冷冻，以防 DNA 降解。提取四组扇贝 DNA，并在 16S rRNA 基因 V3-V4 区用引物对 341F（CCTACGGGNGGCWGCAG）和 805R（GACTACHVGGGTATCTAATCC）进行扩增，基于 Illumina Miseq 测序平台进行高通量测序。研究发现，发光杆菌在所有样品中均有分布，在健康组中含量较高，在患病组中含量略低，表明发光杆菌是在扇贝体中稳定存在的一类细菌。Aliivibrio 属弧菌科，有研究表明其与宿主之间是一种共生关系或是其致病菌之一。在 3 个患病样品中，Aliivibrio 均为优势菌属，由此推断该属可能与扇贝脓包病有关，但它与扇贝脓包病的关系值得进一步研究。

本次研究发现疾病的产生并不是由一种细菌造成，而是与微生物群落的整体变化和代谢有关。深入研究微生物组成及其变化对养殖扇贝的影响，有利于寻找预防和检测养殖扇贝病害的方法，使扇贝养殖业能够稳定健康发展。

5.5.4　基于 16S rRNA 高通量测序技术检测患病海胆的菌群结构[24]

中间球海胆是世界范围内重要的渔业生物。因其生殖腺富含多种营养物质，近年来海胆的市场需求快速提升。然而，海胆养殖期间频有大规模疾病的发生。海胆红斑病危害性极强，2~3 d 内患病海胆死亡率可高达 90%，给海胆养殖产业造成巨大损失。现有研究虽已证明红斑病的致病菌株属弧菌属，但其生化特性、基因型和血清学特性与从健康海胆中分离到的弧菌属中任何类型菌株都不相同，其致病性仍未得到详细的阐释。随着分子测序技术的发展，基于 16S rRNA 扩增子测序的高通量测序技术逐渐成为微生物群落结构研究的主要手段，其最大的优势在于突破传统微生物培养方法的局限性，能够更为精确地全面解析微生物群落中存在的细菌种类和数量。因此，选用高通量测序技术，开展患红斑病海胆体壁菌群结构及功能特征研究，挖掘与海胆红斑病发生密切相关的菌属，以期从微生态角度深入探究海胆红斑病致病菌特征及其致病机理，为红斑病成因解析提供一定的理论参考。

实验选用患红斑病的海胆作为患病组，健康无病海胆作为正常组，在无菌操作台上分别采集其体壁并放入灭菌离心管中，置于-80℃冰箱中待测。选用 OMEGA Soil DNA 试剂盒提取海胆体壁 DNA，并检测其纯度和浓度。检测合格后，以 341F 和 805R 为引物，扩增 16S rRNA 序列的 V3-V4 可变区，扩增产物经 Illumina Miseq 2×300 bp 测序平台进行高通量测序。测序完成后，对原始数据进行拼接质控，去除序列中的嵌合体及非靶区域序列。在 97% 相似水平下进行 OTU 聚类，对数据进行统计学分析。结果显示，患病组与正常组主要优势菌门均为变形菌门；正常组海胆体壁以假交替单胞菌属、盐单胞菌属、弧菌属为优势菌属，患病组海胆体壁的优势菌属为嗜冷杆菌属、弧菌属、葡萄球菌属。弧菌属细菌在宿主组织破坏中扮演着重要的角色。患病组弧菌属的相对丰度与正常组相比丰度增加了 17.2%，这是导致患红斑病海胆体壁形成溃烂的主要致病菌之一。在菌群功能方面，患病组海胆的海胆非特异性免疫途径激活，使防御机制、生物合成等功能蛋白上调；同时，丁酰苷菌素及新霉素合成代谢通路显著下调。

结果表明，无论是患病组还是正常组，优势菌门均为变形菌门，但在属水平上有较大差异。弧菌属、葡萄球菌属及嗜冷杆菌属为患病海胆优势菌属，三者在红斑病致病过程中均有不同程度的参与。丁酰苷菌素及新霉素合成代谢通路显著下调使患病海胆对致病菌抵抗力下降，逐渐出现体壁溃烂、内容物溢出等病症，最终导致死亡。因此，在实际生产中应注意高温季节水质和水温的调控，同时在发病早期及时采取措施，如降低养殖密度，适当消毒，可以控制海胆红斑病病情的发展。

第三篇 应用篇

第6章 海洋微生物发酵技术与工艺

海洋微生物是海洋生态系统中重要的组成部分，具有丰富的物种多样性和生物活性化合物资源。海洋微生物发酵技术作为一种重要的生物技术手段，可以利用这些微生物的代谢能力，生产出具有药用、农用、食品添加剂等多种应用价值的天然产物。海洋微生物发酵技术的研究和应用在海洋资源的开发利用中具有重要的意义。

6.1 海洋微生物发酵技术

海洋微生物生存于特殊的海洋环境，常具有与陆地微生物不同的独特生理特性，导致生长及代谢呈现不同的特征。人们从海洋微生物中分离出了大量具有潜在应用价值的新物质，但这些活性物质的产量很低，一般在每升微克级或毫克级，活性物质的规模制备已经成为海洋微生物开发技术的关键限制性因素之一。

微生物发酵是指利用微生物，在适宜的条件下，将原料经过特定的代谢途径转化为人类所需要的产物的过程。[1]微生物发酵生产水平主要取决于菌种本身的遗传特性和培养条件。根据发酵条件和操作方法的不同，可以分为传统自然发酵法、纯培养菌发酵法、固态发酵法和液态发酵法等不同方式。近年来，我国海洋微生物发酵技术发展很快并日益规模化。

6.1.1 自然发酵法

自然发酵法是利用自然环境中的微生物来进行发酵的方法。这种发酵法世界各地都有悠久的历史，且在很多传统食品的制作中被广泛应用。例如，中国传统食物豆豉、豆腐和酱油制作过程中都采用了自然发酵法。谷类靠天然野菌种自然发酵，发酵过的面食松软并且容易消化，矿物质在酸化的过程中能被舒适吸收、利用。发酵粉与市面上卖的酵母菌则没有此功效。自然发酵的特点是不添加任何合成的微生物菌种，在自然环境下发酵，所以制品味道和质感独特。

但由于发酵过程的不稳定性和较长的发酵周期，传统的自然发酵法的一些问题亟待解决。相较于人工发酵，自然发酵的缺点是菌群不明，发酵风险大，容易发酵启动困难，发酵中止，发酵不彻底，产生杂菌，产生高挥发酸，发酵结果不可控。

其优点是发酵香气可能较特殊。

6.1.2 纯培养菌发酵法

纯培养菌发酵法是一种常见的实验方法，指从自然界中采集酵母菌样品后通过分离和筛选得到单一的菌株。分离和筛选的方法主要有稀释法、表面分离法、过滤法、筛选法等。酵母菌的纯培养实验是一种重要的实验方法，可以用于研究酵母菌的生物学特性和应用价值。

纯培养菌发酵法的优点是可以在较短的时间内得到稳定的产物，但制作过程中需要精确控制温度、湿度和氧气等参数。通过纯培养实验，可以得到单一的酵母菌菌株，避免了不同菌株之间的干扰，从而更加准确地研究酵母菌的生长、代谢、遗传等方面的问题。这种发酵法在现代工业生产中被广泛应用，如细菌的生长、代谢、遗传等方面的问题，可通过筛选和培养特定的菌种，控制发酵过程中微生物的生长和代谢产物的合成。例如，酸奶、酵母发酵面包等都是采用纯培养菌发酵法制作的。

6.1.3 固态发酵法

广义上讲固态发酵是指一类使用不溶性固态基质来培养微生物的工艺过程，既包括将固态悬浮在液体中的深层发酵，也包括在几乎没有游离水的湿固体材料上培养微生物的工艺过程。多数情况下是指在没有或几乎没有自由水存在下，在有一定温度的水不溶性固态基质中，用一种或多种微生物发酵的一个生物反应过程。狭义上讲固态发酵是指利用自然底物做碳源及能源，或利用惰性底物做固态支持物，其体系无水或接近于无水的任何发酵过程。

与液态发酵相比，固态发酵有以下优点：水分活度低，基质水不溶性高，微生物易生长，酶活力高，酶系丰富；发酵过程粗放，不需严格无菌条件；设备构造简单，投资少，能耗低，易操作；后处理简便，污染少，基本无废水排放。固态发酵法主要用于一些微生物菌种的培养和复杂有机物的转化，常见的例子是食用菌的生产。例如，蘑菇的栽培过程中需要使用有机质为基质，提供养分和水分，通过微生物的代谢作用使基质中的有机质转化为可供蘑菇生长的营养物质。固态发酵法的优点在于能够利用废弃物和农业副产品等低价原料，减少了对资源的消耗。[2]

6.1.4 液态发酵法

液态发酵法是借助于液体介质来完成发酵的方法，即先将酵母置于液体介质中，在液体中经几个小时的繁殖，制成发酵液，然后用发酵液与其他原辅料搅拌发酵。

液态发酵法有液态表层发酵法和液态深层发酵法两种形式。液态表层发酵法又称液态浅盘发酵法或静置发酵法，其是将灭菌的培养基直接接入微生物后，装入可密闭的发酵箱内的盘架上的浅盘中，然后通入无菌空气，维持一定温度，进行发酵，不断搅拌；液态深层发酵法采用具有搅拌桨叶和通气系统的密闭发酵罐，从培养基的灭菌冷却到发酵都在同一发酵罐内进行。液态发酵法适用于菌落生物学研究和大规模的产业化生产。

与固态发酵相比，液态发酵具有较强的控制性和可扩展性。通过将微生物菌种放入液体培养基中，提供充足的养分和合适的环境条件，可以实现微生物的快速繁殖和代谢产物的高产。菌种的选择、培养基的配方和发酵条件的控制是液态发酵法成功的关键。

6.1.5　固定床反应器

固定床反应器是一种常见的化学反应器。其工作原理是基于催化剂的作用，通过催化剂将反应物转化为所需的产物。反应物通过进料管进入反应器，经过催化剂床层后，产生所需的产物，然后通过出料管排出反应器。在反应过程中，催化剂起到了至关重要的作用。催化剂可以降低反应的活化能，促进反应的进行，同时也可以提高反应的选择性和产物质量。因此，催化剂的选择和使用对于固定床反应器的反应效率和产物质量具有重要的影响。固定床反应器的温度和压力也需要严格控制，温度过高或过低都会影响反应的进行，而压力过高或过低也会影响反应的稳定性和可控性。因此，反应器的加热器、冷却器、压力计、温度计等设备也是固定床反应器中不可或缺的组成部分。通过合理的催化剂选择和反应条件控制，进行高效、稳定、可控的化学反应，产生所需的产物。

固定床反应器具有反应效果好、结构简单、反应条件易于控制的优点，也存在催化剂可能会失活、需要控制反应热的缺点。固定床反应器是一种重要的化工设备，具有广泛的应用前景。通过合理选择催化剂、控制反应条件和进行有效的监控，可以实现高效、稳定的反应过程。在实际应用中，需要根据具体反应的要求和条件进行合理设计和操作，以达到预期的反应效果。

6.1.6　连续发酵

连续式发酵法又称连续式培养法，指在分批式液体深层培养至微生物对数生长后期时，以一定的流速向发酵罐中连续添加灭菌的新鲜液体培养基，同时以相同的流速自发酵罐中排出发酵液的发酵方法。连续式发酵法属于稳定状态下的培养与发酵的方法，可以保持微生物稳定的生长速率和比生长速率，维持发酵罐中的细胞浓度、总菌体量和培养液的体积恒定不变；可以减少分批法培养与发酵中每次清洗、装料、消毒、接种、放罐等作业时间，节省了人力物力，降低了成本，提高了生产效率；所需设备体积缩小，投资减少，便于机械化、自动化控制；连续培养与发酵生产的产品性能稳定；为微生物在恒定状态下高速生长提供良好的环境，便于进行微生物生理生化和遗传特性的研究。但由于连续长时培养与发酵，此方法易发生菌种变异、退化、杂菌污染，如果操作不当，新加入的培养基与原来的培养基不易完全混合。[3]

目前，连续发酵已用来大规模生产乙醇、单细胞蛋白、食用酵母等，但连续发酵的工艺涉及变量较多，较难控制。在实际生产中，常常多种方式相结合来进行发酵生产。例如分批发酵和补料分批发酵。分批发酵的发酵操作简单，能充分利用罐内营养物质，产物浓度高，对于染菌情况能很快解决。但此方法生产周期短，生产效率低，且对于人力物力消耗太大。补料分批发酵可以控制解决菌种变异和染菌问题；对培养中底物抑制、产物反馈抑制以及葡萄糖的分解阻遏效应有解除作用；可以避免一次性补糖过多导致细胞大量生长，耗氧过多，通风设备不匹配；某种程度上降低微生物细胞生长量，提高目标产物的转化率。但此方法操作复杂，对于补料中无菌要求高，否则极易染菌；补料受罐体容积限制。发酵工艺选择的依据包括菌种、产物和原料的特点、技术可行性、设备状况等。现代大规模发酵多数是好氧、液体、深层、分批、游离、单一纯种发酵结合进行。

6.1.7 纯种发酵技术

纯种发酵技术指的是在制作食品时，采用纯种发酵剂培养食品中的菌群，促使其发酵制成对身体有益的食品。与传统的自然型发酵不同，纯种发酵采用的是经过筛选和培养、含有单一菌种的发酵剂。在纯种发酵过程中，该菌种能够有效地把食品中的糖类、蛋白质等有机物分解成更小的分子，产生酸、酯、乙醇等化学物质，使得食品的营养成分更易被人体吸收利用。这种技术的优点在于可以保证产品的质量和口感，同时也可以提高产品的营养价值。此外，纯种发酵还能够降低食品中的致病菌和有害物质，保护人体健康。

在纯种发酵技术中，菌群的培养是关键，一般需要对发酵剂进行分离筛选、人工培养以及提供适当的发酵条件，才能得到优良的纯种发酵剂。纯种发酵技术的核心是选择合适的微生物菌种，这些菌种可以在特定的条件下进行发酵，产生特定的化学物质，从而实现产品的制作。这些菌种可以是单一的，也可以是多种混合的，不同的菌种可以产生不同的化学物质，从而影响产品的口感和营养价值。在制作纯种发酵食品时，需要掌握合适的温度、湿度、时间等因素，确保发酵剂的作用和食品的质量。纯种发酵技术被广泛应用于饮料、调料、豆制品等食品制造中，如酸奶、酸菜、豆腐等都是利用纯种发酵技术制成的。

此外，随着人们日益注重健康和天然食品，一些新型的纯种发酵食品也相继面世，如草酸菌类饮品、发酵蔬菜、甜酒等。纯种发酵技术可以大大提高食品的营养价值和安全性，因此越来越受到人们的喜爱。同时，纯种发酵技术也在不断提升和创新，未来还将涌现更多创新型、健康型的纯种发酵食品。

6.1.8　发酵过程自动化控制技术

发酵过程的自动化控制是根据对过程变量的有效测量和对发酵过程变化规律的认识，借助于有自动化仪表和计算机组成的控制器，控制一些发酵的关键变量，达到控制发酵过程的目的。发酵过程的自动化控制包括三方面内容：①与发酵过程的未来状态相联系的控制目标，如需要控制的温度、pH、生物量和浓度等；②一组可供选择的控制动作，如阀门的开或关、泵的开动或停止等；③能够预测控制动作对过程状态影响的模型，如用加入基质的浓度和速率控制细胞生长率时，表达两者之间关系的数学式。这三者是互相联系、互相制约的，组成具有特定自动控制功能的自控系统。发酵系统自控基本要求有实时监测发酵过程中的关键参数；准确控制发酵过程中的条件；安全可靠的自动化控制。其实现方法主要有传感器技术、控制器技术、自动化控制技术。

发酵系统自控技术在食品工业中广泛应用，例如酸奶、啤酒、酱油等食品的发酵生产中，通过自控技术可以实现高效稳定的生产过程。发酵技术在医药工业中也有着广泛应用，例如维生素、抗生素等药品的发酵生产中，通过自控技术可以实现高效率、高产量、高品质的生产过程。[4]

6.2　海洋微生物发酵工艺

6.2.1　发酵培养基的设计与优化

6.2.1.1　发酵培养基的设计

对于海洋微生物的生长及发酵，其培养基成分非常复杂，特别是有关海洋微生物发酵的培养基，各营养物质和生长因子之间的配比以及它们之间的相互作用是非常微妙的。面对特定的微生物，人们希望找到一种最适合其生长及发酵的培养基，在原来的基础上提高发酵产物的产量，以期达到生产最大发酵产物的目的。

发酵培养基的主要成分包括碳源(糖类、淀粉、脂肪酸等)、氮源(蛋白质、氨基酸、尿素等)、能源(葡萄糖、其他糖类等)、无机盐(磷酸盐、硫酸盐、钙离子等)、生长因子(维生素、辅酶等)等，这些成分对于菌体的生长和代谢具有重要影响，需要根据菌体的种类和生长需求进行选择。

海洋微生物培养基除了满足微生物的碳源、氮源、能源、无机盐、生长因子等营养之外，必须遵循以下设计原则：①从培养的目的出发，兼顾产物特征而配制培养基；②协调培养基的各个成分，如：C/N；③调整合适的理化环境，如：pH 值、渗透压、水活度、氧化还原电位等。另外，在设计培养基时还必须把经济问题和原材料的供应问题等因素一起考虑在内。[5]

6. 2. 1. 2　发酵培养基的优化

培养基改良的关键是考虑菌株在培养基中其功能是否发挥到了最大化。初期可以是生态型模拟配制，随后可根据需要更换组分，同时也可以采用多因素、多水平正交实验法或其他方法，以提高工作效率。海洋微生物发酵培养基的优化在微生物产业化生产中举足轻重，是从实验室到工业生产的必要环节。能否设计出一个好的发酵培养基，是一个发酵产品工业化成功中非常重要的一步。培养基的优化步骤，通常包括所有影响因子的确认、影响因子的筛选，以确定各个因子的影响程度。根据影响因子和优化的要求，选择优化策略，对实验结果作数学或统计分析，以确定其最佳条件，进行最佳条件的验证。

由于发酵培养基成分众多，且各因素常存在交互作用，很难建立理论模型。另外，由于测量数据常包含较大的误差，也影响了培养基优化过程的准确评估，因此培养基优化工作量大且复杂。许多实验技术和方法都在发酵培养基优化上得到应用，常用的实验方案有：单次单因子法、多因子试验、部分因子设计法等。

1)单次单因子法

实验室最常用的优化方法是单次单因子法，这种方法是在假设因素间不存在交互作用的前提下，通过一次改变一个因素的水平而其他因素保持恒定水平，然后逐个因素进行考察的优化方法。但是由于考察的因素间经常存在交互作用，使得该方法并非总能获得最佳的优化条件。另外，当考察的因素较多时，需要太多的实验次数和较长的实验周期，所以现在的培养基优化实验中一般不采用或不单独采用这种方法，而采用多因子试验。

2）多因子试验

多因子试验是指在一个实验中同时考察两个或两个以上的因素，并且每个因素都有两个或两个以上的水平，各因素的各个水平互相结合，构成多种组合处理的一种实验。多因子试验的目的是分析各个因素以及它们之间的交互作用对实验结果的影响，从而找出最优的因素水平组合。

3）正交实验设计

正交实验设计是安排多因子的一种常用方法，通过合理的实验设计，可用少量的具有代表性的试验来代替全面试验，较快地取得实验结果。正交实验的实质就是选择适当的正交表，合理安排实验的分析实验结果的一种实验方法。具体可以分为：①根据问题的要求和客观的条件确定因子和水平，列出因子水平表；②根据因子和水平数选用合适的正交表，设计正交表头并安排实验；③根据正交表给出的实验方案进行实验；④对实验结果进行分析，选出较优的"试验"条件以及对结果有显著影响的因子。

正交实验设计注重如何科学合理地安排试验，可同时考虑几种因素，寻找最佳因素水平结合，但它不能在给出的整个区域上找到因素和响应值之间的一个明确的函数表达式即回归方程，从而无法找到整个区域上因素的最佳组合和响应值的最优值。此方法也可以用来分析因素之间的交叉效应，但需要提前考虑那些因素之间存在的交互作用，再根据考虑来设计实验。因此，没有预先考虑的两因素之间即使存在交互作用，在结果中也得不到显示。对于多因素、多水平的科学试验来说，正交法需要进行的次数仍需太多，在实际工作中常常无法安排，应用范围受到限制。

4）均匀实验设计

如果仅考虑"均匀分散"，而不考虑"整齐可比"，完全从"均匀分散"的角度出发的实验设计，称为均匀设计。均匀设计按均匀设计表来安排实验，均匀设计表在使用时最值得注意的是均匀设计表中各列的因素水平不能像正交表那样任意改变次序，只能按照原来的次序进行平滑，即把原来的最后一个水平与第一个水平衔接起来，组成一个封闭圈，然后从任一处开始定为第一个水平，按圈的原方向和相反方向依次排出第二、第三水平。均匀设计只考虑实验点在试验范围内均匀分布，因而可使所需试验次数大大减少。

5）部分因子设计法

部分因子设计法是一种两水平的实验优化方法，能够用比全因子实验次数少得多的实验，从大量影响因子中筛选出重要的因子。根据实验数据拟合出一次多项式，并以此利用最陡爬坡法确定最大响应区域，以便利用响应面分析法进一步优化。

6）响应面分析法

响应面分析（RSM）是数学与统计学相结合的产物，和其他统计方法一样，由于采用了合理的实验设计，能以最经济的方式，用很少的实验数量和时间对实验进行全面研究，科学地提供局部与整体的关系，从而取得明确的、有目的的结论。它与"正交设计法"不同，响应面分析法以回归方法作为函数估算的工具，将多因子实验中因子与实验结果的相互关系用多项式近似，把因子与实验结果响应值的关系函数化，依此可对函数的面进行分析，研究因子与响应值之间、因子与因子之间的相互关系，并进行优化。近年来较多的报道大都用响应面分析法来优化发酵培养基，并取得比较好的成果。

RSM 有许多方面的优点，但它仍有一定的局限性。首先，如果将因素水平选得太宽，或选的关键因素不全，会导致响应面出现吊兜和鞍点。因此事先必须进行调研、查询和充分的论证或者通过其他试验设计得出主要影响因子。其次，通过回归分析得到的结果只能对该类实验作估计。最后，当回归数据用于预测时，只能在因素所限的范围内进行预测。响应面拟合方程只在考察的紧接邻域里才充分近似真实情形，在其他区域，拟合方程与被近似的函数方程毫无相似之处，几乎无意义。

在充分调研和已有的实验基础上，用部分因子设计将多种培养基组分对响应值影响进行评价，并找出主要影响因子，再用最陡爬坡路径逼近最大响应区域，最后用中心组合设计及响应面分析确定主要影响因子的最佳浓度。将几种试验方法相结合，可以在减少实验工作量的同时得到比较理想的结果。大量研究均表明，利用这几种试验相结合的方法成功地优化了目的菌株的发酵培养基。

6.2.2 发酵条件的调控

6.2.2.1 温度对发酵的影响及控制

在影响和控制发酵的多种因素中，最先考虑的就是温度对发酵过程的影响。温度对发酵过程的影响是多方面的，它会影响酶反应的速率，改变菌体代谢产物的合成方向，影响微生物的代谢调控机制。除这些直接影响外，温度还对发酵液的理化性质产生影响。理论上，整个发酵过程中不应只选一个培养温度，而应根据发酵的不同阶段，选择不同的培养温度。在生长阶段，应选择最适生长温度；在产物分泌阶段，应选择最适生产温度。发酵温度的变化主要随微生物代谢反应，发酵中通风、搅拌速度的变化而变化。在发酵过程中，微生物不断吸收培养基中的营养物质合成菌体的细胞物质和酶时的生化反应都是吸热反应；当菌体生长时营养物质被大量分解，分解代谢的生化反应都是放热反应。发酵初期合成反应吸收的热量大于分解反应放出的热量，发酵液需要升温。当菌体繁殖旺盛时，情况相反，发酵液温度就自行上升，加上因通风而带入的热量和搅拌所产生的机械热，这时，发酵液必须降温，以保持微生物生长繁殖和产酶所需的适宜温度。[6]

6.2.2.2　pH 值对发酵的影响及控制

不同种类的海洋微生物对 pH 值的要求不同，大多数细菌的最适 pH 值为 6.5 ~ 7.5，海洋异养菌的 pH 值通常为 7.6，霉菌的最适 pH 值一般为 4 ~ 5.8，酵母菌的 pH 值一般为 3.8 ~ 6。发酵液的 pH 值变化对菌体的生长繁殖和产物的积累影响极大，所以在工业发酵中，维持最适 pH 值是生产成败的关键因素之一。既有利于菌体的生长繁殖，又可最大限度地获得高产量的产物是选择最适 pH 值的原则。产酶微生物生产的合适 pH 值通常和酶反应的最适合 pH 值相接近。在发酵过程中，海洋微生物不断分解和同化营养物质，同时排出代谢产物，使发酵液中的 pH 值不断变化。生产上 pH 值的变化情况常作为生产控制的根据。一般来说，培养基中的碳/氮（C/N）比高，发酵液倾向于酸性，pH 值低；C/N 比低，发酵液倾向于碱性，pH 值高。培养基中的糖和脂肪被分解和同化时的氧化程度直接影响 pH 值，如通气量大，糖和脂得到完全氧化，产生 CO_2 和 H_2O；如果通气量不足，糖和脂氧化不完全，则产物为中间产物有机酸，使培养基中 pH 值出现不同程度的降低。在碳源严重不足，微生物被迫利用氨基酸的碳架，留下 NH_3，pH 值也可能上升。pH 值的这些变化情况，常常引起细胞生长和产酶环境的变化，对产酶带来不利的影响。因此生产中常采用一些控制 pH 值的方法，通常有：添加缓冲液维持一定的 pH 值；调节培养基的起始 pH 值，保持一定的 C/N 比；当发酵液 pH 值过高时添加糖或淀粉来调节，pH 值过低时用通氨或加大通气量来调节。

6.2.2.3　溶解氧对发酵的影响及控制

对于好氧发酵，溶解氧浓度是重要的参数之一。好氧微生物深层培养时，需要适量的溶解氧以维持其呼吸代谢和某些产物的合成，氧的不足会造成代谢异常，产量降低。要维持一定的溶氧水平，需从供氧和需氧两方面着手。当发酵的供氧量大于需氧量时，溶解氧浓度就上升，直到饱和；反之下降。实际生产中通常采取调节搅拌转速或通气速率来控制溶解氧浓度，供氧量还必须与需氧量相协调，使生产菌生长和产物合成的需氧量不超过设备的供氧能力，发挥生产菌的最大生产能力。保持供氧与耗氧的平衡，才能满足微生物呼吸和代谢对氧的需求。发酵的需氧量受菌体浓度、基质的种类和浓度以及培养条件等因素的影响，其中，菌体浓度的影响最明显，发酵液摄氧速率随菌体浓度的增加而按比例增加。但氧的传递速率与菌体浓度反相关，传氧速率随菌体浓度变化的曲线和摄氧速率随菌体浓度变化的曲线的交点所对应的菌体浓度，即临界菌体浓度。为了获得最高的生产率，需要采用摄氧速率与传氧速率相平衡时的菌体浓度，控制生产菌的比生长速率比临界值略高来达到最适浓度。最适菌体浓度既能保证产物的比生产速率维持在最大值，又不会使需氧大于供氧，超过此浓度，产物的比生产速率和体积产率都会迅速下降。这是控制最适溶解氧浓度的重要方法。

6.2.2.4 CO_2对发酵的影响及控制

二氧化碳是微生物代谢的产物，也是合成某些代谢产物所需的基质，是细胞代谢的重要参数，在发酵生产中，有时可根据尾气 CO_2 量来估算生长速率和细胞量。发酵液中溶解的 CO_2 影响海洋微生物生长和发酵产物合成。发酵液中 CO_2 浓度的变化受许多因素的影响。如菌体的呼吸强度、发酵液流变学特性、通气搅拌程度、外界压力以及设备规模等。CO_2 浓度的控制应随其对发酵的影响而定。根据测定排气 CO_2 浓度的变化，通过控制流加基质来控制菌体生长速率和菌体量。如果 CO_2 抑制产物合成，则应设法降低其浓度；若 CO_2 促进产物合成，则应提高其浓度。改变通气和搅拌速率，能调节发酵液中的 O_2 和 CO_2 的溶解度，在发酵罐中不断通入空气，既可保持溶解氧在临界点以上，又可随废气排出所产生的 CO_2，控制其浓度低于能产生抑制作用的浓度。降低通气量和搅拌速率，有利于增加 CO_2 在发酵液中的浓度；反之就会减小 CO_2 浓度。

6.2.2.5 泡沫对发酵的影响及控制

在大多数海洋微生物的发酵过程中，在通气条件下培养液中会形成泡沫，这是由于发酵液受到强烈的通气搅拌和培养基中某些成分的变化以及代谢产生的气体所形成的。发酵过程中产生少量泡沫是正常的，过多的泡沫则会降低发酵罐的装料系数和氧传递系数，阻碍 CO_2 的排出，影响氧的溶解，同时影响添料，也易使发酵液溢出罐外，甚至导致代谢异常或菌体自溶。因此，生产上必须采用消泡措施。一般除了机械消泡外，还可利用消泡剂。消泡剂消泡的机理有两个方面：①加入消泡剂后，可降低泡沫的表面张力，使泡沫破裂；②改变电荷性质，降低泡沫的机械强度。消泡剂主要是一些天然的矿物油类、醇类、脂肪类、胺类、酰胺类、醚类、硫酸酯类、金属皂类、聚硅氧烷和聚硅酮等，其中聚甲基硅氧烷效果最好。我国常用天然油类、甘油聚醚(聚氧丙烯甘油醚)或泡敌(聚环氧丙烷环氧乙烷甘油醚)。理想的消泡剂，其表面相互作用力应较低，而且应难溶于水，还不能影响氧的传递效率和微生物的正常代谢。在酶生产中一般随菌体生长繁殖旺盛和酶的积累而泡沫增多，因此消泡剂的强度应根据泡沫上升程度而定。通常发酵罐内消泡剂的消泡作用不能控制泡沫上升时就应及时添加，消泡剂的添加以勤加、少加效果较好，不宜一次大量添加，如果添加过量，不仅抑制菌体生长和产酶，还影响酶制剂的提取及控制。

6.2.3　发酵过程中污染与防治

发酵过程中的污染是指在发酵过程中，生产菌以外的其他微生物侵入了发酵系统，从而使发酵过程失去真正意义上的纯种培养的现象。发酵生产过程大多为纯种培养过程，需要在无杂菌污染的条件下进行。从国内外目前的报道看，在现有的科学技术条件下要做到完全不染菌是不可能的。目前要做的是提高生产技术水平，强化生产过程管理，防止发酵染菌的发生。一旦发生染菌，应尽快找出污染的原因，并采取相应的有效措施，把发酵染菌造成的损失降到最低。从技术上分析，发酵过程被污染的途径为：种子(包括进罐前菌种室阶段)出问题；培养基的配制和灭菌不彻底；设备上特别是空气除菌不彻底和过程控制操作上的疏漏。遇到染菌首先要检测杂菌的来源，对种子、培养基和补料液、发酵液及无菌空气取样做无菌试验以及设备试压检漏，只有系统严格监测和分析才能判断其染菌原因，做到有的放矢。

6.2.3.1　种子带菌及其防治

由于种子带菌而发生的染菌率虽然不高，但它是发酵前期染菌的重要原因之一，是发酵生产成败的关键，因而对种子染菌的检查和染菌的防治极为重要。种子带菌的原因主要有保藏的斜面试管菌种染菌、培养基和器具灭菌不彻底、种子转移和接种过程染菌以及种子培养所涉及的设备和装置染菌等。针对上述染菌原因，生产上常用以下措施予以防治。[7]

● 严格控制无菌室的污染。根据生产工艺的要求和特点，建立相应的无菌室，交替使用各种灭菌手段对无菌室进行处理。除常用的紫外线灭菌外，如发现无菌室已污染较多的细菌，可采用石炭酸或土霉素等进行灭菌；如发现无菌室有较多的霉菌，则可采用制霉菌素等进行灭菌；如果污染噬菌体，通常就用甲醛、双氧水或高锰酸钾等灭菌剂进行处理。

● 在制备种子时对沙土管、斜面、锥形瓶及摇瓶均严格进行管理，防止杂菌进入而受到污染。为了防止染菌，种子保存管的棉花塞应有适宜的紧密度和长度，保存温度尽量保持相对稳定，不宜有太大变化。

• 对菌种培养基或器具进行严格的灭菌处理，保证在使用灭菌锅进行灭菌前，先完全排除锅内的空气，以免造成假压，使灭菌的温度达不到预定值，造成灭菌不彻底而使种子染菌。

• 对每一级种子的培养物均应进行严格的无菌检查，确保任何一级种子均未受杂菌感染后才能使用。

6.2.3.2 空气带菌及其防治

无菌空气带菌是发酵染菌的主要原因之一。要杜绝无菌空气带菌，就必须从空气的净化工艺和设备的设计、过滤介质的选用和装填、过滤介质的灭菌和管理等方面完善空气净化系统。

加强生产环境的卫生管理，减少生产环境中空气的含菌量，正确选择采气口，如提高采气口的位置或前置过滤器，加强空气压缩前的预处理，如提高空压机进口空气的洁净度。设计合理的空气预处理工艺，尽可能减少生产环境中空气带油、带水量，提高进入过滤器的空气温度，降低空气的相对湿度，保持过滤介质的干燥状态，防止空气冷却器漏水，防止冷却水进入空气系统等。设计和安装合理的空气过滤器，防止过滤器失效。选用除菌效率高的过滤介质，在过滤器灭菌时要防止过滤介质被冲翻而造成短路，避免过滤介质烤焦或着火，防止过滤介质的装填不均而使空气短路，保证一定的介质充填密度。当突然停止进空气时，要防止发酵液倒流入空气过滤器，在操作过程中要防止空气压力的剧变和流速的急增。

6.2.3.3 操作失误导致染菌及其防治

防止操作失误引起的杂菌污染，应加强生产技术管理，严格按工艺规程操作，分清岗位责任事故，奖罚分明。有些厂忽视车间的清洁卫生，"跑、冒、滴、漏"随处可见，这样的厂染菌就时常发生。由此可见，即使有好的设备，没有科学严密的管理，染菌情况照样会经常发生。因此，要克服染菌，生产技术和管理应并重。

1）灭菌操作不当

• 培养基的灭菌：对种子培养基、发酵培养基以及所补加的物料进行灭菌，由于灭菌温度、时间的控制达不到灭菌要求，使物料"夹生"；有些进气、排气的阀门没有按要求打开通入蒸汽，造成"死角"；灭菌操作不紧凑，培养基冷却过程保压不及时，使外界空气进入培养基。

• 设备的灭菌：包括过滤器和过滤介质的灭菌、培养基连消设备、贮料罐、种子罐、发酵管等的空消。对这些设备进行灭菌时，如果灭菌温度、时间达不到要求，或者灭菌后没有及时保压，都会导致发酵染菌。

· 管路的灭菌：所有无菌要求的管道，如葡萄糖流加管道、消泡剂流加管道等，输送料液前必须进行充分灭菌。

2) 菌种移接操作不当

如一级种子接入种子罐时，离开火焰操作或种子罐处于无压状态等失误都会导致外界空气污染培养基及种子。

3) 培养过程操作不当

如在培养、发酵过程中，因突然断电使空气压缩机停止进气，没有及时关闭种子罐、发酵罐的进气、出气阀门，使管压跌为零压或罐内液体倒流入过滤器内；没有及时控制泡沫，引起逃液；补料后，管道处于无压状态并残留物料，使罐体阀门关闭不紧密等。

6.2.3.4　设备渗漏或"死角"造成的染菌及其防治

设备渗漏主要是指发酵罐、补糖罐、冷却盘管、管道阀门等，由于化学腐蚀（发酵代谢所产生的有机酸等发生腐蚀作用）、电化学腐蚀（如氧溶解于水，使金属不断失去电子，加快腐蚀作用）、磨蚀（如金属与原料中的泥沙之间磨损）、加工制作不良等原因形成微小漏孔发生渗漏染菌。

由于操作、设备结构、安装及其他人为因素造成的屏障等原因，使蒸汽不能有效到达预定的灭菌部位，而不能达到彻底灭菌的目的。生产上常把这些不能彻底灭菌的部位称为"死角"。

1) 盘管的渗漏

盘管是发酵过程中用于通冷却水或蒸汽进行冷却或加热的蛇形金属管。由于存在温差（内冷却水温、外灭菌温度），温度急剧变化，或发酵液的 pH 值低、化学腐蚀严重等原因，使金属盘管受损，因而盘管是最易发生渗漏的部件之一，渗漏后带菌的冷却水进入罐内引起染菌。生产上可采取仔细清洗，检查渗漏，及时发现，及时处理，杜绝污染。

2) 空气分布管的"死角"

空气分布管一般安装于靠近搅拌桨叶的部位，受搅拌与通气的影响很大，易磨蚀穿孔造成"死角"，产生染菌。尤其是采用环形空气分布管时，由于管中的空气流速不一致，靠近空气进口处流速最大，离进口处距离越远流速越小。因此，远离进口处的管道常被来自空气过滤器中的活性炭或培养基中的某些物质所堵塞，最易产生"死角"而染菌。通常采取频繁更换空气分布管或认真洗涤等措施。

3）发酵罐体的渗漏和"死角"

发酵罐体易发生局部化学腐蚀或磨蚀，产生穿孔渗漏。罐内的部件如挡板、扶梯、搅拌轴拉杆、联轴器、冷却管等及其支撑件、温度计套管焊接处等的周围容易积集污垢，形成"死角"而染菌。采取罐内壁涂刷防腐涂料、加强清洗并定期铲除污垢等是有效消除染菌的措施。

发酵罐的制作不良，如不锈钢衬里焊接质量不好，使不锈钢与碳钢之间不能紧贴，导致不锈钢与碳钢之间有空气存在，在灭菌加温时，由于不锈钢、碳钢和空气三者的膨胀系数不同，不锈钢会鼓起，严重者还会破裂，发酵液通过裂缝进入夹层从而造成"死角"染菌。采用不锈钢或复合钢可有效克服此弊端。同时发酵罐封头上的人孔、排气管接口、照明灯口、视镜口、进料管口、压力表接口等也是造成"死角"的潜在因素，一般通过安装边阀，使灭菌彻底，并注意清洗是可以避免染菌的。

除此之外，发酵罐底常有培养基中的固形物堆积，形成硬块，这些硬块包藏有脏物，且有一定的绝热性，使藏在里面的脏物、杂菌不能在灭菌时被杀死而染菌，通过加强罐体清洗、适当降低搅拌桨位置都可减少罐底积垢，减少染菌。发酵罐的修补焊接位置不当也会留下"死角"而染菌。

4）管路的安装或管路的配置不合理

发酵过程中与发酵罐连接的管路很多，如空气、蒸汽、水、物料、排气、排污管等。一般来讲，管路的连接方式要有特殊的防止微生物污染的要求，对于接种、取样、补料和加油等管路一般要求配置单独的灭菌系统，能在发酵罐灭菌后或发酵过程中进行单独的灭菌。发酵工厂的管路配置的原则是使罐体和有关管路都可用蒸汽进行灭菌，即保证蒸汽能够达到所有需要灭菌的部位。在实际生产过程中，为了减少管材，经常将一些管路汇集到一条总的管路上，如将若干只发酵罐的排气管汇集在一条总的排气管上，在使用中会产生相互串通、相互干扰，一只罐染菌往往会影响其他罐，造成其他发酵罐的连锁染菌，不利于染菌的防治。采用单独的排气、排水和排污管可有效防止染菌的发生。

生产上发酵过程的管路大多数是以法兰连接，但常会发生诸如垫圈大小不配套、法兰不平整、安装未对中、法兰与管子的焊接不好、受热不均匀使法兰翘曲以及密封面不平等现象，从而形成"死角"而染菌。因此，法兰的加工、焊接和安装要符合灭菌的要求，务必使各衔接处管道畅通、光滑、密封性好，垫片的内径与法兰内径匹配，安装时对准中心，甚至尽可能减少或取消连接法兰等措施，以避免和减少管道出现"死角"而染菌。

5）管件的渗漏易造成染菌

实际上管件的渗漏主要是指阀门的渗漏，目前生产上使用的阀门不能完全满足发酵工程的工艺要求，是造成发酵菌感染的主要原因之一。采用加工精度高、材料好的阀门可减少此类染菌的发生。

6.3　海洋微生物发酵产品的提取与纯化

6.3.1　提取方法的选择

海洋微生物发酵产物的提取与纯化技术是将从海洋中分离的微生物产物从复杂的混合物中提取出来，并将其纯化为高纯度的化合物的关键步骤。发酵产物的提取过程一般需要对发酵液进行预处理、固液分离、发酵液浓缩、发酵液纯化、成品的制备等。

6.3.1.1　发酵液预处理

为了防止不完全澄清导致的酶活性损失或防止滤器堵塞，在开始分离之前有必要对发酵液进行预处理，包括菌体分离、细胞破碎、固体杂质去除等。由于培养液中的目的产物的浓度较低，发酵液组成复杂，其中所含的各种杂质都会对产物的分离纯化产生很大的影响，因此在分离纯化之前必须进行培养液的预处理。发酵液的预处理过程一般包括以下步骤。

1）固液分离

微生物发酵液中包含微生物细胞、代谢产物和培养基残留物。首先，需要将液态发酵液与微生物细胞分离。这可以通过离心、过滤或沉淀等方法来实现。分离后的上清液通常包含目标产物。

2）细胞收获

如果目标产物是与微生物细胞相关的，那么需要将微生物细胞从发酵液中分离出来。这可以通过离心或过滤等方法来实现。

3）浓缩

为了减小体积，可以对上清液进行浓缩。这有助于提高后续分离和纯化的效率。

浓缩通常使用逆渗透、蒸发或超滤等技术。

4)残留物处理

发酵液中可能含有培养基残留物或其他不需要的成分,需要将其处理或去除。这可以通过沉淀、吸附、离心或其他方法来实现。

5)杂质去除

如果存在悬浮固体、微生物残留物或其他杂质,需要进一步地去除或减小。这可以通过过滤、沉淀或凝聚等技术来实现。

6)pH 值和温度调整

确保预处理后的发酵液具有适当的 pH 值和温度,以保持目标产物的稳定性。

6.3.1.2　发酵液固液分离常用技术

发酵液固液分离的主要目的是收集胞内产物的细胞或菌体,分离除去液相;收集含生化物质的液相,分离除去固体悬浮物(细胞、菌体、细胞碎片、蛋白质的沉淀物和它们的絮凝体等)。影响发酵液固液分离的因素有发酵液中悬浮离子的大小和发酵液的黏度。

常见的固液分离方法如下。

1)絮凝

利用电荷中和及大分子桥联作用形成更大的粒子而沉降,使固形物颗粒增大而易于沉降、过滤和离心,提高固液分离速度和液体的澄清度。

2)离心

在离心产生的重力场作用下,加快颗粒的沉降速度。离心常用于实验室,适于大规模工业应用,固液分离效果较好,含水低,操作稳定,易工业化。应用离心力作用下的过滤,适于工业应用。

3)过滤

过滤是依据过滤介质的空隙大小进行分离。过滤器有板框过滤机、平板过滤器、真空旋转过滤机、管式过滤器、蜂窝式过滤器、深层过滤器等。过滤设备简单,操作容易,适合大规模工业应用。

6.3.1.3　发酵液浓缩

发酵液浓缩常用超滤膜浓缩法。超滤是在加压的情况下(0.1~0.6 MPa 由外源氮气等惰性气体形成),使发酵液通过超滤器,小分子的杂质透过膜,而大分子的酶截留在膜腔内，达到酶浓缩和纯化的目的。聚丙烯腈、聚烯烃、聚砜、聚醚砜是常用的膜材料。

超滤膜浓缩法可以根据目的酶的相对分子质量数量级范围，选择不同孔径大小的超滤膜。采用此法可使酶液浓缩到体积分数为 10% ~ 50%，回收率高达 90%。这种方法适用于酶液的浓缩和脱盐，其优点是成本低，操作方便，条件温和，回收率高；缺点是超滤膜容易被污染、分离效果与物料处理及性质密切相关，需精心保养、清洗。

6.3.1.4　盐析分离

这是最古老而又经典的蛋白质纯化分离技术。由于方法简便、有效、不损害抗原活性等优点，至今仍被广泛应用。蛋白质在水溶液中的溶解度取决于蛋白质分子表面离子周围的水分子数目，亦即主要是由蛋白质分子外周亲水基团与水形成水化膜的程度以及蛋白质分子带有电荷的情况决定的。蛋白质溶液中加入中性盐后，由于中性盐与水分子的亲和力大于蛋白质，致使蛋白质分子周围的水化层减弱乃至消失。同时，中性盐加入蛋白质溶液后由于离子强度发生改变，蛋白质表面的电荷大量被中和，更加导致蛋白质溶解度降低，使蛋白质分子之间聚集而沉淀。由于各种蛋白质在不同盐浓度中的溶解度不同，不同饱和度的盐溶液沉淀的蛋白质不同，从而使之从其他蛋白分离出来。常用的盐溶液是 33% ~ 50% 饱和度的硫酸铵。

盐析法操作简单方便，第一步粗筛抗原用不同饱和度的硫酸铵或硫酸钠可将一个复杂的组织液分成若干组分，也可收集某一饱和度的盐析沉淀物作为进一步纯化的粗筛物。最常用的盐析剂是 33% ~ 50% 饱和度的硫酸铵。第二步提取丙种球蛋白，丙种球蛋白主要为 IgG（95% 以上）。将 35% ~ 40% 饱和度的硫酸铵沉淀物经去盐后可直接用于某些试验作为抗体试剂。此法简单，稳定，固收率高，已成为免疫化学试验的常规方法。

但是盐析法提纯的抗原纯度不高，只适用初步纯化。影响盐析的因素有以下几个。

1）温度

除对温度敏感的蛋白质在低温（4℃）操作外，一般可在室温中进行。一般温度低蛋白质溶解度降低。但有的蛋白质（如血红蛋白、肌红蛋白、清蛋白）在较高的温度（25℃）比 0℃时溶解度低，更容易盐析。

2）pH 值

大多数蛋白质在等电点时在浓盐溶液中的溶解度最低。

3）蛋白质浓度

蛋白质浓度高时，欲分离的蛋白质常常夹杂着其他蛋白质一起沉淀出来（共沉现象）。因此在盐析前血清要加等量生理盐水稀释，使蛋白质含量在2.5%~3.0%。

蛋白质盐析常用的中性盐，主要有硫酸铵、硫酸镁、硫酸钠、氯化钠、磷酸钠等。其中应用最多的为硫酸铵；另外硫酸铵分段盐析效果也比其他盐好，不易引起蛋白质变性。蛋白质在用盐析沉淀分离后，需要将蛋白质中的盐除去，常用的办法是透析，即把蛋白质溶液装入透析袋内（常用的是玻璃纸），用缓冲液进行透析，并不断地更换缓冲液。因透析所需时间较长，所以最好在低温中进行。此外也可用葡聚糖凝胶G-25或G-50过柱的办法除盐，所用的时间比较短。

6.3.1.5　发酵液提取方式

1）溶剂提取

这是最常见的提取方法之一。它涉及将发酵产物与有机溶剂（如甲醇、氯仿、乙酸乙酯等）混合，以将目标产物从微生物培养物中提取出来。溶剂提取适用于多种化合物类型，但需要谨慎选择溶剂，以确保高效提取，并后续去除溶剂。

2）超临界流体提取

超临界流体提取是使用超临界流体（通常是二氧化碳）来提取化合物。这种方法在一定条件下结合了气态和液态特性，可用于提取疏水性化合物。

3）固相萃取

固相萃取是一种用于分离和富集目标化合物的技术。它使用具有特定亲和性的固相材料，如吸附树脂或色谱柱，来捕获目标化合物，然后通过洗脱步骤从固相材料中解析出来。

4）液液萃取

这是一种基于化合物在两种不同溶剂中的分配系数的技术。目标产物在两种不同相之间分配，然后可以选择性地从其中一种相中提取。

5）透析

透析是一种通过半透膜分离不同大小分子的技术，可用于从目标产物中去除大分子杂质，如蛋白质或多糖。

6）溶剂结晶

通过逐渐减少溶剂中的溶解度，目标产物可以通过结晶来纯化。

7)质谱分离

质谱分离技术,如液质联用技术(LC-MS),可用于分离和鉴定目标产物。

实际生产中选择提取方法应该根据具体的项目需求和化合物特性来确定。通常,多个技术可能需要结合使用,以达到所需的结果,例如,海洋微生物溶菌酶发酵液经低温离心、超滤浓缩、乙醇提取、凝胶层析和反相高效液相色谱层析纯化得到电泳纯海洋溶菌酶。此外,对于海洋微生物发酵产物,需要关注产品的质量控制、纯度和可行性,以确保所获得的目标产物满足要求。

6.3.2　发酵液的分离与纯化技术

海洋微生物发酵产物中有效化合物在粗体液中占比较低,往往需要进一步分离纯化,提取高纯度化合物。用于发酵液分离纯化的方法除了传统的沉淀法、吸附法、离子交换法、萃取法等,还有超滤、反渗透、电渗析、凝胶电泳、离子交换层析、亲和层析、疏水层析、等电聚焦、双水相萃取、超临界萃取、反胶团萃取、凝胶层析等方法。

分离纯化流程包括两个基本阶段:产物的初级分离阶段和产物的纯化精制阶段。初级分离阶段在细胞培养结束之后,主要是分离细胞和培养液、破碎细胞释放产物(如胞内酶),溶解包涵体,复原蛋白质,浓缩产物和去除大部分杂质等。纯化精制阶段是在初级分离的基础上,用各种高选择性的技术手段,将目的产物和干扰杂质尽可能地分开,使产物的纯度达到要求。

6.3.2.1　微生物发酵液的分离提纯方法

1)柱层析

柱层析是一种基于化合物在吸附柱中的不同亲和性质而进行分离的方法。常用的柱层析方法包括凝胶层析、离子交换层析、亲和层析和逆流层析等。

其中离子交换层析法是依据被分离物质各组分的电荷性质、数量以及与离子交换剂的吸附和交换能力不同而达到分离目的层析方法,其适用于将带有电荷的大、中、小及生物活性或非生物活性物质分离纯化,纯化效率较高,可柱式或搅拌式操作,应用广泛,常用于实验室和工业生产;吸附层析法是依据范德华力、极性氢键等作用力将分离物吸附于吸附剂上,然后改变条件进行洗脱,达到分离纯化的目的,吸附色谱可柱式或搅拌式操作,吸附剂种类繁多,可选择范围和应用范围广,吸附和解吸的条件温和,不需要复杂的再生;亲和层析法是依据目的产物与专一性配基的专一性相互作用进行分离,其选择性较高,纯化倍数和效率高,可从复杂的混合物中直接分离目的产物；疏水层析法依靠疏水相互作用进行分离，选择性较好，使用稳定性好，应用较广；凝胶层析法依据分子大小不同进行分离，分离条件温和，活性收率较高，应用广，选择性和分辨率高，适合于生物大分子的分离纯化。

2）高效液相色谱

高效液相色谱是一种高分辨率的液相色谱技术，通常用于分离和纯化化合物。它可以用于不同类型的化合物，包括有机小分子、蛋白质和核酸。借助不同的柱和检测器，可以实现高度选择性的分离。

3）透析

透析是通过半透膜将目标化合物从其他成分中分离的方法。透析可以用于去除盐、小分子污染物或其他溶质。

4）冷冻沉淀

冷冻沉淀是通过冷却溶液，使其中的目标化合物沉淀下来。这是一种用于蛋白质和多糖分离的常见方法。

5）萃取

常规的萃取方法有有机溶剂萃取法、双水相萃取法、反胶团萃取法。

其中溶剂萃取法是使用有机溶剂将目标化合物从复杂混合物中提取出来，可以选择不同的溶剂体系，以实现特定的分离；双水相萃取法依据目的物在不相溶的聚合物或无机盐溶液形成的两相中的分配系数不同而进行分离，可连续或批次操作，设备简单，萃取容易，操作稳定，易放大，适合于大规模应用；反胶团萃取法是利用表面活性剂形成的"油包水"微粒，对蛋白质等进行分离，有一定的选择性，操作简单，萃取能力大。

6）结晶

结晶是通过调整溶解度，使目标化合物从溶液中结晶出来的方法。结晶常用于纯化小分子化合物。

7）凝胶电泳

凝胶电泳通常用于分离和纯化蛋白质与核酸。它可以帮助分离不同大小或电荷的分子。

8）逆渗透

逆渗透是通过半透膜来去除水分和盐分等杂质的方法，通常用于浓缩目标化合物。

9) 薄层色谱

薄层色谱是一种分离和纯化小分子化合物的快速方法，特别是在分析性规模上常用。

10) 分散液萃取

这是一种用于分离和纯化有机相和水相中的化合物的方法。通常使用不同的有机溶剂来分配化合物。

11) 超临界流体色谱

超临界流体色谱是一种分离和纯化小分子化合物的技术，结合了气相色谱和液相色谱的特点。

12) 凝胶萃取法

凝胶萃取法利用凝胶可发生可逆，非连续的溶胀和皱缩以及对所吸收的液体具有选择性的性质进行物质分离，具有设备简单、能耗低、再生容易、有良好的应用前景等优点。

根据不同发酵产物的具体需求和化合物性质，可以选择合适的分离和纯化技术，通常需要多个步骤的组合来获得高纯度的产物，尤其将膜分离技术与亲和层析结合的亲和超滤以及将液相色谱与膜分离融于一体的膜色谱等技术都是有待进一步发展的新型分离纯化技术。此外，在操作过程中需要特别注意安全和实验条件的控制，以确保高效、准确和可重复的分离和纯化。

6.3.2.2 分离纯化方法应遵循的准则

分离纯化技术需满足以下条件：①操作条件温和，在后处理过程中能保持化合物生物活性；②分离纯化技术的选择性和专一性强，能从复杂的混合物中有效地将目的产物分离出来，达到较高的分离纯化效率；③分离操作尽量简单，且使目的产物具有较高的收率、高活性等。

理想的微生物发酵产品分离纯化方法需要满足以下要求。

- 任何人使用该分离纯化方法均能生产出合格产品；该分离纯化方法在任何环境中使用都具有可重复性，可生产出同一规格的产品。
- 要求分离工艺不受或少受上游工艺条件或原材料来源的影响，或者有较宽泛的稳定范围。
- 需严格控制的工艺步骤或技术越少越好，可变动的工艺条件重复性高。
- 在选择分离纯化技术、工艺和条件时要确保危险性杂质的去除，保证产品质量和生产过程的安全。

- 为保证产品质量，要尽量减少工艺过程的操作单元数。操作单元数越多，产品分离纯化收率越低。要求分离工艺的分离纯化技术具有高效性，一般来说，分离原理相同的技术在工艺中不重复。

- 在分离过程中，尽可能少地外加试剂，以免增加分离纯化步骤，干扰产品质量。

- 要求分离工艺的操作时间尽可能短，以保证生物产品的收率和活性，要求分离工艺温和、能耗低、纯化效率高、收率高、容易操作、易于放大等。

6.3.3 质量控制与分析方法

微生物发酵液分离纯化后的质量控制和分析方法对于确保所得产品的质量和纯度至关重要。这些方法涵盖了对产品化学成分、生物活性、微生物污染以及其他污染物的检测。

6.3.3.1 化学成分分析

化学成分分析是确定其中各种化合物的数量和类型的过程。这些分析方法可以提供有关发酵液中存在的有机和无机物质的详细信息，包括代谢产物、溶解性物质和其他化学成分。这些分析方法包括高效液相色谱法（HPLC）、气相色谱法（GC）、质谱分析（MS）、核磁共振（NMR）、红外光谱法（IR）等。[8]

1）高效液相色谱法（HPLC）

HPLC 是一种常用的分离和定量分析技术，可用于检测和定量发酵液中的有机分子，如药物、抗生素、多糖、脂质等。不同成分可以通过其在柱中的保留时间和检测器的吸收峰来鉴定和定量。

2）气相色谱法（GC）

GC 适用于气体和挥发性有机化合物的分析，如挥发性酸、酮、醛、酯等。它通过将样品蒸发并分离为各种组分，然后在柱中定量检测它们。

3）质谱分析（MS）

质谱分析结合质谱仪器可用于鉴定和定量微生物发酵液中的化合物。质谱可以提供化合物的分子量和碎片信息，有助于鉴定未知化合物。

4）核磁共振（NMR）

NMR 可以提供关于分子结构的详细信息，特别是有机分子。它可用于确定分子的结构和组成。

5）红外光谱法（IR）

红外光谱法可以用于分析样品中的官能团，从而帮助鉴定化合物的类型。

6）质谱/质谱联用（MS/MS）

质谱/质谱联用技术结合了质谱和质谱，可以提供更高的鉴定灵敏度和特异性。这对于复杂混合物的分析非常有用。

7）元素分析

元素分析用于测定发酵液中的无机元素含量，例如碳、氢、氮、氧、硫等。

8）傅里叶变换红外光谱（FTIR）

FTIR 可以提供更高分辨率和信噪比，用于确定样品中的特定官能团和化学键。这些方法可以单独或结合使用，具体取决于需要分析的化合物类型和分析的目的。微生物发酵液的化学成分分析对于了解其组成、纯度和质量控制非常重要，尤其是在制药、食品工业和生物技术领域。

6.3.3.2　生物活性检测

微生物发酵产物的生物活性检测是评估其在药物、食品、化妆品等领域中的功效和活性的重要方法，对于发酵液中的生物活性成分，可以使用生物活性检测来评估其药理学活性或其他功能。这些检测可以包括抗菌活性测定、细胞毒性测定、抗氧化活性测定、酶活性测定等。

1）抗菌活性测定

用于确定发酵产物的抗菌活性，可以通过扩散法、微孔板法或漂浮培养法来评估其对细菌、真菌或其他微生物的抑制效果。通常使用标准微生物株来进行这些测试。

2）细胞毒性测定

用于评估发酵产物对生物体细胞的毒性。其可以通过细胞存活率、细胞增殖或细胞毒性指标的测定来实现，包括 MTT[3-(4, 5-二甲基-2-噻唑)-2, 5-二苯基-2-溴化四唑]法、SRB（硫酸罗丹明 B）法等。

3）抗氧化活性测定

用于测量发酵产物对自由基的清除能力，以评估其抗氧化活性。其可以通过DPPH（2, 2-二苯基-1-苦基肼）自由基清除法、ABTS[2, 2-联氮 -二(3-乙基-苯并噻唑-6-磺酸)二铵盐]自由基清除法等来进行。

4)酶活性测定

用于评估发酵产物中酶的活性,如蛋白酶、淀粉酶、脂肪酶等。这些测试可以通过酶活性底物的转化率来测定。

5)生物活性分子的分子生物学分析

可以使用 PCR、实时荧光 PCR、Westernblot 等技术来检测和定量生物活性分子,如基因表达、蛋白质表达和活性。

这些生物活性检测方法通常与其他化学分析方法一起使用,以全面评估微生物发酵产物的活性和功效。选择合适的检测方法取决于产品的特性、目的以及相关法规和标准。

6.3.3.3 微生物检测和鉴定

确保产品的纯度需要进行微生物检测和鉴定。这可以通过培养基上的菌落计数、聚合酶链式反应、16SrRNA 基因测序等技术来实现。

分子检测技术是现今进行病原检测和诊断的主要技术方法,其根据目标生物的一段特异性的基因序列,进行序列扩增或是特异性探针结合,通过电泳或是显色或是荧光等方式进行阳性结果判定。

聚合酶链式反应(PCR)是体外酶促合成特异 DNA 片段的一种方法,由高温变性、低温退火及适温延伸等几步反应组成一个周期,循环进行,使目的 DNA 得以迅速扩增,具有特异性强、灵敏度高、操作简便、省时等特点。它不仅可用于基因分离、克隆和核酸序列分析等基础研究,还可用于疾病的诊断或任何有 DNA、RNA 的地方,因此又称无细胞分子克隆或特异性 DNA 序列体外引物定向酶促扩增技术。PCR 的模板可以是 DNA,也可以是 RNA。模板的取材主要依据 PCR 的扩增对象,可以是病原体标本如病毒、细菌、真菌等,也可以是病理生理标本如细胞、血液、羊水细胞等法医学标本等。标本处理的基本要求是除去杂质,并部分纯化标本中的核酸。多数样品需要经过 SDS 和蛋白酶 K 处理。难以破碎的细菌,可用溶菌酶加 EDTA 处理。所得到的粗制 DNA,经酚、氯仿抽提纯化,再用乙醇沉淀后用作 PCR 反应模板。

实时定量 PCR(Real-time PCR)是指在 PCR 指数扩增期间,通过连续检测荧光信号强弱的变化来即时测定特异性产物的量,并根据此推断目的基因的初始量。该技术实现了 PCR 从定性到定量的飞跃,使得临床检验结果更具有精确性。目前实时定量 PCR 作为一个极有效的实验方法,已被广泛地应用于分子生物学研究的各个领域，在微生物的检测方面具有很好的应用前景和研究价值。

此外，利用分子生物学原理建立的微生物检测和鉴定技术还包括斑点杂交、原位杂交、基因芯片技术等。

6.3.3.4　残留溶剂和重金属检测

对于通过溶剂提取的产品，需要检测残留溶剂的含量，以确保产品符合相关标准。此外，还需要检测产品中是否存在重金属污染。残留溶剂通常是在发酵过程中使用的溶剂，如甲醇、乙醇、丙酮等。可以使用气相色谱质谱联用（GC-MS）分析挥发性有机化合物；液相色谱（HPLC）检测极性或非挥发性残留溶剂；紫外–可见光（UV-Vis）分光光度法检测具有特定的吸收峰的残留溶剂。

微生物发酵产物可能受到重金属污染，这可能来自原材料、设备或其他污染源。可以使用原子吸收光谱（AAS）、原子荧光光谱（AFS）、质谱分析等方法检测发酵产物中的重金属。

6.3.3.5　稳定性和保质期测试

产品的稳定性和保质期是质量控制的重要方面。这可以通过稳定性测试和加速试验来评估，包括温度、光照、湿度等因素对产品稳定性的影响。

6.3.3.6　物理性质测试

对于一些产品，如黏度、密度、溶解度等物理性质的测试也是必要的。

6.3.3.7　性能评估

最后，根据产品的最终用途，可能需要对其性能进行评估，以确保产品符合预期的功能和效果。这些质量控制和分析方法的选择取决于产品的特性和用途以及相关的法规和标准。在实施这些方法之前，建议先确定适用的标准和规范。

6.3.3.8　快速鉴定系统和自动化分析

由于传统鉴定方法需从形态、生理生化特征等方面进行数十项试验，才能将细菌鉴定到种，工作量大，花费时间长。因此，20 世纪 70 年代起国外开始实行成套的标准化鉴定系统和与之结合的计算机辅助鉴定软件，使细菌鉴定技术日益朝着简便化、标准化和自动化的方向发展。目前常见的细菌鉴定系统有 API 系统、BIOLOG 系统、MIS（MIDI）系统、Enterrotube 系统、PhP 系统、VITEK 系统等。这些简单鉴定系统的设计，最初是针对肠杆菌科的细菌及相关的 G 杆菌，目的在于简化细菌鉴定的生化项目。简易细菌鉴定系统对临床上分离菌株的鉴定，取得了较满意的效果，准确率高、操作简便，并能大大缩短细菌鉴定时间。然而，对于从海洋环境中分离到的细菌，采用这些系统尚有一定的局限性，往往不能将所鉴定的菌株鉴定到种，而且有些鉴定结果不可靠。这主要是由于海洋细菌所要求的生长条件和常规的肠杆菌科的不同。另外，这些快速鉴定系统所收集的标准菌株数据库中尚无足够的海洋细菌的特征资料。

6.4 海洋微生物发酵技术的应用

海洋微生物发酵技术是当前国际上研究的一个重要领域，其主要目的是利用发酵技术探索和利用海洋微生物资源，开发新型生物制品，解决人类社会发展中存在的环境、能源和食品等问题。其应用领域广泛，比如医药、食品工业、能源工业、化学工业、生物能源以及环境保护领域等。目前，海洋微生物发酵技术的发展已经成为人们十分重视的科技领域。与陆地生物相比，海洋微生物更加复杂、多样，其中潜在的生物资源也更加广泛。海洋微生物长期适应复杂的海洋环境而生存，因而有其独特的特性，在这方面，海洋微生物发酵技术发展的潜力无疑是巨大的。

6.4.1 医药领域的应用

医药领域是目前海洋微生物发酵技术应用最为广泛的领域之一。海洋微生物发酵代谢的产物具有很强的抗菌、抗肿瘤、抗炎、镇痛等作用，已经成为研制抗菌药物、抗肿瘤药物、止痛药物等的重要来源。据统计，目前全球近80%的新药都来源于海洋生物，其中不乏海洋微生物发酵代谢产物所提供的新药。

海洋微生物可以产生多种生物活性化合物，如抗生素、调节生长因子、免疫调节剂等。其中，微生物胞外多糖（EPS）作为一种重要的产物，具有独特的物理化学性质，已充分应用到医药行业领域。如黄原胶、结冷胶、透明质酸、右旋糖酐和 B-D-葡聚糖等，它们具有多种生物学活性，如抗感染、抗肿瘤和抗辐射等。尤其是来自海洋的微生物胞外多糖，由于其独特的结构和组成，被认为在抗肿瘤药物的开发方面具有良好的潜力。研究发现，一些源于海洋的微生物胞外多糖具有显著的抗肿瘤活性。例如，从海洋中分离的湿润黄杆菌（*Flavobacterium uliginosum*）产生的胞外多糖 Marinactan，具有明显的抗肿瘤活性，并且在动物实验中显示出对肿瘤的抑制作用。除了抗肿瘤活性，海洋微生物胞外多糖还展示出免疫增强活性。研究发现，一些海洋微生物胞外多糖具有较强的免疫增强活性，对非特异性免疫、细胞免疫和体液免疫均有显著的增强作用。这为新型免疫调节剂的研发提供了新的途径。

利用海洋微生物发酵技术生产的药物原料主要含有维生素、激素、抗生素以及其他生物分子。另外，对微生物制药的研究还在于对现有微生物的改良、筛选、制备工艺的探索、产品跟进等方面的研究。目前，基因工程技术和细胞工程技术在微生物菌种改良中发挥了关键的作用。20 世纪以来，随着基因工程技术、细胞融合技术等的不断进步，发酵工业进入了全新的阶段。其产品从传统的酒精酱料，逐渐发展到多种药物原料，如胰岛素（蛋白质）、生长激素和抗生素等。微生物在制药中，利用了微生物生长和新陈代谢产生的各类物质，为中国传统医学（中医）具有极大的促进作用。这种传统中药的生产方式比一般方式生产的更加优越，可以药用的成分全面改善，减少副作用，为中药活性成分提供了新的发展方向，产生新的效果，更加针对性地治疗各种疾病，充分保护了中药成分，避免对中药活性成分的损害，从而做到节约中药资源的优势。海洋微生物发酵的产物在医药领域具有广泛的应用前景，通过进一步的研究和开发，可挖掘出微生物发酵产物的更多潜在药用价值，并为新药的研发提供新的来源和途径。

6.4.2　食品工业的应用

由于人们对健康食品的需求不断增长，微生物发酵代谢产物所具有的抗氧化、降血压、降血糖等生理活性也受到了广泛关注。海洋微生物发酵技术在食品领域具有良好的应用价值，不仅可以改善食品的口味和口感，同时也有利于提升其营养和保健功能，逐渐成为食品加工领域不可或缺的技术手段。海洋微生物发酵技术的应用在很大程度上克服了食品在保存过程中容易变质的问题，能够有效延长其保质期，同时也改善了食品的口感，常见的豆制品发酵、酒类酿造以及酱油等调味品都在微生物发酵技术的支持下得到了口味与储存时间的改良，能够更好地满足饮食的需要。此外，在相关研究中也显示，海洋微生物发酵技术能够对食品的营养成分产生影响，如乳酸菌、益生菌等微生物发酵食品，可以在丰富口味的同时，增加食品营养与保健功能，满足健康的需求。

海洋微生物发酵技术对于食品加工具有重大价值，通过对面制品、豆制品、乳制品等各类食品进行发酵处理，能够得到更具有风味和营养价值的食品。而海洋微生物发酵技术的实际应用，既需要考虑微生物发酵技术本身的特点，探讨其与不同类别食品之间相互作用的原理，了解微生物发酵中分解代谢产生的各类成分，也需要注意微生物发酵效果的分析，了解食品在发酵后风味口感的变化，分析其中营养和保健功能等。海洋微生物发酵技术的应用将为食品的研究开发与加工制作提供更加有效的技术支持，有利于推动食品行业发展。

在水产动物的养殖活动中，利用海洋微生物发酵技术发酵的饲料提高了水产动物的生长标准水平，促进了水产养殖动物的充分吸收和补充营养，增强了水产养殖业的生产质量和生产效益。因为微生物在发酵过程中可以产生多种不同的活性物质，比如其中富含氨基酸和小肽，此类物质具有一定的特殊性，它可以提高蛋白质合成率，促进动物更好地从饲料中吸收营养，动物的生长速度加快。利用微生物发酵饲料进行水产养殖活动，对于水生动物来说，微生物发酵饲料具有更高的适口性，因为微生物发酵饲料能快速改善精制饲料的风味，有助于提高水生动物的食欲，有利于水生动物更好地生长。

6.4.3　能源工业的应用

微生物技术在新能源开发领域中有广阔的应用潜力，对能源的可持续发展具有重要的理论和现实意义。

能源是人类社会进步与经济发展的重要物质基础。概括说，所有可能为人类利用以获取有用能量的各种来源都称为能源，如太阳能、风能、水能、化石燃料及核能、潮汐能等。由于它是一个国家或地区经济发展的命脉，人们给予不同角度的高度重视和研究，并进行了多种形式的划分，如一次能源、二次能源、常规能源、新能源、可再生能源、非再生能源等。随着石油、天然气等的日渐枯竭，太阳能、风能、海洋能、地热能和生物能等可再生能源正日益受到政府和科学家们的极大重视。

生物燃料是一种可再生能源，其生产过程就是利用微生物的发酵作用。2006年1月1日，《中华人民共和国可再生能源法》正式实施，国家"863计划"中将开发太阳能和生物能作为能源领域主题之一，氢能、燃料电池将作为后续能源主题的主攻方向，这些能源有望逐步替代石油、煤炭、天然气等矿物能源。作为可再生能源开发的主角，微生物在能源可持续开发中发挥了重要作用。

例如，生物乙醇产业是一个很好的例子。通过利用发酵酵母对植物中的糖进行发酵，可以获得乙醇燃料。与传统石油燃料相比，生物乙醇对环境更友好，而且更可再生。微生物的发酵技术为能源行业提供了一个可持续发展的方向。利用微生物发酵技术来制造生物燃料，如生物柴油和生物乙醇。还可以通过海洋微生物发酵或固相化细胞或酶的技术生产绿色能源；运用产油微生物、产氢微生物、产石油微生物及微生物电池等。

6.4.4 化学工业的应用

海洋微生物发酵技术在化学工业中的作用空间极大。一些海洋微生物可以生产出一些化学品，如酒精、醋酸、丙酮酸等，这些产物都可以被用来制造其他化学品。其发酵还可生成特定的有机酸、酶和酮等物质，在合成化学和有机合成领域发挥重要作用。这些生产出的化合物可以用于生产聚合物、药品和特种化学品等方面。

其中，生物表面活性剂扮演着极为重要的角色。生物表面活性剂能显著降低液体表面张力或两相间界面张力，因而被广泛应用于工业领域，其具有诸多优势，如结构多样性、生物可降解性和对环境的温和性等。生物表面活性剂根据其化学组成可分为不同类别，一般都包含亲水基团和疏水基团。这些生物表面活性剂，如糖脂、脂蛋白、磷脂等，通常由微生物代谢产生，具有诸多优良性质。例如，甘露糖赤藓糖醇脂(MELs)是一种新型的非离子型生物表面活性剂，由真菌或酵母产生。MELs具有低表面活性剂值、良好的亲水亲油平衡值、生物降解性、良好的乳化性和表面活性以及抗菌性等优异特性。它已应用于环保、食品、化妆品等领域，并在石油污染防治、医药工业中展现出良好的应用前景。

此外，海藻糖脂是另一种重要的生物表面活性剂，主要存在于某些细菌中，可用于石油开采，具有优异的破乳化性能，有利于提高石油的开采率。生物表面活性剂作为微生物发酵产物，在化学工业中具有重要应用。它们的优异性能和环保特性为化学工业带来了新的解决方案和可能性，为替代传统化学合成表面活性剂提供了新的选择。

6.4.5 生物能源的应用

生物能源是指利用生物可再生原料及太阳能生产的能源，包括生物质能生物液体燃料及利用生物质生产的能源，如燃料酒精、生物柴油、生物质气化及液化燃料、生物制氢等。能源微生物是指以甲烷产生菌、乙醇产生菌和氢气产生菌为代表的能源性微生物。

海洋微生物发酵在能源方面的应用展现了巨大的潜力，利用海洋微生物发酵技术，可以将有机废物和废水转化为可再生能源，如生物油和生物气体等。例如海底沉积物微生物燃料电池(SMFC)作为海洋微生物电化学系统的一种，以海底沉积物中的有机物为燃料，利用石墨电极和金属导线等媒介，利用附着在阳极表面的微生物在厌氧条件下将有机物氧化，产生电子并形成电流，从而实现电能的输出。海底沉积物中富含大量的有机质和无机化合物，如腐殖质、小分子糖类、硫化物和多种金属化合物，为 SMFC 提供了丰富的燃料来源。

在海洋微生物电化学系统中，海底沉积物中的微生物在阳极表面形成微生物膜，利用底泥中的有机物质作为燃料，并通过生物催化作用实现电流的产生。与传统的微生物燃料电池不同，SMFC 在海水与沉积物的界面之间工作，利用海水中的溶解氧与沉积物中的有机物质进行电能转化，因此可以实现自然的持续补充。这使得 SMFC 成为一种新型的免维护的能源装置，具有较大的优势，并可为海洋上的检测仪器提供稳定的能源来源。

研究表明，在海底沉积物微生物燃料电池中，各种细菌如变形菌门、拟杆菌门等在阳极表面附着并进行活跃的产电作用。这些细菌利用底物进行产电反应，包括有机物质的氧化和硫化物等无机物质的氧化，从而产生电能。在实际海洋环境中，SMFC 已被应用于气象浮标等传感器设备，为其提供可靠的电源。海洋微生物发酵在能源方面的应用给予了 SMFC 特别的关注，其在海洋环境中拥有巨大的潜力，为海洋能源开发和环境监测提供了新的思路和可能性。

6.4.6　环境保护的应用

海洋微生物发酵技术还可用于环境保护和污染治理。海洋微生物能够降解有机污染物和重金属污染物，有助于净化水体、土壤和废物。利用海洋微生物可以消除废水、废渣、废气对环境的污染。其中，对有毒废弃物的微生物处理技术主要包括厌氧发酵法和需氧发酵法。此外，一些海洋微生物也可用于生物降解塑料和环境恢复等方面，是可持续环保的解决方案之一。

海洋微生物发酵产生的生物表面活性剂在环境保护中具有重要应用价值。在石油污染修复方面，生物表面活性剂能够降低石油烃组分的界面张力，促进其解吸和溶解，从而提高微生物对溢油污染物的生物降解效率。研究表明，生物表面活性剂能有效增加烃组分的可溶性，有助于提高生物降解效率，并且在应用过程中不会对微生物生长产生有害影响，具有环保、无污染的优点。与化学合成表面活性剂相比，生物表面活性剂的毒性较小，容易被生物代谢和利用，且在环境中引起的二次污染程度较小。因此，生物表面活性剂成为溢油修复中的研究热点，并展现出在环境保护中的潜在应用前景。生物表面活性剂同样具有降低石油烃组分的界面张力作用，并且具有较低的临界胶束浓度和高效率，在环境中能够被生物有效利用，具有安全、环保、无二次污染的特点。

但是环境保护属于海洋微生物发酵技术应用的新方向，发酵工程技术手段依旧处于理论积累时期，不具备产业化的能力。主要是受制于微生物的理论研究水平。

微生物工程治理污染的相关设施研究力度不足，无法产生可观的经济效应，缺乏民间资本的投入。将理论转化为实践，缺少具有高效率的产业化设计。因此，在进行发酵工程治理污染研究的进程中，不但需要我们加强对功能菌的选育工作，而且需要考虑是否可以为国家经济发展带来动力，并发展多菌群处理污染物的研究，同时应当继续加强对高效经济的配套设施研究，以促进微生物工程治理污染物的市场化发展，吸引民间资本的加入。随着研究的不断深入，可进一步挖掘其潜在的环境保护功能，并为解决相关环境问题提供新的方案和途径。

案例 1：利用海洋芽孢杆菌的发酵抑制灰霉病[9]

灰霉病是一种由灰霉菌（*Botrytis cinerea*）引起的常见植物病害，能够感染多种农作物和观赏植物，造成严重的经济损失。海洋芽孢杆菌是一类从海洋环境中分离得到的产芽孢的革兰氏阳性杆菌，具有耐盐、耐碱、耐高温等特点，能够在恶劣的条件下存活和繁殖，近年来有较多研究证实海洋芽孢杆菌的发酵对灰霉菌具有显著的抑菌作用。该菌是一种天然微生物，对人畜安全，不会引起毒性和危害，并且通过生物防治的方式对灰霉病进行控制，与化学农药相比，对环境的污染和生态平衡的破坏更小。防治机制研究表明，该菌株发酵上清液能使灰霉菌菌丝畸形生长，原生质浓缩并外渗，导致菌丝死亡；能抑制灰霉病菌孢子萌发，并导致萌发孢子不能正常生长。与此同时海洋芽孢杆菌能够定殖在植物表面或内部，形成保护层，阻止灰霉菌的侵入和扩散，改善植物的生理状态，增强植物的抗逆能力，减少灰霉菌的感染机会。除了定殖作用，海洋芽孢杆菌对灰霉菌还有一定的拮抗作用，海洋芽孢杆菌能够与灰霉菌竞争营养和空间，抑制灰霉菌的生长和侵染，还能产生多种抗菌物质，如酶、抗生素、脂肽等，能够直接杀死或抑制灰霉菌的活性。最后是诱导抗病性，海洋芽孢杆菌能够诱导植物的系统抗病性，激活植物的防御反应，如活性氧代谢、酚类物质合成、抗病基因表达等，提高植物对灰霉菌的抵抗力。

通过实验对比发现，海洋芽孢杆菌的发酵对灰霉菌的抑菌效果优于常用化学药剂嘧霉胺。室内和盆栽试验也证实了海洋芽孢杆菌的抑菌效果，并且相较于嘧霉胺，其防效更为突出。这一实验表明海洋微生物发酵产物作为防治灰霉病的方法在实践中表现出良好的抑菌效果，且具有环境友好、高效性和安全性等优势。这一发现为灰霉病的防治提供了新的途径和选择。

案例 2：海洋微生物溶菌酶的发酵在水产养殖中的应用[10]

溶菌酶是一种广泛存在于机体生物组织、细胞和体液中的碱性球蛋白，具有天然生物活性，其特点是能够在肽聚糖中裂解 N-乙酰氨基葡萄糖酸和 N-乙酰葡萄糖胺之间的 β-（1，4）-糖苷键，而肽聚糖是细菌细胞壁的主要聚合物，因此溶菌酶对多种临床致病菌有明显的抑制作用，对革兰氏阳性菌、革兰氏阴性菌和真菌具有抑菌和杀菌作用，特别是对厌氧菌生孢梭菌和白色念珠菌有一定的作用。海洋微生物溶菌酶来自海洋微生物的代谢产物，与其他溶菌酶相比，它具有嗜低温、抗氧化及溶菌谱广的特点，能特异性地分解革兰氏阴性、阳性菌的细胞壁形成溶菌现象，而具有杀菌、防腐、抗病毒等功效，在医药、食品工业及生物高新技术产业等领域有独特优势和广阔的市场前景。

在我国水产养殖业中，大量使用化学药品所产生的弊端正在日益显露，危害人民身体健康，产品出口受限，严重制约了水产养殖业的发展。但作为一种蛋白质，溶菌酶的用量不受限制，能真正做到无毒、无残留、无抗药性，是一种绿色消毒剂，可用于防治水产养殖中的藻类污染，提高水质和养殖效益。除此之外实验证明在陆生及水产动物的饲料中添加海洋微生物溶菌酶，当添加量为 0.2%~0.3%时，对养殖动物大菱鲆具有防病、促生长、提高饲料效率和增加产品肥满度等特殊功效。在对虾的养殖过程中，在饲料里添加不同剂量的海洋微生物溶菌酶皆在不同程度上提高了中国对虾的成活率。用含有病毒或细菌的病虾提取液进行浸浴感染并用不同剂量的海洋微生物溶菌酶进行水体消毒，也不同程度地提高了杀菌灭毒活力，提高了中国对虾的成活率，经实验证明，将海洋微生物溶菌酶添加在饲料中较水体消毒的效果更佳。

案例 3：利用海洋蓝细菌的发酵合成生物燃料[11]

海洋蓝细菌是一类具有光合作用和固定氮素能力的原核微生物，广泛分布于海洋、淡水、沼泽、田地等各类生态环境中。蓝细菌参与光合作用，在维持生态平衡方面起到重要的作用。近几年科学家对其生态学、天然产物化学以及生物活性方面均进行了广泛的探索。作为最早实现商业化推广和应用的生物燃料产品，乙醇已经被广泛接受和应用为燃油添加剂甚至替代品。目前绝大部分的生物乙醇来源于生物炼制过程，其生产技术可以根据原料和底物来源划分为 3 代。最初的生物乙醇合成以含糖量丰富的农作物生物质为原料，但原料供应不足的问题引发了极大的社会争议，进而直接限制了该技术的实际可推广性。第二代生物乙醇以非粮生物质为主要原料，通过对以木质纤维素为代表的农业废弃物、林业废弃物等的收集、处理和发酵进行乙醇合成，但是纤维素原料预处理过程中对能量、水和纤维素酶等的需求极大地提高了二代生物乙醇的生产成本。以真核和原核藻类等易于培养、生长迅速的光合自养生物的生物质提供底物进行生物炼制，可以极大地降低原材料预处理的难度和耗费，进而节省生产成本，被称之为第三代生物燃料技术，表现出良好的发展前景。

海洋蓝细菌是一类能够进行光合作用的原核、自养微生物。与真核微藻相比，蓝细菌具有结构简单、生长迅速、遗传操作便捷等优势，因此成为极具潜力的生物基化学品光合平台。在转录组学、蛋白质组学和代谢物组学等各种系统生物技术的广泛应用中促进了蓝细菌在不同环境、不同培养条件下，生理、生化和代谢层面各种响应机制的理解与认识。上述研究成为助推蓝细菌光合平台基础上各种生物基化学品和生物燃料产品合成路线成功开发的强大动力。现阶段通过外源基因引入和天然代谢网络的修饰，已经成功在蓝细菌中实现了氢、醇、酮、酸、醛、烃、糖等数十种天然和非天然代谢产物的光合合成。乙醇是最早报道的也是现阶段最具代表性的蓝细菌光合生物燃料产品。

案例 4：利用海洋微生物发酵技术生产鱼油替代品——海洋单细胞油[12]

深海鱼油因含有大量的二十二碳六烯酸（DHA），具有抗心血管疾病、降血脂、降血压、预防癌症、保护视力、促进智力发育和调控离子通道蛋白基因表达等多种重要生理功能，是当前海洋生物工程领域热点开发的产品。然而，深海鱼油资源有限，油品不稳定，易受捕捞时间和地域等诸多因素的影响，不能满足日益增长的市场需求。开发通过微生物发酵技术生产富含 DHA 的单细胞油脂替代深海鱼油势在必行。

目前已有研究开发通过发酵技术生产富含 DHA 的微生物单细胞油替代深海鱼油，实现工业化生产。已成功筛选获得了 9 株富含 DHA 的高产油脂微生物菌种，建立了 18SrRNA 基因的分子标记，选育成功富含 DHA 的高产油脂菌株；建立了单细胞油发酵生产工艺，1 000 L 发酵罐中试水平为生物量 92.1 g/L，油脂含量 48.7%，油脂产率 44.8 g/L，DHA 产率 18.4 g/L；建立了 CO_2 超临界萃取并结合尿素包埋浓缩制备 DHA 的新工艺；克隆表达了与 DHA 生物合成相关的碳链延长酶和脱氢酶，获得具有生成 DHA 功能的转脱氢酶工程酵母，实现转基因技术生产 DHA；建立了通过调控裂殖壶菌生物合成 DHA 相关的 PKS 途径关键酶提高 DHA 高效生产的技术体系。

开发成功的海洋微生物单细胞油脂不仅 DHA 含量（49.7% ~ 53.6%总脂肪酸）比鱼油 DHA 含量（10%总脂肪酸）高出近 4 倍，而且可通过发酵技术实现工业化连续规模生产，而无需依靠天然的深海鱼资源。因此，海洋微生物单细胞油脂完全可以取代深海鱼油作为 DHA 的新资源。开发成功的富含 DHA 海洋微生物单细胞油对生产条件没有苛刻要求，普通发酵工厂添置必要的油脂提取精制设备就可生产，推广前景良好。

案例 5：海洋微生物发酵技术在生产海参饲料中的应用[13]

饲料发酵是一种通过微生物代谢产物来改善饲料品质的技术。这种技术在农业生产中得到广泛的应用，尤其在畜牧业中有着重要作用。随着水产养殖业的蓬勃发展，利用海洋微生物发酵技术发酵水产养殖动物的饲料也发挥着越来越重要的作用。在海参饲料的制作过程中，通过发酵，海参饲料的营养价值可以得到提高，同时也可以改善饲料的口感和消化利用率。

常见的海洋发酵菌包括乳酸菌、酶解菌、酵母菌等。这些微生物在合适的环境条件下，能够迅速繁殖，并产生一系列的酶和代谢产物。发酵饲料中的微生物产生的酶能够分解饲料中的复杂有机物，将其转化为较简单的物质，如糖类、氨基酸和有机酸等。这些物质更容易被海参消化吸收，提高了饲料的营养利用率。微生物在发酵过程中会产生有机酸，如乳酸、醋酸等。这些有机酸可以调节饲料的 pH 值，抑制有害菌的生长，提高饲料的卫生安全性。某些发酵菌还能够产生抗生素物质，从而抑制有害微生物的生长。这种抗生素作用可以减少饲料中有害菌的数量，保证海参的健康。

利用海洋微生物发酵技术发酵后的海参饲料有很多优点。其可以提高饲料品质：通过发酵，饲料中的纤维素、半纤维素等难以消化的物质可以得到有效降解，提高了饲料的消化利用率。发酵饲料中的细菌蛋白质含量较高，能够充分满足海参蛋白质需求，提高生长发育速度。降低生产成本：通过海洋微生物发酵技术处理，一些廉价的水产作物副产品和海洋废弃物能够得到有效利用，使饲料成本得到降低。发酵还可以改善饲料的风味和口感，使海参更喜欢进食，减少饲料的浪费。促进动物健康：发酵饲料中的有机酸和抗生素作用可以抑制有害菌的生长，降低海参患病的风险。发酵饲料中的益生菌有助于维持海参肠道菌群平衡，提高免疫力，减少胃肠道疾病的发生。

然而，利用海洋微生物发酵技术发酵海参饲料的应用仍存在一些挑战，如技术要求较高、成本较高和发酵过程的变异性等。在实际应用中，需要进一步研究和改进发酵技术，以提高其应用效果和经济效益。

第 7 章　海洋微生物在海洋环境污染治理中的应用

7.1　海洋微生物在赤潮治理中的应用

赤潮是由于海洋中微型浮游生物快速增殖、聚集，导致生态系统结构与功能破坏的一种生态异常现象。由于这种现象常常伴随着海水颜色的改变，以红色为常见，故称之为赤潮。实际上，这种海水颜色的改变与赤潮生物的颜色、密度等因素有关，所以通常我们所说的赤潮并非都是红色。为了更科学地描述这一生态异常现象，目前国际上更多地称其为有害藻华。有害藻华包括了各种藻华现象，如海水、淡水、大型藻、微型藻以及浮游和底栖藻等，隶属于蓝藻、绿藻、裸藻、金藻、黄藻、硅藻、甲藻、隐藻 8 个门。赤潮问题困扰人类很久，且至今愈演愈烈，已经成为全球性的环境问题之一。我国有害赤潮的发生规模和频率也呈急剧上升趋势，给沿海造成了严重的生态、资源、环境问题和重大的经济损失，寻求有效的赤潮防治途径越发显得迫切。[1]

7.1.1　海洋赤潮的特点

2015 年在北美洲西海岸暴发的拟菱形藻赤潮已充分显示出海洋赤潮暴发规模大的特点，其规模之大前所未有。海水富营养化已成为当今全球近海一个不争的事实，赤潮物种已成为富营养化环境中普遍存在的"隐患"，在其他环境因子适宜的条件下，赤潮物种已经发展到现在成片、大规模暴发的态势。赤潮的发生时间段在延长，例如 2017 年 10 月发生在美国佛罗里达近海的短凯伦藻赤潮持续了 15 个月，被称为近十年来持续最久的赤潮。在我国，进入 21 世纪以来，渤海赤潮的发生时间段明显延长，4—11 月均有赤潮发生。近海地区通常是一个国家经济较为发达和集中的区域，随着全球经济的不断发展，赤潮给各个沿海国家带来的危害效应也明显加重。20 世纪 90 年代以前，渤海赤潮优势种类主要是夜光藻，此外叉角藻(*Ceratium furca*)、裸甲藻(*Gymnodinium aerucyinosum* Stein)和微型原甲藻(*Prorocentrum minimum*)为优势种的赤潮也各发生 1~3 次。进入 21 世纪以后，赤潮优势种类明显增多，除了夜光藻

（*Noctiluca scintillans*）、中肋骨条藻（*Skeletonema costatum*）以外，一些对海洋生物有毒害作用，甚至可能会产生贝类毒素的种类也纷纷出现，例如，球形棕囊藻（*Phaeocystis globosa*）、米氏凯伦藻（*Karenia mikimotoi*）、利马原甲藻（*Prorocentrum lima*）等。全球气候变化与全球一体化加剧了赤潮灾害在全球范围的传播与扩散。越来越多的证据表明随着全球温度的升高，暖水种的赤潮生物分布会得到进一步扩展，赤潮暴发的窗口期会提前和加大，[2-4]其结果不仅会导致赤潮发生的频次增加，发生规模也会加大。

7.1.2 赤潮治理技术

7.1.2.1 物理法

物理法治理赤潮主要是通过：①机械搅动法：借助机械动力或其他外力搅动赤潮发生海域的底质，加速分解海底污染物，使底栖生物的生存环境得以恢复，同时提高周围海域的自净能力，进而减缓和控制赤潮的进一步发生，对控制局部赤潮有效；②超声波法：无需化学物质即可较快去除藻类。利用超声波细胞均质仪处理杜氏盐藻，首先出现抑制现象，后期超声波对杜氏藻类产生超补偿现象，抑制作用减弱；③吸附法：利用具有多孔性的固体吸附材料，将赤潮藻类吸附在其表面，以达到富集和分离的目的，目前使用的赤潮吸附材料主要有炉渣、碎稻草和活性炭；④气浮法：在赤潮水体中通入大量微细气泡，使之与藻类依附，由于其比重小于水，进而借助浮力上浮至水面后去除。去除藻类的方法还有隔离法、微滤机法。

7.1.2.2 化学法

化学法治理赤潮分为无机药剂法、有机药剂法和胶体絮凝沉淀法。前两种方法是指利用药剂直接灭杀赤潮藻类。目前研究的无机药剂主要集中在铜离子试剂（硫酸铜）、次氯酸、二氧化氯、氯气、过氧化氢和臭氧等；有机药剂主要包括有机胺、碘类消毒剂、有机溶剂、黄酮类和羟基自由基等。而胶体絮凝沉淀法利用胶体的化学性质进行絮凝沉淀，是目前治理赤潮的重要手段之一。目前国际上使用较多的絮凝剂主要包括几种：①无机絮凝剂：传统无机絮凝剂包括铝盐和铁盐两大类，二者在治理赤潮方面的应用具有局限性。②有机絮凝剂：良好的有机絮凝剂具有荷电正、电荷密度大、水溶性好、具有一定链长和分子量大等特点。如聚丙烯酰胺、一丙烯酸、β羟基丙酯基三甲基氯化铵和聚丙烯酰胺的 Mannich 反应产物等，都是良好的阳离子絮凝剂。③天然矿物絮凝剂：利用黏土矿物絮凝沉淀是目前国际较公认的除藻方法。改性黏土高效治理赤潮的原理主要基于将天然黏土表面的负电性，转变为正电，使原来天然黏土与赤潮生物之间的负负相斥，转变为正负相吸。除了改变静电相互作用之外，黏土表面改性后还会增加黏土与赤潮生物之间的桥连作用和网捕作用，这些改变均导致改性后的黏土絮凝赤潮生物效率显著提升。[5]

7.1.2.3　生物法

生物法主要包括栽培大型藻类、养殖滤食性动物以及引入可侵染微藻的细菌和病毒等。微生物防治赤潮通过释放杀死藻的物质、释放酶类溶解藻类、进入藻细胞内杀死藻细胞等方法。此外，化感作用研究也受到越来越多的关注。利用海洋微生物防治赤潮，可使海洋环境物质循环和能量流动保持平衡，具有很高的利用价值。

1) 引入赤潮藻类生物天敌

通过引入赤潮藻类生物天敌来治理赤潮，是根据生态系统中食物链的关系，栽培与赤潮藻类存在营养竞争关系的大型经济藻类，或养殖摄食赤潮藻类的浮游动物。这种方法最大的弊端在于新物种的引进可能改变甚至破坏原有生态系统，我国曾采用凤眼莲、浮萍和水生花等除藻，最终其死亡腐烂反而加剧了海洋污染。此外，一些赤潮藻类生物天敌有毒，对人类健康存在潜在危险。

2) 微生物技术

微生物技术是利用对赤潮藻类具有特异性抑制甚至杀死作用的细菌和病毒等海洋微生物进行赤潮治理。藻类和细菌能合成有害或有利于对方的代谢产物，杀藻效应就是利用细菌可通过直接或间接作用抑制藻类生长，甚至裂解藻细胞的特性。

(1) 利用真菌抑制微藻的生长

一些真菌可以释放抗生素或抗生素类物质抑制藻类的生长。如青霉菌释放的青霉素对藻类有很强的毒性，一定浓度下可有效抑制组囊藻（*Anacystis nidulans*）的生长；用头孢菌素 C 以及产头胞菌素的支顶孢属的基利枝顶孢（*Acremonium killense*）滤液作用于水华鱼腥藻（*Anabaena flos-aquae*）之后，在电镜下可观察到球形体和原生质体的形成。头胞菌素的致敏实验结果表明，只需 0.02 mL 的浓度为 10 g/L 的头孢菌素溶液，就可在水华鱼腥藻的周围形成溶藻圈；从海洋真菌镰孢霉菌（*Fusarium* sp.）和枝顶霉菌（*Acremonium* sp.）中分离出的化合物 Halymecin A 可对海洋绿藻（*Brachiomonas submarina*）和中肋骨条藻（*Skeletonema costatum*）产生毒性作用。此外，Jenkins 等从一种尚未鉴定的丝状真菌中提取了三种能有效抑制杜氏藻（*Dunaliella* sp.）的物质 Solanapyrones e-g。Van 和 Ringelberg 在冬季及早春的硅藻藻华中发现有壶菌寄生，其中浮游接根壶菌（*Zygorhizidium planktonicum*）对美丽星杆藻（*Asterionella formosa*）有很强的寄生溶藻作用。当条件适宜时，能在美丽星杆藻中寄生和繁殖，从而使该藻的生长受到强烈的抑制并可导致该藻引起的藻华消失[6-7]。

（2）利用病毒抑制微藻的生长

病毒或病毒样颗粒（VLPs）不仅广泛存在于各种水环境中，同时也是浮游生物中的活跃成员，海洋浮游植物（包括原核和真核）都会受到病毒感染，因此病毒或VLPs在浮游生物群落演替中具有极其重要的作用。越来越多的证据表明，藻类病毒与藻华和赤潮的关系密切。一方面"藻华"或"赤潮"藻类生物量的改变可造成病毒数量的变化，另一方面病毒可控制藻类形成"藻华"或"赤潮"。美国纽约的罗得岛（Rhode Island）附近的海湾每年夏季都发生一种叫作"褐潮"的大藻华。尽管这种藻华来势凶猛，却总是突然消失。经研究发现，这种由抑食金球藻（*Aureococcus anophagefferens*）引起的藻华之所以突然消失，是由于藻细胞中出现了大量的病毒，这些病毒能在该藻的细胞中繁殖，并且传染性极强，所以很快将整片藻华藻类溶解。病毒或VLPs通过溶解藻细胞导致微藻群落的消亡，是调节藻类种群结构、生物量和生产力的重要因子。有些病毒或VLPs还具有"共专一的宿主"，可以特异性地感染亲缘关系近邻的一些藻，这类病毒可用作转移致死基因的载体，杀死有害或不需要的藻类。[8-9]赤潮异弯藻（*Heterosigma akashiwo*）是一种最具有代表性的赤潮藻类，属于世界近岸海域广布种。在发生赤潮的海域中发现含有VLPs的宿主细胞表现出"垂死"状态，因此认为赤潮藻中VLPs的出现可以解释赤潮的迅速消退。赤潮异弯藻病毒（*Heterosigma akashiwo* virus，HaV）的纯系01（HaV01）能专一性感染赤潮异弯藻H93616，而对其他生物不产生任何影响，从理论上证实了HaV01是控制赤潮异弯藻的一个很有前景的微生态制剂。病毒控制技术的主要优势在于它能够充分利用和强化自然系统自身固有的生态功能，同时利用病毒感染的特异性，可将技术的生态风险控制在较低的水平。

（3）利用细菌抑制微藻的生长

在水生生态系统中，细菌在微型藻类的生长过程中起着非常重要的作用。一方面细菌吸收藻类产生的有机物质，并为藻类的生长提供营养盐和必要的生长因子，从而调节藻类的生长；另一方面，细菌也能抑制藻类的生长，甚至裂解藻细胞，从而表现为杀藻效应，这类细菌一般称为溶藻细菌。溶藻细菌的研究在国外已有数十年历史，早在1924年便报道过一种寄生在刚毛藻（*Cladophora*）上，并可使之死亡的黏细菌*Polyangium parastium*。到目前为止，已发现了许多溶藻细菌。溶藻细菌通常通过直接或间接作用方式溶藻。直接溶藻是指细菌与藻细胞直接接触，甚至侵入藻细胞内攻击宿主。黏细菌是最早发现和报道较多的溶藻细菌，黏细菌与蓝藻细胞相互作用从而导致藻细胞的溶解，细菌与藻细胞接触时，可能分泌一些可溶解纤维素的酶,从而使细菌通过消化宿主的细胞壁达到溶藻目的。间接溶藻是指细菌同藻竞争有限营养或通过分泌胞外物质而溶藻,是靠化学防御为介导的,即细菌次级代谢产物中的活性成分引起微藻的死亡。这类细菌常见的有弧菌、假单胞菌、放线菌、假交替单胞菌、黄杆菌、杆菌、交替单胞菌、鞘氨醇单胞菌等。这类细菌的作用对象很广泛,既有蓝藻,也有甲藻、硅藻、绿藻等。

3)化感技术

由于化感技术可利用的原料多、经济成本低和不造成二次污染,因此通过化感技术进行赤潮治理具有重要意义和发展前景。早期研究发现,一些海洋藻类能互相抑制生长;随着研究的深入,有学者尝试并成功地从一些植物材料中提取出化感物质。提取凤眼莲根系中的化感物质(亚油酸和 N-苯基-2-萘胺)是凤眼莲根抑制藻类生长的主要化学因素。有学者正致力于植物化感作用的机制研究,并提出一系列研究成果,如芦苇化感组分对羊角月牙藻和雷氏衣藻生长特性造成影响,可能的原因就是化感物质进入细胞后作用于蛋白核,阻碍藻类似亲孢子的形成或释放,从而抑制藻类生长。

7.2　海洋微生物在重金属污染治理方面的应用

重金属是指密度超过 5 g/cm^3 的化学元素。一般来讲,原子量在 50 以上的金属或两性元素,即在周期表中钒后的这类元素均被视为重金属。从环境污染角度定义的重金属主要指有毒性的金属,如铅、汞、镉、铬、铜、锌、钴、镍等以及类金属砷、硒。重金属污染具有长期性、累积性、隐蔽性、潜伏性和不可逆等特点,危害大,持续时间长,治理成本高。海水中的重金属污染来源很广泛,主要通过天然来源、陆源输入和大气沉降三种途径进入海洋,这些重金属入海后通过沉淀作用、吸附作用、络合与螯合作用和氧化还原作用在水体中不断迁移转化,或被海洋生物吸收后随食物链积累与放大。

7.2.1　重金属的污染治理技术

7.2.1.1　物理法

治理废水中重金属离子的物理法主要有:①浮选法:浮选法是利用气泡从液相中分离固体或其他液体的方法,包括分散空气浮选法、溶解空气浮选法、真空空气浮选法、电浮选法以及生物浮选法。具体是指附着在气泡上的粒子可随气泡的上浮将依附在粒子上的重金属离子加以分离。②膜过滤法：膜过滤法能高效地去除如重金属物质等的无机污染物，在处理无机废水中，根据保留颗粒的尺寸大小，可选择超滤、纳米过滤以及反渗透法等不同的过滤方法。使用反渗透法，水的通量高，去除离子效率高，对生化毒物不敏感，并且机械强度、化学稳定性、抗高温性能等均较好，这种方法的总体缺点就是能耗较高。③纳米过滤：纳米过滤分离机理包括原子筛分效应与电效应。纳米膜上的带电离子与液体中的离子形成离子对，同时后者被除去。这种膜的小孔道以及表面电荷使得尺寸小于孔道的离子能被去除。

7.2.1.2　化学法

化学法包含中和沉淀法、硫化物沉淀法、离子交换法与离子还原法等。中和沉淀法指在含重金属的废水中加入碱进行中和反应，使重金属生成不溶于水的氢氧化物沉淀形式加以分离。硫化物沉淀法是加入硫化物沉淀剂，除去废水中重金属离子生成的硫化物沉淀。离子交换法在离子交换器中进行，借助离子交换剂完成，在交换器中按要求装有不同类型的交换剂(离子交换树脂)，含重金属的液体通过交换剂时，交换剂上的离子与水中的重金属离子进行交换，达到去除水中重金属离子的目的。离子还原法是利用一些容易得到的化学还原剂(如硫酸亚铁)将受污染水体中的重金属还原，形成无污染或污染程度较轻的化合物，从而降低重金属在水体中的迁移性和生物可利用性，以减轻重金属对水体的污染。[10]

7.2.1.3　生物法

生物体吸收金属离子的过程主要有两个阶段：第一个阶段是金属离子在细胞表面的吸附，即细胞外多聚物、细胞壁上的官能基团与金属离子结合的被动吸附；第二个阶段是活体细胞的主动吸附，即细胞表面吸附的金属离子与细胞表面的某些酶相结合而转移至细胞内，包括传输和积累。具体方法是按要求把制备好的生物吸附剂放入反应器，使含金属离子的水溶液以一定的速度通过吸附剂，水中的重金属离子被吸附剂上的微生物吸附，去除或降低水中的重金属离子。当吸附剂失效后，通过再生恢复其活性，从浓缩的重金属溶液中可回收重金属。

1)海洋藻类吸附重金属

藻类具有富集污水中重金属的能力，且活藻和死藻都对重金属有很强的吸附能力，利用藻类修复重金属污染水体具有高效、低耗、环保等特点。在所有的海洋生物资源中，对海藻的研究是最多的。表7-1列出了近年来研究者在利用海藻富集重金属离子方面的实验结果。

表 7-1　海藻对重金属离子的富集[11]

海藻富集材料	门类	金属离子	最大富集量($\times 10^{-3}$)
Cladophora crispate	绿藻	Zn^{2+}	31
Bifurcaria bifurcate	褐藻	Cd^{2+}	61.02
Saccorhiza polyschides	褐藻		71.82
Ascophyllum nodosum	褐藻		71.90
Laminaria ochroleuca	褐藻		69.68
Sargassum sp.	褐藻	Ni^{2+}	181(自然状态) 250(酸化后状态)
Pachymeniopsis sp.	红藻	Cr^{6+}	225
Cystoseira baccatav	硅藻	Hg^{2+}	178(pH4.5) 329(pH6.0)
Durvillaea potatorum	褐藻	Hg^{2+}	621.55
Lessonia flavicans	褐藻	Pb^{2+}	303
		Cd^{2+}	124
		Cu^{2+}	80
Sargassum sp.	褐藻	Ni^{2+}	58.69
		Cd^{2+}	123.64
Ulva lactuca	绿藻	Cu^{2+}	65.54
		Zn^{2+}	49.54
		Ni^{2+}	21.00
Ulva reticulata	绿藻	Cu^{2+}	56.3
		Co^{2+}	46.7
		Ni^{2+}	46.5
Padina sp.	褐藻	Cu^{2+}	73.44
		Ni^{2+}	36.97
		Zn^{2+}	52.96
Sargassum sp.	褐藻	Cd^{2+}	85.43
Ulva sp.	绿藻	Pb^{2+}	302.51
Chaetomorpha linum(干藻粉)	绿藻	Cu^{2+}	92.77
		Zn^{2+}	128.80
Fucus vesiculosus	褐藻	Cr^{6+}	42.64
Fucus spiralis	褐藻		35.36
Ulva spp.	绿藻		30.16
Palmaria palmate	红藻		33.80
Polysiphonia lanosa	红藻		45.76

海藻富集材料	门类	金属离子	最大富集量($\times10^{-3}$)
Fucus spiralis	褐藻	Cd^{2+}	114.9
		Ni^{2+}	50.0
		Zn^{2+}	53.2
		Cu^{2+}	70.9
		Pb^{2+}	204.1
Platymonas subcordiformis	绿藻	Ni^{2+}	1×10^{-5} μg/cell(pH7.0)
			7.56×10^{-5} μg/cell(pH10.0)
Cyclotella striata	硅藻	Cu^{2+}	9.26
		Zn^{2+}	20.06
Cymodocea modosa	褐藻	Pb^{2+}	140
Heterokontophyta sp.	褐藻	Pb^{2+}	220

2)海洋细菌吸附重金属

海洋细菌的生存环境广泛,从海床到鱼胃中均有分布,并且形成了适应海洋极端和多元化环境的独特机制,因此在生物修复海洋重金属污染方面具有巨大的应用潜力。例如 Devika 等从印度洋中分离出一株海洋菌 LD5-3,其对多种重金属都有抗性。LD5-3 对铅、铜、锌和镉的抗性分别为 800 mg/L、700 mg/L、400 mg/L 和 50 mg/L,有望应用于治理被多种重金属污染的区域。对于海洋微生物而言,也许是因为海洋细菌的分离培养难度较大的原因,利用海洋细菌富集重金属离子的报道很少,而且研究系统性也不强。表 7-2 是目前能检索到的利用海洋细菌富集重金属离子的相关研究。

表 7-2 海洋细菌对重金属离子的富集[12]

菌体	离子	初始离子浓度/(mg/L)	富集量($\times10^{-3}$)	去除率(%)
Rhodobacters phaeroidess	Cd^{2+}	20	37.2	
Pseudomonas aeruginosa CH07	Cd^{2+}	100		75
	Pb^{2+}	100		98
Bacillus sp.	Hg^{2+}	10	3.19	68.1
Enterobacter cloaceae	Cr^{2+}	100	4.6	26.0
	Cd^{2+}	100	16.0	65
	Cu^{2+}	100	7.60	20
	Co^{2+}	100	4.38	8

菌体	离子	初始离子浓度/(mg/L)	富集量(×10^{-3})	去除率(%)
Streptomyces VITSVK9 spp.	Cr^{3+}	80	20.27	76
	Cr^{6+}	100	28.09	84.27
Streptomyces VITSVK5 spp.	Cd^{2+}	100	13.67	41
	Pb^{2+}	100	28	84
Sulfate-reducing bacteria	Cr^{6+}	18.72		98.5
Vibrio harveyi 5S-2	Cd^{2+}	8	23.3	
Tenacibaculum discolor 9A5	Hg^{2+}	2.73		80
Presudomonas putidastrain SP1	Hg^{2+}	76.02		89
Vibrio parahaemolyticus PG02	Hg^{2+}	10		80

微生物可以通过自身代谢活动产生分泌物(如有机酸),对重金属离子进行溶解或者络合沉淀。微生物对重金属的这种作用可以是直接的也可以是间接的。一般微生物在代谢过程中可以产生有机酸,有甲酸、丙酸等。通常来说,营养充足、pH值和温度条件都适中的环境条件下,微生物的代谢越旺盛,分泌的有机酸就越多,对重金属离子的溶解和沉淀作用就越强,对污染的治理效果就越好。微生物对重金属离子的吸附作用,主要体现在吸收、吸附和沉淀三个方面。重金属元素以稳定价态的化合物形式存在时,溶解度小,稳定性好;以低价态或者过高价态存在时就会非常不稳定,溶解度增大,对土壤和水体产生不利的影响。利用微生物对重金属的氧化还原作用,使重金属以其稳定的价态存在,从而使重金属的活性降低,可以降低其对水体和土壤的污染。

7.3　海洋微生物在石油污染治理方面的应用

7.3.1　海洋石油污染概述

随着石油工业化进程的加快,环境污染问题变得越来越严重。近年来,由于海洋溢油事件不断发生,海洋石油污染受到越来越广泛的关注。2010年7月,大连新港发生输油管道爆炸事故,导致约1 500 t原油流入海洋,造成逾430 km² 海面污染的重大损失,引起了社会的广泛关注。时隔一年的2011年6月,山东蓬莱19-3油田发生的溢油事故导致大量原油和油基泥浆泄漏入海,严重破坏了环渤海的生态环境。[13]此次事故造成油田周边及其西北部海域约870 km² 海面受到严重污染,海水中石油含量严重超标。2018年1月6日,巴拿马籍油船"桑吉"轮与中国香港籍散货船"长峰水晶"轮在长江口以东约 160 n mile 处发生碰撞，1 月 14 日"桑吉"轮燃爆漂移 280 km 后沉没。船舶、飞机、卫星等多手段应急监测结果显示，1 月 21 日油污带漂移扩大到 328 km²，事故海域油膜覆盖面积总计 1 706 km²。

海洋中石油的来源主要有 4 个：海上油运、海上油田、海岸排油和大气石油烃的沉降。海上油运主要通过压舱水、洗舱水、油轮事故和石油码头的泄漏等进入海洋；海上油田主要为海底石油在开采过程中不可避免的油井的井喷、油管的破裂等事故会导致大量石油泄入海洋；海岸排油主要是海岸上的各类石油废水直接排入海洋；大气石油烃的沉降主要由工厂、船坞和车辆等排出的石油烃挥发到大气后，有一部分最终落入海洋。石油进入海洋后，主要以水体表面形成的油膜、溶解分散、凝聚态 3 种形式存在。石油污染对海洋造成的危害主要包括生态危害和社会危害两大类。生态危害表现在降低光合作用、影响海气交换、影响海水中的溶解氧、毒化作用、引发赤潮和全球效应等方面；社会危害主要表现在对渔业造成的危害、对工农业的危害、对旅游业的危害和对人类健康的危害等方面。

7.3.2 微生物降解法治理海洋石油污染

7.3.2.1 海洋石油污染治理概述

海洋石油污染治理的方法包括物理法、化学法和生物法 3 种。物理法利用石油的物理性质借助于机械设备对海面及海岸的石油及带油污染物进行清理。物理清除法主要针对较厚油层的回收处理，包括围油栏、吸附法和机械回收等。化学分散法主要是投放化学试剂，是由溶剂、渗透剂、助溶剂和表面活性剂等成分组成的分散剂来清除海面上的石油污染。溶剂作为载体可以扩散海面上的石油，而表面活性剂可以将油粒分散成小油滴，使其易于被海洋微生物吞食，并最终被分解成 CO_2 和其他水溶性物质。生物法是利用以石油为主要碳源的微生物对石油污染物进行降解，从而达到去除溢油污染的方法。相较于物理法和化学法，生物法是一种经济投入少，对环境影响小，且不存在二次污染，易于被大众所接受的方法。

微生物降解法是指存在于自然界中以石油为主要碳源的微生物对石油污水中有机物进行降解，以达到降解石油的目的。[14] 海洋的元素循环和物质转化离不开海洋中各种微生物的共同作用，海洋中存在的石油降解细菌通过降解海洋石油来完成碳素循环，从而减少石油污染。海洋中能够降解石油烃类物质的微生物超过 200 种，这是由海洋石油污染长期进化而来的，其中细菌 79 种、蓝细菌 9 种、真菌 103 种和海藻 19 种，[15]在海洋中细菌和酵母菌为参与反应的主要降解菌。微生物对石油烃类的降解是生物氧化作用，能够将石油烃类物质降解或转化为 CO_2、水、氨基酸、糖类、酯类、醇、醛等物质。由于石油烃类物质大多难溶于水，微生物对其降解需要通过其细胞壁外表面一种糖酯组成的特殊吸收系统，该系统可充分乳化石油烃类物质，并进行转化和吸收。微生物修复石油污染的能力，不仅与自身的代谢机制有关，而且受到环境因素的影响。因此，要综合考虑这些因素，为微生物降解石油污染创造必要的生存、繁殖和降解条件，这样才能达到更好的石油污染修复效果。

7.3.2.2　微生物降解石油烃类污染物代谢机制

微生物降解直链烷烃时，可对单末端、双末端和次末端进行氧化。降解过程为石油降解菌先将直链烷烃氧化为醇，醇经过脱氢酶氧化变为醛，醛氧化变为脂肪酸，脂肪酸通过 β-氧化降解为乙酰辅酶 A，后者或进入三羧酸循环，分解成 CO_2 和 H_2O，并释放出能量，或进入其他生化过程。支链烷烃不易被微生物降解，且支链越多，越不易被降解。链烷烃也可直接脱氢形成烯烃，烯烃再进一步氧化成醇、醛，最后形成脂肪酸或氧化成为一种烷基过氧化氢，直接转化成脂肪酸。环烷烃是石油烃中较难被微生物降解的烃类，但经混合功能氧化酶氧化后产生环烷醇，然后脱氢形成酮，再进一步氧化为内酯，或直接开环生成脂肪酸。芳香烃包括单环芳烃和多环芳烃：单环芳烃结构简单，易降解；多环芳烃结构复杂，难于降解，首先应通过微生物产生的加氧酶进行定位氧化反应。

1) 微生物降解烷烃和环烷烃的降解过程

烷烃（通式为 C_nH_{2n+2}）是一种典型的饱和烃，结构特点是碳原子之间通过单键连接呈链状。环烷烃（通式为 C_nH_{2n}）是另一种具有几个碳环的饱和烃。微生物降解烷烃的过程可分为 3 种形式：末端氧化、烷基氢过氧化物以及环己烷的降解。基本上，烷烃是通过微生物的某些酶（如氧化酶、脱氢酶等）催化转化为脂肪酸，然后逐步代谢为 CoA 并进入三羧酸循环代谢，最终转化为 CO_2 和 H_2O。在这个过程中，酶（如烷烃单加氧酶、脂肪醇脱氢酶、脂肪醛脱氢酶等）在有效降解的催化过程中发挥着非常重要的作用。像烷烃一样，环烷烃的生物降解原理也是末端氧化。首先，环烷烃被各种氧化酶氧化为醇，然后通过脱氢酶转化为酮，最后再被氧化为酯酶或脂肪酸。环己烷依次转化为环己醇、环己酮、脱氢酶和脂肪酸，最终被降解为 CO_2 和 H_2O。

在降解烷烃和环烷烃中有以饱和烷烃、支链烷烃为碳源的食烷菌属（*Alcanivorix*）；以脂肪族烃、烷醇和链烷酸酯为碳源的油螺旋菌属（*Oleispira*）、嗜油菌属（*Oleiphilus*）；

还有降解荧蒽的速生杆菌属(*Celeribacter*)。

2)芳香烃的降解过程

芳香烃的降解过程分为三个步骤。首先,芳香烃被氧化酶氧化成二氢二醇;然后,二氢二醇被降解为邻苯二酚,在邻苯二酚的降解过程中分别进行邻位和间位的开环反应。最后,这些化合物被氧化为长链化合物并逐渐被代谢为 CoA,进入三羧酸循环。一些真菌和细菌可以降解芳香烃,但是它们的降解过程是不尽相同的。以细菌为例,芳香烃是被 2 个氧原子氧化并转化为多环芳烃,而真菌则是将芳香烃氧化转化为反式二氢二醇。

3)多环芳烃(PAHs)的降解过程

多环芳烃(PAHs)通常是高致癌、致突变和致畸的物质,所以它的降解机制备受关注。它可以在酶的催化作用下被降解为乙二醇和邻苯二酚基团,然后进一步分解为 CoA 或琥珀酸。多环芳烃(PAHs)分别被酵母和细菌降解时,它们的降解过程是不尽相同的。多环芳烃很难被降解,其降解程度根据其溶解性、苯环的数量、取代基种类和数量以及杂环原子的性质所决定。在降解多环芳烃中有以多环芳香烃为碳源的解环菌属(*Cycloclasticus*)、假单胞菌属(*Pseudomonas*)、盐单胞菌属(*Halomonas*)、海杆菌属(*Marinobacter*)、海旋菌(*Thalassospira*)、海茎状菌(*Maricaulis*)和假交替单胞菌属(*Pseudoalteromonas*)。

7.4 海洋微塑料污染治理方面的应用

7.4.1 海洋微塑料污染概述

塑料自 20 世纪初出现,到后来投入生产被广泛应用。塑料工业的飞速发展,也使得大量的塑料垃圾随着人类活动进入环境,遍及生境各个角落。由于塑料密度小、难以降解,能够长时间地漂浮于海洋中,并且会逐渐碎片化成直径小于 5 mm 的微塑料,因此能够在海洋环境中不断累积,从而进一步加重了塑料对环境的污染性。微塑料常见于许多化工产业,在渔业、石油行业得到了广泛应用。工业生产及日常产生的塑料垃圾会随着污水排放汇入海洋,沿海地区的塑料污染问题则更为严重,每年都有超过 $1\ 000\times10^4$ t 的塑料流入海洋,微塑料污染在对海洋生态系统造成影响的同时,还给人类食品健康带来影响,因而逐渐受到人们的关注。已有研究证明在贝类体内检测出了微塑料成分,并且通过微塑料喂养大鼠试验也显示进食掺入含有微塑料的食物后，大鼠生殖能力直接下降，严重威胁其生命健康。进而也可推测，食用含有微塑料的食物对人体也有潜在危害。

7.4.2　生物降解技术治理海洋微塑料污染

由于普通塑料自然降解的周期过长，目前并没有针对海洋微塑料污染十分高效的解决措施，且已知的可以降解的微生物多数存在于陆地及近海区域。

利用生物降解这一技术，一则可以在微塑料污染较重的区域寻找能够高效降解塑料的海洋微生物，相对可以保证该区域的环境安全；二则是研制出能被微生物，如细菌、霉菌(真菌)和藻类作用而降解的塑料，再利用已被发现的存在于自然界中能够降解微塑料的微生物对其进行降解，达到生物降解的目的。理想的生物降解塑料是一种可被微生物完全分解的高分子材料，废弃后最终被无机化进入自然界的碳循环。目前国内外科学工作者研究发现并开发的主要有 4 种生物降解技术[16]：黄粉虫幼虫降解聚苯乙烯泡沫塑料、混菌系统降解 PET 技术、细菌催化消化酶分解 PET 技术、微生物分解 PAEs 技术。生物降解塑料兼有纸的生物降解性和合成塑料的高分子这两种材料性质，主要分为可水解和不可水解两种类型。

1)可溶性水解塑料

聚酰胺(尼龙)是可溶性水解塑料的代表材质，因其具有优良的力学性能、耐腐蚀、抗摩擦而被广泛应用。通常聚酰胺可通过水解和氧化进行分解，主要利用的微生物有节杆菌属(*Arthrobacter*)、假单胞菌属(*Pseudomonas*)、壤霉菌属(*Agromyces*)、黄杆菌属(*Flavobacterium*)等，这些微生物可以编码水解酶以催化低聚物水解。同时，由于聚氨酯是由多元醇和聚异氰酸酯聚合而成，因此可以通过利用微生物对聚酯多元醇的敏感性进而控制元醇基元，提高降解效率。但仍存在着由于聚酰胺种类以及微生物的种类差异所造成降解产物的不同问题，并且这类材料还未在海洋渔业得到广泛应用。

2)不可溶性水解塑料

不可溶性水解塑料包括聚氯乙烯、聚丙烯、聚乙烯、聚苯乙烯。聚乙烯的聚合单体为乙烯，化学性质相对稳定，但抗氧化能力较弱，商业用途较广。可以对聚乙烯进行降解的微生物主要是真菌和细菌，它们通过氧化还原降解多聚物。聚丙烯和聚乙烯的组成单体不同，分子结构对称，具有高熔点、耐腐蚀的特点，其熔点超过 160℃。研究发现，海洋中的弯曲芽孢杆菌(*Bacillus flexus*)经过氧化预处理后可以降解聚乙烯，将其和聚丙烯一起埋在土壤中，可以提升聚丙烯降解效率(至少 10%）。[17]

3）黄粉虫幼虫降解聚苯乙烯泡沫塑料

聚苯乙烯由于其高分子量和高稳定性，自然环境中很难被降解，大家普遍认为它是微生物无法降解的一类塑料。黄粉虫，即我们常说的面包虫的幼虫，具有降解聚苯乙烯类塑料的作用。将聚苯乙烯泡沫塑料添加到黄粉虫幼虫的生长环境中，并阻隔其他食物来源，黄粉虫幼虫可存活 1 个月以上，并能最终发育成成虫。更神奇的是其最高生长量可达它所吸食的塑料量的 9 倍，所食的聚苯乙烯也被完全降解为二氧化碳或被同化为虫体的脂质。[18]这也为我们提供了一个新的思路，推动了科研工作者们进行更深入的研究。

4）混菌系统降解聚对苯二甲酸乙二醇酯技术

众所周知，由于受到水、食物、营养物质的限制，同种或多种菌群很难在同一系统中实现和平共处。天津大学研究出了一种混菌体系可以高效降解塑料。[19]而实现这一目标的关键在于一种代谢方式，它可以大大降低菌与菌之间对营养物质、生存空间的争夺，以保持混菌系统的稳定，并且这些菌可以相互协作，更高效地完成对塑料的降解。降解的大致过程为系统中的一部分细菌先工作，将塑料大分子降解成可被后续利用的小分子，另一部分细菌再将这些小分子物质吸收或转化分解为对环境无害的物质。该混菌系统通过实验证实可以完全降解一些生活中常见的塑料如聚对苯二甲酸乙二醇酯(PET)。

5）细菌催化消化酶分解聚对苯二甲酸乙二醇酯技术

日本京都工艺纤维大学研究团队，通过对 PET 塑料瓶回收工厂采集到的土壤、废水和沉淀物样品进行取样分析后，发现了一种黏附在塑料薄膜上的细菌，该细菌包含了两种生物酶，第一种酶可以将 PET 分解为一种名叫 MHET 的中间体，紧接着另一种名叫 MHETase 的酶，又将 MHET 进一步水解为对苯二甲酸和乙二醇这两种对环境友好的物质，并为细菌提供更多能量。[20]

6）微生物分解塑化剂技术

塑化剂在自然条件下难以分解。加拿大华裔女孩姚佳韵与她的高中同学汪郁雯，在弗雷泽河周边可能被邻苯二甲酸酯污染的三个地点采集了土壤样本，并用邻苯二甲酸酯作为培养基中的唯一碳源来培养微生物。[21]在反复实验和筛选后，发现了三种菌株可能与邻苯二甲酸酯的降解有关。之后将三种菌株的酶样本提取出来之后，分别与一种邻苯二甲酸媒介进行化学反应，与此同时用分光光度计记录所有实验，获得完整的曲线图。结果表明这些菌株可能含有与塑料降解相关的基因，它们改变了塑化剂的结构，并最终将其分解成二氧化碳、水或酒精。

7.5　海洋微生物在水产环境污染治理中的应用

海洋环境是水产业生产与发展的物质基础。当前，我国水产环境面临的污染问题多种多样，归根到底是由于工业的迅猛发展、生产和生活废弃物大量增加造成的。海洋环境的恶化，使水产渔业生态遭到严重破坏，已严重阻碍了水产业的发展。因此必须采取多方面有效的措施，控制或防止海洋水域污染。随着微生物工程的发展，微生物对人类社会各个方面产生深远的影响。目前，利用海洋微生物为主体的生物修复在治理海洋中有毒有害污染物的作用日显重要，已成为当今国际海洋环境科学与工程的研究热点之一。

7.5.1　利用海洋假单胞菌去除赤潮生物

目前应用物理法和化学法治理赤潮的可操作性不高且会对海洋生物有一定的毒性。生物法对环境无二次污染，是最有发展前途发展的一种方法，也是目前研究最热门的一种赤潮的治理方法。微生物絮凝剂是一类由微生物产生的有絮凝活性的天然代谢产物。该类絮凝剂不仅具有良好的絮凝特性，而且具有安全、高效、无毒、易于生物降解等独特优点。近年来，有研究利用假单胞菌的发酵液去除赤潮生物，并探究了该细菌产絮凝剂对东海原甲藻和裸甲藻的絮凝去除作用，表明微生物絮凝剂可能在赤潮生物治理中具有一定的应用潜力。絮凝是一个复杂的过程，絮凝剂的浓度、絮凝剂与赤潮生物的絮凝作用时间、助凝离子种类、浓度以及体系的 pH 值等都对絮凝剂的絮凝性能有影响。有实验研究表明，实验用菌株产絮凝剂的有效絮凝去除赤潮生物的浓度为 4.0%~10.0%。当絮凝作用时间为 1.5 h 左右时，可达到比较理想的絮凝效果，发生有效絮凝除藻作用的适宜 pH 值为 8.0 左右。不同浓度的 Ca^{2+}、Mg^{2+} 对该絮凝剂絮凝除藻作用均表现出了一定的增效作用。并以 Ca^{2+}、Mg^{2+} 的浓度分别为 2.0 mmol/L 及 4.0 mmol/L 为最佳的助凝离子浓度。此外，假单胞菌株产絮凝剂的周期短(约 72 h)，絮凝活性较好，其培养条件以及所用的原料简单易得，且微生物絮凝剂本身具有生物可降解性，是一种新型、高效、安全、无二次污染的絮凝剂，展现了其在赤潮治理中具有一定的应用前景。[22]

7.5.2　利用复合微生物调节水体生态因子

水体微生态起着生物排泄物及残饵的分解、转化、水质因子的调节和稳定等作用，因而它的正常与否决定着水质的优劣，进而影响生物能否健康生长。目前，应用微生物治理养殖水体微生态，有成本低、收效大、无再污染等优点，成为研究的热点。芽孢杆菌(*Bacillus*)由于其分解转化和适应能力强，对养殖生物和人类无害等特点，成为改善微生态和水质的主力。研究发现，以芽孢杆菌为主的复合微生物投入养殖池中能够有效地降低氨氮与亚硝酸盐的浓度，说明所加复合微生物分解有机物较彻底，池水溶解氧高，因而中间代谢的有毒物质少。另外，藻类生长良好，氨氮、亚硝酸盐也会减少。加入复合微生物后池中出现良好的养殖水色，有效改变了藻相，再结合水质因子的变化结果，可以认为它能明显改善水质。因而复合微生物能够明显改善水质条件，增加溶解氧、降低氨氮与亚硝酸盐，营造优良的养殖水色即藻相，对水体生态因子的调节具有明显的改善作用。

7.5.3　利用芽孢杆菌降解聚乙烯塑料

塑料在环境中不断地积累，逐渐破碎成为尺寸小于 5 mm 的微塑料，对环境和人类健康构成严重威胁。微塑料广泛存在于环境中，其很有可能进入食物链，还可能吸附和运输各类污染物，进而成为有毒、有害化学物质的载体，增强其在生态系统中的累积和放大作用，加剧环境和健康问题。聚乙烯塑料是应用最广泛的塑料，目前从环境中分离到能降解聚乙烯材料的微生物大多是细菌和真菌。这些微生物极少来源于海洋环境中。若能从海洋环境中获得有效降解聚乙烯的微生物，对于丰富聚乙烯降解微生物资源库及促进海洋生态系统的物质和能源循环都具有积极的意义。具有降解能力的芽孢杆菌 LC-2 在实验室控制条件下可以加速聚乙烯塑料的降解，并且该细菌可以在以聚乙烯塑料为唯一碳源的液体无碳培养基中生长良好。经过 LC-2 降解后的聚乙烯塑料，其表面水接触角变小，亲水性增加；表面形貌发生了变化，产生了孔洞、裂痕和凹坑；表面被氧化产生了羰基；降解后的聚乙烯塑料的热重损失及黏均分子量下降。所有证据都表明了 LC-2 可以降解聚乙烯塑料。芽孢杆菌降解聚乙烯塑料的这一应用将会改善"白色污染"问题，对海洋环境的可持续发展具有重要意义。[23]

第8章 海洋微生物在水产健康养殖中的应用

8.1 益生菌

"益生菌"的概念最早来源于希腊语"For Life"——对生命有益，是一类对宿主有益的活性微生物，又称促生剂、微生态调节剂等。益生菌是指在宿主生命活动过程中不断与致病菌进行拮抗作用，从而确保宿主生命体态健康的一类活的微生物。益生菌可以很好地适用于水产养殖中，能以适当的生长方式来维持水体中养殖物种的健康。

益生菌的种类众多，地域分布广阔，在水产养殖中通常将益生菌分为六大类，即光合细菌(*Photosynthetic bacteria*，PSB)、芽孢杆菌(*Bacillus*)、硝化细菌(*Nitrifying bacteria*)、酵母菌(*Yeast*)、噬菌蛭弧菌(*Bdellovibrio bacteriovorus*)和乳酸菌(*Lactobacillus*)。

8.1.1 光合细菌

光合细菌能利用有机物、氨等作为碳源进行光合作用，一般存在于自然界的江河、湖泊中。含有丰富的营养物质(类胡萝卜素、聚羟基烷酸酯、辅酶Q10等)，根据所含叶绿素和电子供体不同可将光合细菌分为：产氧光合细菌(蓝细菌、原细菌)和不产氧光合细菌(紫色革兰氏阴性菌，无芽孢，菌种呈淡粉红色，属异养菌，直径为0.3~2.6 μm，能在无氧的条件下进行不耗氧的光合作用，最早出现在自然界中的能进行光合作用细菌和绿色细菌)。光合细菌均为革兰氏阴性菌，但细胞形态非常多样。有单细胞亦有多细胞者，有球形、杆状、半环状、螺旋状，还有突柄种类。有的光合细菌以鞭毛运动，亦有滑行运动或不运动者。光合细菌含有大量的蛋白质、氨基酸和生理活性物质(>65%)，因此光合细菌可以作为优秀的单细胞蛋白源和饲料添加剂。

光合细菌具有复杂的生理特性，包括：①改善水质：在水产养殖中，光能异养型红螺菌科(Rhodospirillaceae)中沼泽红假单胞菌(*Rhodopseudomonas palustris*)和红杆菌属(*Rhodobacter*)因较好的环境适应能力和净水能力被广泛使用。光合细菌能够有效地改善水质，水体中 COD 随着光合细菌添加量的增加而降低，在水体中投放 0.5%和 1%光合细菌可使氨态氮降低，在一定程度上升高水体中的 DO 和 pH 值，并可改善水体中藻类和细菌的组成和数量。另外，光合细菌可以在厌氧条件下利用有机质和 H_2S，因此，也被广泛应用于污水及养殖水体的水质净化。②营养含量丰富：光合细菌蛋白质含量高，且 B 族维生素丰富，因此其可以作为水产养殖动物的饲料菌剂。光合细菌细胞内还含有碳素储存物质糖原和聚 β-羟基丁酸、辅酶 Q、抗病毒物质和生长促进因子，具有很高的饲料价值，在养殖业上有广阔的应用前景。③光合细菌制剂还具有独特的抗病、促生长功能，大大提高了生产性能，在应用方面显示了越来越巨大的潜力。[1]

8.1.2 芽孢杆菌

芽孢杆菌是一种菌体较大的革兰氏阳性菌，严格需氧或兼性厌氧，多为有荚膜的杆形菌。芽孢杆菌属细菌由于具有芽孢(细菌在营养条件不良或经某生长阶段时，在菌体内形成圆形或椭圆形的壁薄、含水量极低、抗逆性极强的芽孢休眠体)能够抵御不良环境或条件。芽孢杆菌可合成维生素 B 和维生素 C，并分泌大量孢外酶，辅助宿主的消化和吸收。饲料中添加芽孢杆菌可显著改善水产动物肠道内细菌群落结构，抑制致病菌繁殖，提高宿主体内消化酶的活性，加强宿主的免疫反应，促进宿主生长。[2]芽孢杆菌在生长过程中能分泌出乙酸、丙酸、丁酸等有机酸，降低宿主消化道内 pH 值以及氨的浓度，保持酸性环境。芽孢杆菌还具有一定的硝化能力，可将亚硝态氮转化为硝态氮，并分泌孢外酶辅助降解水中的脂肪、蛋白质以及淀粉类残饵，辅助其他菌种净化水质。同时，芽孢杆菌通过改善水体理化环境和水环境的微生物组成，[3]提高其存活率和生长率。

芽孢杆菌功能：①芽孢杆菌作为一种简易的细菌，是土壤中的优势种群，能强烈地分解碳系、氮系、磷系、硫系污染物，分解蛋白质和复杂多糖，对水溶性有机物分解也有重要的作用。同时可以与养殖环境中的有害藻类及水产致病菌竞争，形成优势种群，抑制有害藻类及水产致病菌。②芽孢杆菌对水质的净化作用：芽孢杆菌类净水微生物的使用，使养殖者在不中断养殖过程的情况下，清除长时间残留于养殖水域底部废物，尤其是老虾池底部积累的大量残余饵料、排泄废物、动植物残体以及有害气体，使之先分解为小分子，后分解为更小分子有机物，最终分解为二氧化碳、硝酸盐、硫酸盐等，从而有效地改善水质。③芽孢杆菌为以单细胞藻类为主的浮游植物提供营养物质，促进繁殖。这些浮游植物的光合作用，又为池内底栖水产动物的呼吸、有机物的分解提供氧气,从而形成一个良性生态循环。

8.1.3 硝化细菌

硝化细菌形态多样,有球形、杆状、螺旋形,均为无芽孢的革兰氏阴性菌,是化能无机自养型微生物。硝化细菌绝大部分种类皆为专性化能的自养菌,它们能够利用氨氮或者亚硝酸盐获得合成反应所需的化学能。在有机培养基上几乎不生长(维氏硝化杆菌除外),也不需要外源的生长因素。它们对底物的专一性很强,氨氧化菌以氨氮为底物提供能量,亚硝酸盐氧化菌以亚硝酸盐为底物提供能量。硝化细菌对溶解氧、温度、pH 值等外界环境因素的变化反应较为灵敏,易受外界环境的影响。有些属的分布较广,而有些属的分布则较局限,如硝化球菌和硝化刺菌属的种仅分布在海水中。

硝化细菌的功能:①以 CO_2 为唯一碳源而产生有机物质,在自然界氮素循环中起着非常重要的作用。由其完成的硝化作用能够把氨转化为亚硝酸盐,再进一步把亚硝酸盐转化为硝酸盐,是含氮物质矿化的重要步骤,对水生态系统中的氮素循环起着非常重要的作用。[4]②生产中高密度的养殖环境造成了养殖水体中大量的饵料和粪便的堆积,这些饵料和粪便会在水体中各种微生物的作用下分解产生氨氮,使水体中氨氮浓度增加。同时细菌会进行硝化作用将水中的铵根离子转化为亚硝酸盐和硝酸盐,使水体富营养化。目前用于生物脱氮的细菌主要为硝化细菌。③硝化细菌有自养硝化细菌和异养硝化细菌两种。异养硝化细菌能够在好氧和厌氧两种环境下工作,将铵根离子等含氮化合物进行硝化作用生成羟胺、亚硝酸盐、硝酸等产物,多数异氧硝化细菌还可以同时进行好氧反硝化作用,直接将硝化产物转化为含氮气体(N_2 或 NO_2)。④了解和掌握氮循环过程,可以利用自然界所固有的规律,降低养殖水体中所产生的氨氮和亚硝酸盐含量,改善水质,减少或降低氨氮及亚硝酸盐对水产养殖动物的危害,确保养殖生产安全。硝化细菌制剂就是利用这一原理,通过硝化细菌的降低氨氮和亚硝酸盐作用,将亚硝酸盐等转化为硝酸盐为目标而制备的一类产品。

8.1.4 酵母菌

酵母是一类单细胞真核微生物的统称,并非系统演化分类的单元,属于真菌,具有细胞壁、细胞膜、细胞核、细胞质、线粒体等较为复杂的细胞结构,是较为高等的微生物种类。酵母细胞宽(直径)2~6 μm,长 5~30 μm,不能运动。细胞形态因种而异,常见的有球形、卵形和圆筒形,个别种类可形成假菌丝。某些酵母因种属或生长期差异，还呈现出高度特异性的细胞形状，如柠檬形或尖形等。其繁殖方式主要为芽殖，少数为裂殖，条件适宜时有些种类可进行有性繁殖。[5]

酵母菌的功能：①酵母菌可应用于整个水产养殖周期。苗种培育阶段，可用于饵料生物培养及营养强化；成体养殖时期，可作饲料添加剂，用于改善水产动物肠道功能。②酵母菌菌体中富含蛋白质、维生素、生长因子等营养物质，适口性好，并且大部分酵母菌无毒，可以食用。③海洋酵母菌可以产纤维素酶、碱性蛋白酶、淀粉酶、脂肪酶、植酸酶等各种活性胞外酶和嗜杀因子，可应用于饲料添加剂。酵母菌在水产养殖上主要作为饵料添加剂，生产的饲料酵母可部分替代鱼粉。近年来，我国水产养殖业得到了迅猛的发展，很多酵母菌被广泛用于水产养殖饲料中，以解决饲料蛋白源缺乏的问题，其中假丝酵母属(Candida sp.)的酵母菌得到了比较多的研究。研究表明，在罗氏沼虾的养殖饲料中添加法夫酵母，可使其增重率提高14.48%，该结果也提高了研究者对法夫酵母的关注度。另有试验表明，采用来自海参肠道的3株酵母菌(HS-J6、HS-J8和HS-J9)经发酵所产胞外多糖进行试验发现，饲料中添加多糖有助于提高海参肠道消化酶的活力，促进海参生长，且HS-J9的作用效果突出，这为后续研究海洋酵母菌HS-J9在水产养殖饲料添加方面的应用提供了理论基础。④由于具备较强的有机物分解能力，某些酵母活菌还能用于养殖水体净化。养殖水质恶化是水产养殖病害频发和产量下降的重要因素。随着水产养殖业的快速发展和集约化程度不断提高，水源和养殖自身污染日益加剧，水产养殖病害呈逐年增加趋势。因此，一些酵母活菌改善水质的应用越来越广泛，大量科研单位进行研究，并取得了丰硕成果。

8.1.5 噬菌蛭弧菌

噬菌蛭弧菌是一种专门以捕食细菌为生的寄生性细菌，在自然界中分布广泛。蛭弧菌具有一般细菌的特性，较一般细菌小，能通过过滤器，有类似噬菌体的作用。革兰氏染色阴性，单细胞，呈弧状或杆状，大小仅为杆菌长度的 $1/4 \sim 1/3$。噬菌蛭弧菌不但能够在较短的时间内裂解弧菌、气单胞菌、假单胞菌、沙门菌、志贺菌等常见病原菌，对于一些非海洋细菌如大肠杆菌、绿脓杆菌也具有裂解作用，甚至也能裂解革兰氏阳性菌如枯草杆菌和金色葡萄球菌。噬菌蛭弧菌可以将这些细菌限制在较低的数量水平，同时又可以有效地控制水体中的氨氮、亚硝酸盐、硫化物等有害物质。自1979年首次开展水体中噬菌蛭弧菌的分布数量调查以来，国内学者逐渐在噬菌蛭弧菌的形态与噬菌特性、培养特性、保藏方法等方面取得了较多的研究成果，为噬菌蛭弧菌的后续研究奠定了重要的基础。近年来，国内学者又相继在分离检测方法的改进、优良菌种的分离、生态作用研究、应用效果研究等方面做出了重要的贡献，为我国水产用噬菌蛭弧菌的研究与应用的进一步发展注入了强大动力。

噬菌蛭弧菌功能：①噬菌蛭弧菌在水产养殖中可以防治有害细菌，清除有害细菌，减少有害物质的积累，从而净化水质，提高水生动物的免疫活性。因此，利用噬菌蛭弧菌作为"活性抗生素"和养殖环境的天然生物净化因子具有广阔的开发前景。②噬菌蛭弧菌对污水的净化作用已证实，它可以清除河水中的沙门菌、不凝集弧菌、大肠杆菌、浮球衣菌等，清除率为 92.8%~97.4%。目前已普遍认为，噬菌蛭弧菌可控制或减少致病菌对环境水源的污染，从而预防一些常见疾病的发生，尤其是肠道传染病的发生和流行，保护人体健康。③噬菌蛭弧菌作为一种具有先天独特噬菌特性的寄生性细菌，几乎能够裂解虾蟹常见的病原菌种类。在虾蟹病害防治中逐渐崭露头角，已经成为虾蟹健康养殖的"新秀"。

8.1.6　乳酸菌

乳酸菌是一类不运动、无芽孢、能利用碳水化合物发酵并产生大量乳酸的革兰氏阳性细菌的统称，有 44 个种，连同亚种共 51 个种。有 9 个属，其中 5 个属呈球状，如乳酸乳球菌（*Lactococcus*）、链球菌（*Streptococcus*）等；4 个属呈杆状，如乳酸杆菌（*Lactobacillus*）、双歧杆菌（*Bifidobacterium*）等。[6] 乳酸菌的繁殖方式与其他细菌一样，以裂殖的方式进行。根据分裂的方向和分裂后子细胞排列的状态不同，可形成各种形状的群体，有单生的，也有成对或成链的。乳酸菌的形体很小，当单个或少数细胞接种到固体培养基表面后，在适宜条件下培养可迅速生长繁殖，形成较大的细胞群体，成为肉眼可见的菌落。不同种的乳酸菌所形成的菌落形态不同，有其固有的稳定性和专一性。

乳酸菌在动物体内能发挥许多的生理功能：①乳酸菌能促进动物生长，调节胃肠道正常菌群、维持微生态平衡，从而改善胃肠道功能。②提高食物消化率和生物效价：乳酸菌能分解食物中的蛋白质、糖类，合成维生素，对脂肪也有微弱的分解能力，能显著提高食物的消化率和生物价，促进消化吸收。③降低血清胆固醇，控制内毒素：乳酸菌发酵可以使部分脂肪少量降解，易于消化并能增加乳中游离脂肪酸、挥发性脂肪酸含量。④抑制肠道内腐败菌生长，提高机体免疫力：乳酸菌在代谢过程中消耗部分维生素，同时也合成叶酸等 B 族维生素。乳酸菌发酵后产生的有机酸可提高钙、磷、铁等元素的利用率，促进铁和维生素 D 的吸收。乳酸菌菌体抗原及代谢物通过刺激肠黏膜淋巴结，既可激发免疫活性细胞，产生特异性抗体和致敏淋巴细胞，调节机体的免疫应答，还可以激活巨噬细胞，加强和促进其吞噬作用。

8.2　卵黄抗体

卵黄抗体又称卵黄免疫球蛋白(Immunoglobulin of yolk，IgY)，是一种稳定性好、耐酸碱、抗酶解、高低温耐受性较好的具有生物活性的免疫球蛋白。卵黄抗体的获取过程是在抗原作用的影响下，免疫细胞存在于动物体内被不断激活，B 细胞已经成熟并分化后与之产生结合，导致球蛋白获得分泌，因而形成抗体。抗体本身具有一定的特异性，而免疫功能在动物体内产生出来也是受到抗体与抗原结合作用，如果一旦有异物入侵动物机体当中，免疫功能则会发挥作用并将其清除。常见的可以维持动物机体健康水平的例如病原微生物及寄生虫等，另外毒素在异物中的产生也可以获得中和，使得动物机体不断趋于健康状态，卵黄抗体也是由此产生。由于海洋水产动物大多数缺少特异性免疫系统，用针对病原体的特异性卵黄抗体，为其提供被动免疫保护，使其具有"主动防御"的能力。[7]

目前，使用卵黄抗体技术防治水产动物细菌性疾病，已有诸多研究报道，且防治效果良好。①卵黄抗体在细菌性水产疾病中的应用：口服抗鲁氏耶尔森氏菌卵黄抗体，能够直接有效地抑制肠道病原菌的黏附、聚集和增殖，调节肠道菌群平衡，对虹鳟(Oncorhynchus mykiss)鲁氏耶尔森氏菌病具有较好的保护作用。腹腔注射抗迟缓爱德华氏菌卵黄抗体，可以提高大菱鲆(Scophthalmus maximus)血清中卵黄抗体水平，使卵黄抗体随血液循环到达全身各组织病灶处，发挥保护作用。②卵黄抗体在病毒性水产疾病中的应用：用含有抗白斑综合症病毒的特异性卵黄抗体试验饲料投喂凡纳滨对虾(Litopenaeus vannamei)，可以显著提高对虾机体氧化酶、溶菌酶、酸性磷酸酶和超氧化物歧化酶活力，表明卵黄抗体能有效地提高对虾免疫功能。③卵黄抗体在水产寄生虫诊断中的应用：抗太平洋鲑鱼(Oncorhynchus tshawytscha)微孢子虫的特异性卵黄抗体可以快速检测太平洋鲑鱼体内固定化的 Loma salmonae 孢子虫，且与其他微孢子虫如 Pseudoloma neurophilia 和 Glugea anomala 无交叉反应，表明其具有良好的特异性，可适于其他水产动物的病原诊断。④卵黄抗体在海洋毒素诊断中的应用：源于冈比亚盘藻(Gambierdiscus toxicus)的雪卡毒素毒性比河豚毒素强 100倍，是一种危害较严重的生物毒素。雪卡毒素通过食物链在鱼体内富集，但被污染的鱼肉无法凭感官鉴定且缺少灵敏可靠的检测方法，因此全世界每年约 5 万人因误食受污染的鱼而中毒。利用双抗体夹心 ELISA 法检测鱼肉组织中的雪卡毒素，该方法使用的双抗体为：与雪卡毒素的 ABCD 域特异性结合的卵黄抗体；与雪卡毒素的 JKLM 域特异性结合且偶联辣根过氧化物酶的小鼠免疫球蛋白 G。该方法灵敏度、准确度、精度和重现性良好，且与软海绵酸和软骨藻酸无交叉反应性，表明卵黄抗体技术提供了一种灵敏、准确、快速地检测雪卡毒素的方法。

8.3　生物絮团

生物絮团是以异养菌为主体，同时与原生动物、藻类等成分混合形成的具有调节水质功能的絮状悬浮物。法国学者最早在酿造工业中发现了酵母菌的絮凝作用，随后发现可以将絮凝作用应用于水环境处理领域的微生物。20 世纪 70 年代中期，以色列专家首先将微生物絮凝技术引入水产养殖领域，并将其命名为"生物絮团技术"。

生物絮团最早是由城市污水处理分离出来的水质处理技术，该技术主要是通过水体中的生物絮团来净化水质。生物絮团的主体是养殖水体中的好氧微生物，在絮凝作用下结合水体中的无机物、有机物、浮游动植物等悬浮颗粒形成絮状凝聚物，该凝聚体即是生物絮团。近年来，添加絮凝性藻类、细菌、真菌或从微生物中提取的絮凝性物质的生物絮凝采收法被视为一种很有前景的低成本微藻采收方法。细菌产生的絮凝剂是实现微藻生物燃料可持续生产的重要经济手段，同时生物絮凝消除了对化学絮凝剂的需求，具有一定的应用价值，微藻的生物絮凝是利用生物体本身或其代谢产生的黏性物质，对微藻进行采收的过程。由于不需要添加额外的化学物质，微藻生物絮凝采收技术被认为是一种经济可行、绿色清洁、可持续发展，且最有希望实现规模化应用的采收技术。

生物絮团的功能：①养殖水环境污染的自我修复。生物絮团技术是指通过调控水体营养结构，利用多种糖类调节 C/N 比，配合益生菌，在最短时间内使益生菌占据优势地位，从而抑制有害菌。益生菌通过降解转化养殖系统中的残饵、粪便等营养废物为可供浮游藻类繁殖利用的营养物质，达到变相肥水的目的。通过转化氮、磷等养殖自身污染物质成为菌体蛋白质，产生各种胞外产物和代谢物，为对虾提供可以重新摄取的营养来源，使养殖对虾对饲料氮素利用率提高接近一倍，同时还降低了氨氮和亚硝酸盐等有害物质，净化了水体，解决了养殖水体有害物质积累的问题。可在养殖系统中构建良好的池塘生态，进而使生态营养循环得以形成并有效运转，达到一个稳定平衡的养殖环境。②提高饲料利用率。在良好养殖环境下，菌体蛋白质、各种胞外产物和代谢物与浮游动植物、营养盐、有机碎屑以及一些无机物质经生物絮凝形成团聚物即为生物絮团。前期菌体本身和生物絮团共同为虾苗提供最优质的天然饵料，可直接供虾食用，降低饵料系数，提高免疫力，并调控净化水质。生物絮团作为食物链的前端存在，为虾苗提供最优质的天然饵料，从而减少饵料浪费，降低饵料系数，提高养殖对虾的消化和免疫能力，抑制致病微生物的生长，进而降低生产成本。③具有一定的生物防治作用。絮团营养素中添加的多种糖类经科学的 C/N 配比，配合芽孢杆菌、脱氮菌，可快速促进养殖水体中生物絮团的形成，减少水体中氨氮、亚硝酸盐等有害物质，定向培养对虾养殖水体中有益细菌，增加微生物胞外产物活性成分，提高对虾非特异免疫力。生物絮团能够增强养殖生物的抵抗力，降低其患病的几率，减少药物的使用，因而可以明显提高养殖生物的存活率，保证人类食品的质量安全。

8.4　海洋微生物在水产健康养殖中的应用

近年来，在水产养殖业中，微生态制剂作为绿色饲料添加剂、水质改良剂以及对鱼类健康、预防疾病、促进生长和品质改善所起的显著作用，越来越被人们所重视，并以其无毒副作用、无耐药性、无残留污染、效果显著等特点逐渐得到广大水产养殖业者的认可，不少地方将研究重点转移到微生物技术在水产养殖的应用上来，利用微生物制剂的辅助作用建立水产健康养殖模式，实现无公害养殖。

8.4.1　利用益生菌改善刺参生长性能[8]

随着我国水产养殖产业的快速发展，水产养殖环境污染日趋严重，水产养殖容量远超养殖环境承载力，致使我国水产养殖病害频发，造成了不可挽回的巨大经济损失。为了解决这一问题，益生菌制剂产业应运而生。益生菌可以改善宿主肠道内微生态的平衡，通过增加宿主或其周围环境的微生物平衡使其饲料优化，达到提高宿主抗病力、耐受胁迫反应和生长性能的目的，从而有益于提高宿主健康水平。已有研究表明，由梅奇酵母 C14、红酵母 H26 和芽孢杆菌 BC26 组成的内源混合菌可促进幼参免疫反应并影响其抗氧化性能。因此，选用上述 3 株混合益生菌，分析 3 株益生菌的混合菌对幼参生长、消化酶活力和体壁营养组成的影响，对益生菌在刺参养殖中的应用有着重要意义。

选用健康无病的幼参，随机分配到 6 个盛放过滤海水的塑料桶中，每桶 200 头，用含菌饲料和基础饲料分别投喂 3 桶幼参，投喂量为体质量的 5%。含菌饲料中添加含 $C14(1\times10^5\text{cells/g})+H26(1\times10^5\text{cells/g})+BC26(1\times10^7\text{cells/g})$ 的菌株。养殖第 4 周和第 8 周时分别从每桶中随机取 10 头幼参，在无菌环境下解剖取其肠道，将同一桶中幼参的肠道合并于离心管中，用匀浆器匀浆后取一部分用于肠道细菌和酵母菌计数，另一部分用于肠道消化酶（胃蛋白酶、胰蛋白酶、淀粉酶和脂肪酶）活力的测定。在无菌环境下采集幼参体壁，用凯氏定氮法测定粗蛋白质、糖分、粗脂肪和灰分含量。此外，分别在投喂前、第 4 周和第 8 周时对幼参体质量进行测定，计算其特定生长率（%/d）。结果显示，在试验第 4 周和第 8 周时，益生菌组幼参肠道异养细菌数量显著高于对照组（$P<0.05$），幼参特定生长率和肠道胃蛋白酶、胰蛋白酶、淀粉酶和脂肪酶活力均较对照组显著提高（$P<0.05$），幼参比对照组具有较高的体壁粗蛋白质及糖分含量（$P<0.05$），投喂含益生菌饲料的幼参肠道弧菌数量显著低于投喂基础饲料的幼参（$P<0.05$）。

益生菌在刺参养殖中的应用具有显著效果，饲料中补充混合益生菌可促进幼参的生长和消化酶活力，并影响其体壁营养组成。益生菌营养丰富，可作为刺参的营养强化剂，其是活的、死的微生物细胞或其组分，一旦有饲料或养殖水供给时，可能通过增加刺参或其周围环境的微生物平衡使其饲料优化，达到提高刺参抗病力、耐受胁迫反应和生长性能的目的，从而有益于提高刺参健康水平。本研究探索了益生菌在刺参养殖中的作用，为益生菌在刺参生态健康养殖与可持续养殖中的应用提供实践基础。

8.4.2　利用光合细菌改善凡纳滨对虾肠道微生物多样性[9]

当前，我国对虾养殖业迅猛发展，但长期的养殖方式不当导致水质恶化，有机物污染严重，致病微生物大量繁殖，对虾病害频发。光合细菌（PSB）是革兰氏阴性细菌，在厌氧条件下进行不放氧光合作用。在养殖水体中，它不仅可作为初级生产者为各级消费者提供丰富的生物饵料，还可以改善水质，保持水体的良好环境。目前，关于光合细菌利用小分子有机物（氨氮、有机酸等），净化水质、改善水环境已有较多的研究报道，但利用光合细菌改善凡纳滨对虾养殖环境水质，增强凡纳滨对虾抗病力的研究未见报道。本研究观察光合细菌对凡纳滨对虾养殖环境水质和对虾抗病力的影响，以期为对虾养殖环境水质的生物控制技术研究提供参考资料。

在凡纳滨对虾养殖环境中人工引入不同浓度的光合细菌，监测氨氮、亚硝酸氮、化学需氧量的变化，15 d 后测定凡纳滨对虾的 AKP、POD、PO、SOD、抗菌、溶菌活力以及不同光合细菌浓度下凡纳滨对虾的成活率与体重增长率、对虾肝胰腺消化酶活力。将肠道微生物丰富度大于 1% 的菌纲作为主要微生物群进行统计，研究光合细菌对水质和凡纳滨对虾抗病力的影响。结果表明，引入光合细菌可显著降低水体化学需氧量、氨氮含量，并抑制亚硝酸盐氮的产生，提高凡纳滨对虾的抗病力。光合细菌需要作用一段时间才可促进凡纳滨对虾幼虾的生长，并有效增加凡纳滨对虾消化酶的活性。随着对虾生长，其肠道微生物丰富度和多样性都会提高，光合细菌会在一定程度上丰富肠道主要微生物属的组成和比例。

恶化的水环境会使对虾的生长受到抑制，为病原菌的滋生提供了条件，是影响对虾存活率和产量的主要障碍。因此，如何改良水质已成为对虾养殖技术的研究热点。本研究证明一定浓度的光合细菌可有效调控对虾养殖水体水质、改良和稳定养殖环境，是一种绿色环保型有益微生物。研究结果为对虾养殖环境水质的生物控制技术研究提供参考资料，并为其他水产动物养殖环境的水质控制提供理论依据。光合细菌将在增产、增效中发挥更大的作用，具有重大的推广意义和社会意义。

8.4.3 利用微生态制剂改善仿刺参生长、消化和免疫功能[10]

仿刺参是我国海参种类中营养价值最高的品种。近几年，随着养殖规模的不断拓展，养殖环境恶化、病害频发、药物残留等问题已成为制约产业健康持续发展的重要因素。微生态制剂是用于改善水质、防治水产动物疾病和促进水产动物快速生长的有益微生物，以天然、无副作用、无残留等优点成为抗生素最有潜力的替代品。因此，采用芽孢杆菌和乳酸菌为主的微生态制剂投喂仿刺参，研究其对仿刺参生长、消化和免疫功能的影响，对正确使用微生态制剂和科学配制饲料，提高刺参养殖的经济效益和生态效益，推进仿刺参养殖业高效健康、绿色可持续发展有着重要意义。

试验选用健康无病的仿刺参，饲养所用微生态制剂是市售的在生产中常用的液态复合菌种，主要成分是芽孢杆菌和乳酸菌。设计 4 个微生态制剂添加量，分别为 10 mL/kg、20 mL/kg、30 mL/kg 和 40 mL/kg。以单独投喂商品配合饲料作为对照组。投饵量为仿刺参总重的 3%～5%，持续进行 30 d。试验开始前称量仿刺参体重作为初始体重，试验结束时再次称量其体重作为终末体重。试验期间观测并记录仿刺参存活率、吐脏率、摄食率、饲料转化率、增重率、特定生长率。试验结束后取仿刺参消化道用于测定其消化酶活性，体腔液用于测定其非特异性免疫酶活性。结果显示微生态制剂的试验组仿刺参的生长和摄食指标均显著高于对照组（$P<0.05$），而饲料中添加 30 mL/kg、40 mL/kg 微生态制剂的试验组仿刺参出现个体吐脏现象；仿刺参消化道中蛋白酶、脂肪酶和淀粉酶活性随着微生态制剂添加量的增加均呈现先上升后下降的趋势，蛋白酶、脂肪酶、淀粉酶活性峰值分别出现在添加量为 10 mL/kg、20 mL/kg、30 mL/kg 时；仿刺参体腔液中非特异性免疫酶活性均显著高于对照组（$P<0.05$），其中总超氧化物歧化酶（T-SOD）、过氧化氢酶（CAT）活性随着微生态制剂添加量的增加而上升，而溶菌酶（LZM）活性则随着微生态制剂添加量的增加先上升后下降，在添加量为 30 mL/kg 时达到最高。

微生态制剂含有大量的益生菌，益生菌自身营养价值高，富含丰富的蛋白质，其代谢物富含多种必需的氨基酸和脂肪酸等物质。目前在鱼类、仿刺参等水产动物养殖的配合饲料中加入益生菌逐渐成为研究的关注点。复合微生态制剂各菌株通过功能上的协同互补，其作用比单一菌种更明显，相对于单一菌种也具有更好的稳定性，对水产动物促生长的效果更优。本试验所用微生态制剂以芽孢杆菌、乳酸菌为主，同时含有硝化菌、酵母菌等多种益生菌。芽孢杆菌具有抗逆性强、产酶丰富及代谢物可提高水产动物免疫力等优点，而乳酸菌产生的抗菌物质具有抑制病原菌的作用，能够显著提高水产动物的免疫力。

8.4.4　利用胶红酵母和短小芽孢杆菌促进魁蚶幼虫生长[11]

魁蚶(*Scapharca broughtonii*)，俗称赤贝、血贝，隶属瓣鳃纲蚶目蚶科，是一种产量高、经济价值较高的贝类。魁蚶育苗生产极易受到水质状况的影响，为了减少水质恶化和提高育苗成活率，在传统育苗过程中需经常性换水和倒池，导致其饵料利用率较低。益生菌具有改善水体环境、增强养殖生物免疫力和促进生长等优点，近年来益生菌微生态制剂在海水和淡水鱼、虾、蟹、贝的育苗和养成过程中的研究和应用较多，效果显著。因此，试验选用短小芽孢杆菌和胶红酵母菌，进行魁蚶育苗应用的研究，探讨 2 种益生菌对幼虫生长、存活和附着变态以及对水体中氨氮和亚硝酸氮浓度的影响，以期为 2 种益生菌在魁蚶育苗中的应用提供理论参考。

试验采用两因素三水平的试验设计，采用短小芽孢杆菌 CGMCC1004 菌株和胶红酵母菌 CGMCC1013 菌株两种益生菌，设置 9 个组别，每个处理组设 3 个重复。早晚各换水 1 次，每次换水量为试验水体的 1/3，投放附着基后每次换水量改为试验水体的 1/2。每周取样时在显微镜下随机选取 30 个幼虫测定其壳长(SL)和壳高(SH)。隔天在换水前取水样测定水质指标(总氨氮 TAN 和亚硝氮 NO_2^--N)。试验桶中魁蚶眼点幼虫超过 30% 时，投放相同数量的棕色帘子的附着基，附着过程中每天监测试验桶中幼虫的密度并计算附着变态率。试验结果显示，适宜浓度的芽孢杆菌和酵母菌在养殖水体中互生或共生，能够促进魁蚶的生长。单独添加酵母菌及同时添加芽孢杆菌和酵母菌对壳长的生长有显著影响($P<0.05$)，其中以 0.5% 芽孢杆菌和 0.5% 酵母菌添加组合的效果最为显著($P<0.05$)，生长速度为 5.7 μm/d。对于壳高来说，单独添加芽孢杆菌以及同时添加酵母菌和芽孢杆菌对壳高的生长有显著促进作用($P<0.05$)。此外，添加中低比例的芽孢杆菌和酵母菌可以促进魁蚶幼虫的附着变态，添加高比例的芽孢杆菌和酵母菌会抑制魁蚶幼虫的附着变态。在对育苗水质指标的影响方面，两种菌株共同作用会显著降低水中总氨氮和亚硝酸盐的含量。

总氨氮浓度和 NO_2^--N 的浓度始终维持在较低水平，各处理组间无显著差异。

在水产育苗生产实践中，普遍采取单一使用或是复合使用芽孢杆菌和酵母菌，菌剂投入水体后可以迅速形成有益的微生物种群，与有害菌群竞争基本的营养物质并同时分泌胞外酶产生营养物质以促进水产动物生长。鉴于养殖对象自身的特点和养殖水体环境的差异，不同的养殖对象适用的益生菌也不尽相同。将适量短小芽孢杆菌和胶红酵母菌 2 种菌剂应用于魁蚶育苗中可以促进魁蚶幼虫的生长，建议在生产过程中添加 0.5%短小芽孢杆菌和 0.5%胶红酵母菌来促进幼虫生长以减少换水量，提高生产效率。

8.4.5　利用瑞士乳杆菌等微生物提高大菱鲆幼鱼生长及成活率[12]

大菱鲆是我国北方沿海重要的养殖品种，随着其养殖业的快速发展，养殖密度不断增加，导致大菱鲆养殖病害频发。为了解决过度用药引发的食品安全问题，急需研究开发环境友好的有益微生物制剂，从而改善大菱鲆养殖中过度倚重药物防治的问题。研究发现，使用瑞士乳酸菌能够改善水产动物的免疫力，提高抗病能力和饵料利用率，但其在水产上的研究和应用还十分缺乏。因此，实验单独使用瑞士乳杆菌、枯草芽孢杆菌、海洋光合细菌和海水小球藻以及瑞士乳杆菌和不同有益微生物联用，监测大菱鲆幼鱼的生长状态及水质指标，以期为有益微生物在大菱鲆健康养殖和疾病预防方面提供一定的实践依据。

设置 4 种单一微生物处理组和瑞士乳杆菌分别与其他 3 种微生物的二联处理组，枯草芽孢杆菌和瑞士乳杆菌以 $1.0×10$ cfu/g 干重比例活菌体添加在饵料中；光合细菌和小球藻浓度分别为 10 cfu/L 和 10 cell/L。记录其死亡率及存活率、平均增重率（AWG）、特定生长率（SGR）和饵料系数。并对各个实验组水体进行氨氮、硝酸盐、亚硝酸盐等指标的检测。结果显示，瑞士乳杆菌处理组的大菱鲆幼鱼前 3 周的存活率最高，枯草芽孢杆菌、光合细菌处理组存活率略低，而小球藻处理组存活率则略低于对照组。停止投喂后，枯草芽孢杆菌处理组总存活率为所有实验组最高，瑞士乳杆菌、光合细菌组存活率快速下降，小球藻组死亡率大幅增加。二联处理组中，瑞士乳杆菌与枯草芽孢杆菌联用组前 3 周的成活率在所有处理中最高，停止投喂后存活率略有下降。瑞士乳杆菌与光合细菌联用组成活率次之，停止投喂后存活率快速下降。瑞士乳杆菌与小球藻联用组成活率最低，停止投喂后存活率仍能保持较高水平。此外，不同有益微生物处理组的幼鱼增重率、总增重和饵料系数差异较大。枯草芽孢杆菌处理组、瑞士乳杆菌与小球藻联用组与瑞士乳杆菌、枯草芽孢杆菌联用组的存活率相似，枯草芽孢杆菌处理组特定生长率、增重率和饵料系数高于对照组。养殖水质方面，枯草芽孢杆菌和小球藻以及芽孢杆菌和瑞士乳杆菌联用组的氨氮水平低于对照组，光合细菌和小球藻与瑞士乳杆菌联用组的氨氮浓度、硝酸盐浓度和亚硝酸浓度均明显低于对照组。

在水产养殖中，无论单独使用瑞士乳杆菌还是与枯草芽孢杆菌、光合细菌以及小球藻联用均能提高大菱鲆幼鱼的成活率，改善养殖水质。但单独使用各有益微生物存在停止投喂后保护率下降和益生作用快速减弱的问题。瑞士乳杆菌在与芽孢杆菌或与小球藻联用时，停止投喂后仍能保持一定的益生作用，且小球藻提高养殖水质的效果最为明显，说明复合微生物制剂可能对幼鱼具有更稳定的协同益生机制。因此，科学地应用微生物组合，能在海水鱼类养殖中发挥更好的益生作用，研究这种协同作用有助于开发具有高保护力的有益微生物制剂。

8.4.6　利用不同生物絮团降低脊尾白虾高密度养殖水体氨氮含量[13]

脊尾白虾具有繁殖能力强、生长速度快、生长季节长等优点，近年来在我国养殖面积和产量逐年增加。在脊尾白虾人工养殖过程中，大量剩余饲料以氨氮的形式排放于周围水环境中，导致水体氨氮、亚硝酸盐等浓度升高，最终危害水生生物的生长。生物絮团技术具有低消耗、零换水的特点，为解决水产动物的集约化养殖提供了新的发展方向。该技术是指在可控养殖条件下投入枯草芽孢杆菌、光合细菌、乳酸菌等有益微生物，使水体中的这些微生物聚集形成絮团，将水中氨氮转化为菌体蛋白，作为饵料供水生生物摄食。因此，实验通过比较不同 EM 菌复合物形成的生物絮团在脊尾白虾高密度养殖过程中的作用，以期探讨不同养殖密度、不同生物絮团种类对脊尾白虾生长及水质的影响，为其进一步工厂化养殖与节水环保提供指导和帮助。

实验分为 EM 菌组和对照组，每组设置三个平行组。EM 菌组根据产地分为 HN（河南）、FJ（福建）、HB（河北）三组。每种菌组下各设计 600 尾/m^3、800 尾/m^3、1 000 尾/m^3三个密度组，对照组同样设计三个密度组，不加入任何 EM 菌。控制各水体菌种的终浓度不低于 10^5 cfu/mL，且添加蔗糖控制 C/N 比为 15。投饵前取水测定温度、盐度、pH 值及氨氮浓度。结果显示，在不同养殖密度下，从投放生物絮团第 2 天开始，氨氮浓度随养殖密度的增加而上升，不同密度水体氨氮浓度差异显著（$P > 0.05$）。投放 FJ 生物絮团第 3 天开始水体氨氮浓度快速上升，第 8 天达到最高，各组间差异显著（$P > 0.05$）。投放 HB 生物絮团第 3 天时水体氨氮浓度快速上升，各组间差异显著（$P > 0.05$）。对照组第 8 天各密度组间差异显著（$P > 0.05$）。此外，不同生物絮团对水体氨氮浓度的影响有所差异。养殖密度为 600 尾/m^3 时，第 5 天 HB 组氨氮浓度快速上升，与对照组无显著差异($P>0.05$)，HN 组、FJ 组与对照组差异显著($P>0.05$)。密度 800 尾/m^3 时，第 4 天 HB 组氨氮浓度快速上升，除 HN 组与 FJ 组无显著差异外，其余各组间均有显著差异($P>0.05$)。养殖密度为 1 000 尾/m^3 时，第 4 天至第 8 天，对照组平均氨氮浓度远远高于 HN 组和 FJ 组，而 HB 组氨氮浓度一直保持高水平，直到第 6 天上升趋势才有所下降。

在脊尾白虾高密度海水养殖中，3 种生物絮团均有效降低了水体中的氨氮含量，但效果存在显著差异。此外，养殖密度对水体氨氮浓度的影响也很大。因此，在工厂化养殖过程中，只有采用合理的养殖密度并配合适宜的生物絮团种类，才能取得更好的节水减排效果。

8.4.7 利用副溶血弧菌特异性卵黄抗体提高凡纳滨对虾幼体被动免疫和育苗成活率[14]

凡纳滨对虾(*Litopenaeus vannamei*)，是我国水产养殖的主要品种。近年来由于养殖环境的恶化，全球凡纳滨对虾养殖发生了新的病害危机，导致这场危机的重要原因是凡纳滨对虾急性肝胰腺坏死症的暴发。经常规生化和分子鉴定，确定其主要病原之一为高致病性副溶血弧菌(*Vibrio parahaemolyticus*)。卵黄抗体(IgY)作为一种免疫球蛋白，是近年来新兴的抗体治疗研究方向，研究发现可利用特异性卵黄抗体预防和治疗水产疾病。因此，将抗高致病性副溶血弧菌特异性卵黄抗体应用于育苗水体，直接作为凡纳滨对虾幼体的饵料，对提高凡纳滨对虾幼体抵抗力、有效预防疾病、提升育苗成活率具有重要意义。

对健康 SPF 海兰鸡进行免疫接种高致病性副溶血弧菌灭活疫苗，取其鸡蛋制备特异性卵黄抗体(AHPND-VpIgY)。对实验组分别投喂 0.1 g/m^3 和 0.2 g/m^3 特异性 IgY 蛋黄粉，对照组投喂 0.2 g/m^3 非特异性 IgY 蛋黄粉，空白对照组不投喂蛋黄粉。每 2 天采集水样 1 次，第 5 天(溞状Ⅲ期)、第 8 天(糠虾Ⅲ期)、第 12 天(P4 期)测定氨氮和亚硝酸盐含量、细菌总数、弧菌总数，并进行人工感染测定对高致病性副溶血弧菌的相对保护率，12 天后统计各水泥池育苗成活率。通过将抗高致病性副溶血弧菌特异性卵黄抗体应用于凡纳滨对虾育苗生产，测定养殖水体氨氮、亚硝酸盐、细菌总数、弧菌总数以及凡纳滨对虾幼体的相对保护率和育苗成活率，评价特异性卵黄抗体在育苗期对凡纳滨对虾幼体的保护效果。研究发现，0.1 g/m^3 和 0.2 g/m^3 特异性卵黄抗体组的相对保护为 35.7% 和 57.2%，两者均显著高于非特异性卵黄抗体组($P<0.05$)；两组的育苗成活率为 50.8% 和 57.2%，比对照组分别提高 19.1% 和 25.6%。各实验组氨氮、亚硝酸盐、细菌总数及弧菌总数与对照组无显著

差异，对水质无影响。结果表明，特异性 AHPND-VpIgY 能在不改变水质的前提下，有效提高凡纳滨对虾幼体的存活率、相对保护率和育苗成活率，从而提高凡纳滨对虾苗种产量和质量。

抗副溶血弧菌特异性卵黄抗体对育苗期凡纳滨对虾幼体具有免疫保护效果，抗副溶血弧菌特异性卵黄抗体可显著提高凡纳滨对虾幼体的存活率、相对保护率和育苗成活率。因此，特异性卵黄抗体作为一种有效的生物制剂，可有效提高水产养殖动物的养殖成功率，为水产动物苗种繁育阶段病害的绿色防控开辟了新途径。

参考文献

第1章

[1] 张晓华. 海洋微生物学[M]. 北京：科学出版社，2016.

[2] 薛超波，王国良，金珊，等. 海洋微生物多样性研究进展[J]. 海洋科学进展，2004，22(3)：377-384.

[3] PACE N R. Amolecular view of microbial diversity and the biosphere[J]. Science，1997，276(5313)：734-740.

[4] MUNN C. Microbes in themarine environment[M]. Boca Raton：CRC Press，2011：1-27.

[5] BLAKE P，MERSON M，WEAVER R，et al. Disease caused by a marine *Vibrio*. Clinical characteristics and epidemiology[J]. New England Journal of Medicine，1979，300(1)：1-5.

[6] 臧红梅，樊景凤，王斌，等. 海洋微生物多样性的研究进展[J]. 海洋环境科学，2006(3)：96-100.

[7] 刘琳，谭小娟，贾爱群. 细菌群体感应与细菌生物被膜形成之间的关系[J]. 微生物学报，2012，52(3)：271-278.

[8] 马艳平，陈豪泰，张杰，等. 细菌密度感应信号 AI-2 及其与生物被膜形成的关系[J]. 畜牧与兽医，2010，42(3)：99-101.

[9] 丁林贤，苏晓梅，横田明. 活的但非可培养(VBNC)状态菌的研究进展[J]. 微生物学报，2011，51(7)：858-862.

[10] 刘全永，胡江春，薛德林，等. 海洋微生物生物活性物质研究[J]. 应用生态学报，2002(7)：901-905.

[11] 丁明宇，黄健，李永祺. 海洋微生物降解石油的研究[J]. 环境科学学报，2001(1)：84-88.

[12] 徐军祥，杨翔华，姚秀清，等. 生物强化技术处理难降解有机污染物的研究进展[J]. 化工环保，2007(2)：129-134.

[13] 许凤玲，刘升发，侯保荣. 海洋生物污损研究进展[J]. 海洋湖沼通报，2008(1)：146-152.

[14] 李筠，生菊，纪伟尚，等. 海湾扇贝(*Argopecten irradians*)附着基异养细菌区系初探[J]. 青岛海洋大学学报(自然科学版)，2001(1)：69-74.

[15] 张昱，王振宇，杨敏. 环境净化中的微生物生态学[J]. 化学进展，2009，21(1)：566-571.

[16] 郑天凌，田蕴，苏建强，等. 海洋微生物研究的回顾与展望[J]. 厦门大学学报(自然科学版)，2006(2)：150-157.

[17] 郑天凌，庄铁城，蔡立哲，等. 微生物在海洋污染环境中的生物修复作用[J]. 厦门大学学

报（自然科学版），2001（2）：524-534.

［18］刘卫东，苏浩，邓立康．微生物在水产养殖中的应用［J］．水产科学，2001（2）：28-31.

第2章

［1］孙昌魁，冯静，马桂荣．海洋微生物多样性的研究进展［J］．生命科学，2001（3）：97-99.

［2］戴欣，陈月琴，周惠，等．海洋细菌的分子鉴定分类［J］．中山大学学报（自然科学版），
2000，39（1）：69-72.

［3］张晓华，林禾雨，孙浩．弧菌科分类学研究进展［J］．中国海洋大学学报（自然科学版），
2018，48（8）：43-56.

［4］田新朋，张偲，李文均．海洋放线菌研究进展［J］．微生物学报，2011，51（2）：161-169.

［5］GREIN A, MEYERS S P. Growth characteristics and antibiotic production of actinomycetes isolated
from littoral sediments and materials suspended in sea water［J］. Journal of Bacteriology, 1958, 76
（5）：457-463.

［6］ARASU M V, DURAIPANDIYAN V, IGNACIMUTHU S. Antibacterial and antifungal activities of
polyketide metabolite from marine *Streptomyces* sp. AP-123 and its cytotoxic effect［J］. Chemosphere,
2013, 90（2）：479-487.

［7］李炜，刘志恒．链霉菌分类研究进展［J］．微生物学报，2001（1）：121-126.

［8］张晓敏，刘秋，刘限，等．小单孢菌科研究进展［J］．西北农林科技大学学报（自然科学版），
2013，41（9）：175-185.

［9］侯建军，黄邦钦．海洋蓝细菌生物固氮的研究进展［J］．地球科学进展，2005（3）：312-319.

［10］张武，杨琳，王紫娟．生物固氮的研究进展及发展趋势［J］．云南农业大学学报（自然科学），
2015，30（5）：810-821.

［11］汪天虹，肖天，朱汇源，等．海洋丝状真菌生物活性物质研究进展［J］．海洋科学，2001
（6）：25-27.

［12］KANDASAMY K, ALIKUNHI N M, SUBRAMANIAN M. Yeasts in marine and estuarine environ-
ments［J］. Academic Journals, 2012, 3（6）：74-82.

［13］蔡兰兰．海洋浮游病毒和深部生物圈病毒的生态特性［D］．厦门大学，2017.

［14］王峰．深海细菌 *Shewanella piezotolerans* WP3 极端环境适应性机理的研究——脂肪酸系统与
深海噬菌体 SW1 在环境适应中的作用和调控［D］．厦门大学，2008.

［15］周宗澄．温度、压力和营养对深海微生物生命活动的影响［J］．海洋通报，1983（5）：97-101.

［16］曾胤新，陈波，邹扬，等．极地微生物——新天然药物的潜在来源［J］．微生物学报，2008
（5）：695-700.

［17］张晓君，姚檀栋，马晓军．极地深层冰川微生物研究的现状与意义［J］．极地研究，2000
（4）：269-274.

[18] 刘欢, 俞勇, 廖丽, 等. 南极长城湾海绵共附生可培养细菌多样性研究[J]. 海洋渔业, 2017, 39(5): 554-561.

[19] GALAND P E, CASAMAYOR E O, KIRCHMAN D L, et al. Ecology of the rare microbial biosphere of the Arctic Ocean[J]. Proceedings of the National Acodemy of Sciences, 2009, 106 (52): 22427-22432.

第3章

[1] 龚骏, 张晓黎. 微生物在近海氮循环过程的贡献与驱动机制[J]. 微生物学通报, 2013, 40 (1): 44-58.

[2] NAQVI S, VOSS M, MONTOYA J. Recent advances in the biogeochemistry of nitrogen in the ocean [J]. Biogeosciences, 2008, 5(4): 1033-1041.

[3] THAMDRUP B, DALSGAARD T. Production of N_2 through anaerobic ammonium oxidation coupled to nitrate reduction in marine sediments[J]. Applied and Environmental Microbiology, 2002, 68(3): 1312-1318.

[4] 王晓杰, 谢金玲, 袁一鑫. 鱼类对海洋升温与酸化的响应[J]. 生态学报, 2022(2): 1-9.

[5] 方芳, 严涛, 刘庆. 化学生态学在海洋污损生物防除中的应用[J]. 应用生态学报, 2005 (10): 1997-2002.

[6] 陈成, 黄帅义, 王顺康, 等. 海洋真菌抗污损活性天然产物研究[J]. 菌物学报, 2021, 40 (6): 1241-1258.

[7] DAN L, YING X, SHAO C L, et al. Antibacterial bisabolane-type sesquiterpenoids from the sponge-derived fungus *Aspergillus* sp.[J]. Marine Drugs, 2012, 10(1): 234-241.

[8] BERNBOM N, NG Y, KJELLEBERG S, et al. Marine bacteria from Danish coastal waters show antifouling activity against the marine fouling bacterium *Pseudoalteromonas* sp. strain S91 and zoospores of the green alga *Ulva australis* independent of bacteriocidal activity[J]. Applied and Environmental Microbiology, 2011, 77(24): 8557-8567.

[9] JONES M K, OLIVER J D. *Vibrio vulnificus*: disease and pathogenesis[J]. Infection and Immunity, 2009, 77(5): 1723-1733.

[10] MICHAEL A, SURANI S. A comprehensive review of *Vibrio vulnificus*: an important cause of severe sepsis and skin and soft-tissue infection[J]. International journal of infectious diseases. 2011, 15 (3): 157-166.

[11] LI C, WANG S, REN Q, et al. An outbreak of visceral white nodules disease caused by *Pseudomonas plecoglossicida* at a water temperature of 12℃ in cultured large yellow croaker (*Larimichthys crocea*) in China[J]. Journal of Fish Diseases, 2020, 43(11): 1353-1361.

[12] ZHENG F, LIU H, SUN X, et al. Selection, identification and application of antagonistic bacteria

associated with skin ulceration and peristome tumescence of cultured sea cucumber *Apostichopus japonicus* (Selenka)[J]. Aquaculture, 2012, 334-337(7): 24-29.

[13] BALDWIN T, NEWTON J. Pathogenesis of Enteric Septicemia of Channel Catfish, Caused by *Edwardsiella ictaluri*: Bacteriologic and Light and Electron Microscopic Findings[J]. Journal of Aquatic Animal Health, 1993, 5(3): 189-198.

[14] TURUTOGLU H, ERCELIK S, CORLU M. *Aeromonas hydrophila*-associated skin lesions and septicaemia in a Nile crocodile (*Crocodylus niloticus*): clinical communication[J]. Journal of the South African Veterinary Association, 2005, 76(1): 40-42.

[15] 付凯飞, 马聪. 致病海洋微生物种类及其致病性研究概况[J]. 中华航海医学与高气压医学杂志, 2008, 15(6): 4.

[16] 姜健, 杨宝灵, 元起, 等. 海洋共附生微生物的分离和抗菌活性鉴定[J]. 中国海洋药物, 2005(3): 39-42.

[17] 周伟, 李平兰, 周康, 等. 温度、pH 值及盐对植物乳杆菌素 L-1 作用单核细胞增生李斯特氏菌的影响[J]. 食品科学, 2006(2): 121-125.

[18] YAMADA S, USHIJIMA H, NAKAYAMA K, et al. Intracerebroventricular injection of neosurugatox in induces a prolonged blockade of brain nicotinic acetylcholine receptors[J]. European Journal of Pharmacology, 1988, 156(2): 279-282.

[19] 孟祥盈, 陈操, 白敏冬, 等. 羟基自由基对塔玛亚历山大藻 DNA 破坏研究[J]. 环境科学与技术, 2016, 39(8): 22-26.

[20] 周进, 晋慧, 蔡中华. 微生物在珊瑚礁生态系统中的作用与功能[J]. 应用生态学报, 2014, 25(3): 919-930.

[21] 丁雅娟, 丁蒙丹, 张佳娣, 等. 海洋微生物中的群体感应[J]. 科技通报, 2019, 35(6): 1-6.

[22] ABDUL N, TANG K, LIU J, et al. Quorum sensing in marine snow and its possible influence on production of extracellular hydrolytic enzymes in marine snow bacterium *Pantoea ananatis* B9[J]. FEMS Microbiology Ecology, 2015, 91(2): 1-13.

[23] CHI W, ZHENG L, HE C, et al. Quorum sensing of microalgae associated marine *Ponticoccus* sp. PD-2 and its algicidal function regulation[J]. Amb Express, 2017, 7: 1-10.

[24] 郭冰怡, 董燕红. 细菌群体感应抑制剂研究进展[J]. 农药学学报, 2018, 20(4): 408-424.

[25] 黄湘湄, 吴雅茜, 刘颖, 等. 海洋源乳酸菌 AI-2 类群体感应抑制剂对单增李斯特菌抑制效果研究[J]. 生物技术通报, 2019, 35(4): 36-42.

第 4 章

[1] 中华人民共和国国家质量监督检验检疫总局. GB 13178.3—2007 海洋监测规范 第 3 部分: 样

品采集、贮存与运输[S]. 北京：中国标准出版社，2007.

[2] 周旷. 深水采样系统的设计与开发[D]. 华中科技大学，2018.

[3] 陈昌国，蒋学兵，刘敏，等. 两种海水采样器的研制及性能比较[J]. 中华航海医学与高气压医学杂志，2009，16(4)：226-228.

[4] 徐学仁，高炳森. 锚式采泥器的简介[J]. 海洋技术，1994(1)：69-70.

[5] 程海峰，刘杰，韩露，等. 新型箱式采泥器研制及在长江口航道回淤研究中的应用[J]. 水运工程，2021(2)：71-78.

[6] 张庆力，刘贵杰，刘国营. 新型海底沉积物采样器结构设计及采样过程动态分析[J]. 海洋技术，2009，28(4)：20-23.

[7] 王德祥，翟金炎，蔡建南，等. 深海微生物样品的 RNA 原位保存装置及其方法[P]：CN108362512B. 福建省：厦门大学，2019-09-20.

第 5 章

[1] 徐永健，焦念志，钱鲁闽. 水体及沉积物中微生物的分离、检测与鉴定[J]. 微生物学通报，2004，31(3)：151-155.

[2] 金光，张晓华. 海洋新菌的分类与鉴定方法[J]. 中国海洋大学学报(自然科学版)，2011，41(4)：69-76.

[3] 袁东芳，于乐军，刘晨光. 海洋微生物高通量培养方法和分选技术的研究进展[J]. 微生物学通报，2014，41(6)：1180-1187.

[4] 刘曙照，孔红山. 液相色谱法测定 DNA 碱基比例及相关条件的优化[J]. 分析测试学报，1995，14(3)：15-19.

[5] KELLOGG J, BANKERT D, WITHERS G, et al. Application of the sherlock mycobacteria identification system using high-performance liquid chromatography in a clinical laboratory[J]. Journal of Clinical Microbiology, 2001, 39(3): 964-970.

[6] MILLER S E, TAILLONMILLER P, KWOK P Y. Cost-effective staining of DNA with SYBR green in preparative agarose gel electrophoresis [J]. Biotechniques, 1999, 27(1): 34-36.

[7] 段永翔. API 鉴定系统及其在细菌学检验中的应用[J]. 现代预防医学，2004，31(5)：729-731.

[8] 杨毓环，陈伟伟. VITEK 全自动微生物检测系统原理及其应用[J]. 海峡预防医学杂志，2000(03)：38-39.

[9] AKSELBAND Y, CABRAL C, CASTOR T, et al. Enrichment of slow-growing marine microorganisms from mixed cultures using gel microdrop (GMD) growth assay and fluorescence-activated cell sorting [J]. Journal of Experimental Marine Biology and Ecology, 2006, 329(2): 196-205.

[10] 王保军，刘双江. 环境微生物培养新技术的研究进展[J]. 微生物学通报，2013，40(1)：

6-17.

［11］钱祝胜. 中空纤维膜生物反应器富集反硝化厌氧甲烷氧化菌群的研究［J］. 中国科学技术大学学报, 2014, 44(11)：887-892.

［12］AOI Y, KINOSHITA T, HATA T, et al. Hollow-Fiber membrane chamber as a device for in situ environmental cultivation［J］. Applied and Environmental Microbiology, 2009, 75(11)：3826-3833.

［13］ZENGLER K, TOLEDO G, RAPPÉ M, et al. Cultivating the uncultured［J］. Proceedings of the National Academy of Sciences of the United States of America, 2002, 99(24)：15681-15686.

［14］孙欣, 高莹, 杨云锋. 环境微生物的宏基因组学研究新进展［J］. 生物多样性, 2013, 21(4)：393-401.

［15］马述, 刘虎虎, 田云, 等. 宏转录组技术及其研究进展［J］. 生物技术通报, 2012, 24(12)：46-50.

［16］王超, 曲晓军, 崔艳华. cDNA-AFLP 技术及其在基因差异表达中的应用［J］. 安徽农业科学, 2014, 42(21)：6937-6940.

［17］马永平, 易发平. 焦磷酸测序技术及其在分子生物学领域的应用［J］. 医学分子生物学杂志, 2003, 25(2)：115-118.

［18］吴重德, 黄钧, 周荣清. 宏蛋白质组学研究进展及应用［J］. 食品与发酵工业, 2016, 42(5)：259-263.

［19］张奎文, 叶赛, 那广水, 等. 高效液相色谱-串联质谱法测定环境水体中双酚 A、辛基酚、壬基酚［J］. 分析试验室, 2008(8)：62-66.

［20］齐小城, 章弘扬, 梁琼麟, 等. 液质联用技术及其在代谢组学研究中的应用［J］. 中成药, 2009, 31(1)：106-112.

［21］蒋学兵, 成海, 张立萍, 等. 舟山群岛海域海洋细菌种类与药物敏感性研究［J］. 中华航海医学与高气压医学杂志, 2014, 21(5), 336-339.

［22］刘淮德, 王雷, 王宝杰, 等. 应用 PCR-DGGE 分析南美白对虾肠道微生物多样性［J］. 饲料工业, 2008, 29(20)：55-58.

［23］窦妍, 赵晓伟, 丁君, 等. 基于高通量测序技术分析患病与健康虾夷扇贝(*Patinopecten yessoensis*)闭壳肌菌群多样性［J］. 生态学杂志, 2016, 35(4)：1019-1025.

［24］LUO W, BOWEN H, YAQING C, et al. Characterization of the bacterial community associated with red spotting disease of the echinoid *Strongylocentroyus intermedius*［J］. Aquaculture, 2020, 529：735606.

第 6 章

［1］左明星, 许言超, 王立平. 海洋微生物源活性产物的发酵条件优化研究进展［J］. 天然产物研究与开发, 2019, 31(11)：2015-2023.

［2］李艳芳, 张立伟, 王相刚, 等. 固体发酵法制作寒地黑土灵芝米技术研究［J］. 陕西农业科学,

2018, 64 (10): 50-52.

[3] 冀颐之, 龚平, 赵有玺, 等. 卧式生物反应器固定化少根根霉发酵生产脂肪酶 [J]. 工业微生物, 2012, 42 (6): 8-13.

[4] 蒋新龙, 陆胤, 毛青钟. 现代酿酒工程装备[M]. 浙江大学出版社, 2020: 202.

[5] 张金奎, 徐生军, 李继平, 等. 生防细菌 HMQ20YJ04 发酵条件优化及其对番茄灰霉病的效果评价 [J]. 中国生物防治学报, 2023, 39 (6): 1418-1433.

[6] 汪文俊, 王晓琼, 朱小珊. 温度和 pH 值对溶解氧、红法夫酵母生长和类胡萝卜素积累的影响 [J]. 武汉工业学院学报, 2008, (2): 4-6, 15.

[7] 刘春兰. 浅谈灭菌后发酵培养基带菌状况分析及预防 [J]. 中国现代医生, 2012, 50 (23): 112-113.

[8] 姜莉莉, 周瑾洁, 王旭东, 等. 微生物菌群发酵生产化学品的研究进展 [J]. 生物工程学报, 2016, 32 (11): 1496-1506.

[9] 方佩, 罗远婵, 田黎, 等. 1 株海洋芽孢杆菌对黄瓜灰霉病的防治效果及防治机制研究[J]. 江苏农业科学, 2022, 50(2): 91-96.

[10] 赵勇, 段为旦, 王友成, 等. 益生菌在水产可持续养殖中的研究进展及展望 [J/OL]. 水产学报. https://link.cnki.net/urlid/31.1283.S.20231026.1717.004.

[11] 孙绘梨, 崔金玉, 栾国栋, 等. 面向高效光驱固碳产醇的蓝细菌合成生物技术研究进展 [J]. 合成生物学, 2023, 4 (6): 1161-1177.

[12] 王晓龙, 谭延振, 候路宽, 等. 利用响应面法优化海洋微生物发酵产角鲨烯的研究 [J]. 中国海洋大学学报(自然科学版), 2016, 46 (4): 89-95.

[13] 姜燕. 刺参(*Apostichopus japonicus*)发酵饲料的制作工艺与应用效果研究[D]. 中国海洋大学, 2014.

第7章

[1] 俞志明, 陈楠生. 国内外赤潮的发展趋势与研究热点[J]. 海洋与湖沼, 2019, 50(3): 474-486.

[2] MCCABE R, HICKEY B, KUDELA R, et al. An unprecedented coastwide toxic algal bloom linked to anomalous ocean conditions [J]. Geophysical Research Letters, 2016, 43(19): 10366-10376.

[3] MASCAREFIO A, CORDERO R, AZÓCAR G, et al. Controversies in social-ecological systems: lessons from a major red tide crisis on Chiloe Island, Chile[J]. Ecology and Society, 2018, 23(4): 15-39.

[4] SOTO I M, CAMBAZOGLU M K, BOYETTE A D, et al. Advection of *Karenia brevis* blooms from the Florida panhandle towards Mississippi coastal waters[J]. Harmful Algae, 2018, 72: 46-64.

[5] 俞志明, 邹景忠, 马锡年, 等. 治理赤潮的化学方法[J]. 海洋与湖沼, 1993, 24(3): 314-318.

［6］韩继刚，孟颂东，叶寅，等．藻类污染生物防治新策略［J］．微生物学报，2001，41（3）：381-385.

［7］龚良玉，李雁宾，祝陈坚，等．生物法治理赤潮的研究进展［J］．海洋环境科学，2010，29（1）：152-158.

［8］GLIBERT P M，AL-AZRI A，ALLEN J I，et al. Key questions and recent research advances on harmful algal blooms in relation to nutrients and eutrophication［J］. Global Ecology and Oceanography of Harmful Algal Blooms，2018，232：229-259.

［9］LEÓN-MUÑOZ J，URBINA M A，GARREAUD R，et al. Hydroclimatic conditions trigger record harmful algal bloomin western Patagonia（summer 2016）［J］. Scientific Reports，2018，8(1)：1330-1339.

［10］张剑波，冯金敏．离子吸附技术在废水处理中的应用和发展［J］．环境工程学报，2000，1(1)：46-51.

［11］邓旭，梁彩柳，尹志炜，等．海洋环境重金属污染生物修复研究进展［J］．海洋环境科学，2015，34(6)：940-954.

［12］王建龙，陈灿.生物吸附法去除重金属离子的研究进展［J］．环境科学学报，2010，30(4)：673-701.

［13］曲维政，邓声贵．灾难性的海洋石油污染［J］．自然灾害学报，2001，10(1)：69-74.

［14］刘金雷，夏文香，赵亮，等.海洋石油污染及其生物修复［J］．海洋湖沼通报，2006，3(7)：48-53.

［15］宋志文，夏文香，曹军．海洋石油污染物的微生物降解与生物修复［J］．生态学杂志，2004，23(3)：99-102.

［16］PENG X，CHEN M，CHEN S，et al. Microplastics contaminate the deepest part of the world's ocean［J］. Geochemical Perspectives Letters，2018，9：1-5.

［17］陆辰霞，刘龙，李江华，等．淀粉填充聚乙烯类塑料降解微生物的筛选和降解特性［J］．应用与环境生物学报，2013，19(4)：683-687.

［18］郭存雨，黄世臣，张诗烙．黄粉虫幼虫降解不同塑料的研究进展［J］．科学技术创新，2019，13：149-150.

［19］马渊．降解聚对苯二甲酸乙二醇酯的人工混菌体系的设计与构建［D］．天津大学，2018.

［20］姜杉，苏婷婷，王战勇．聚对苯二甲酸乙二醇酯（PET）生物降解进展［J］．塑料，2021，50(4)：90-95.

［21］王琪峰．为海洋污染减负　变废弃塑料为鱼饲料　加拿大华裔女孩发现吃塑料神奇菌［J］．环境与生活，2016，5：30-34.

［22］龚良玉，梁生康，李雁宾，等．一株海洋假单胞菌产生物絮凝剂去除赤潮生物的实验研究［J］．海洋环境科学，2009，28(3)：247-250.

[23] 江婷婷, 丁慧平, 冯丽娟, 等. 降解聚乙烯塑料芽孢杆菌 LC-2 的分离鉴定及降解特性研究 [J]. 海洋学报, 43(2): 9-15.

第8章

[1] 杨绍斌. 复合光合细菌对鱼塘水氨态氮 H_2S 的去除效应[J]. 环境科学与技术, 2005, 28(4): 25-26, 116.

[2] 沈文英, 李卫芬, 梁权, 等. 饲料中添加枯草芽孢杆菌对草鱼生长性能、免疫和抗氧化功能的影响[J]. 动物营养学报, 2011, 23(5): 881-886.

[3] 唐杨, 刘文亮, 宋晓玲, 等. 饲料中补充蜡样芽孢杆菌对凡纳滨对虾生长及其肠道微生物组成的影响[J]. 水产学报, 2017, 41(5): 766-774.

[4] 吴伟, 周国勤, 杜宣. 复合微生态制剂对池塘水体氮循环细菌动态变化的影响[J]. 农业环境科学学报, 2005, 24(4): 790-794.

[5] 谢航, 邱宏端, 林娟, 等. 假丝酵母菌降解养殖水体氨氮的特性研究[J]. 农业工程学报, 2005, 21(8): 142-145.

[6] 王华, 陈有容. 益生菌和水产动物饲料添加剂[J]. 中国微生态学杂志, 2001, 13(3): 60-61, 65.

[7] 寇海燕, 郭培红, 田丹阳, 等. 抗鲤疱疹Ⅱ型病毒卵黄抗体制备及其功能鉴定[J]. 淡水渔业, 2021, 51(1): 65-71.

[8] 包鹏云, 李璐瑶, 陈炜, 等. 饲料中添加混合益生菌对幼参生长、消化酶活力和体壁营养组成的影响[J]. 大连海洋大学学报, 2018, 33(1): 52-56.

[9] 陆家昌, 黄翔鹄, 李活, 等. 光合细菌对养殖水质及凡纳滨对虾抗病力的影响[J]. 广东海洋大学学报, 2009, 29(6): 87-91.

[10] 韩莎, 胡炜, 李成林, 等. 饲料中添加微生态制剂对仿刺参生长, 消化和免疫功能的影响[J]. 动物营养学报, 2019, 31(6): 2800-2806.

[11] 郑纪盟, 孙国祥, 刘志培, 等. 胶红酵母和短小芽孢杆菌对魁蚶苗种早期培育的影响研究[J]. 安徽农业科学, 2014, 42(23): 7773-7775, 7777.

[12] 陈刚, 于乐军, 李振兴, 等. 瑞士乳杆菌和几种有益微生物对大菱鲆幼鱼生长及成活率的影响[J]. 中国微生态学杂志, 2016, 28(6): 639-644.

[13] 马杭柯, 李志辉, 赖晓芳, 等. 不同生物絮团对脊尾白虾高密度养殖水体氨氮的影响[J]. 水生态学杂志, 2019, 40(5): 68-72.

[14] 闫茂仓, 陈炯, 王瑶华, 等. 副溶血弧菌特异性卵黄抗体(AHPND-VpIgY)对凡纳滨对虾幼体被动免疫和育苗成活率的影响[J]. 海洋与湖沼, 2019, 50(2): 443-448.